U0252605

《现代物理基础丛书》编委会

主　编　杨国桢

副主编　阎守胜　聂玉昕

编　委　（按姓氏笔画排序）

王　牧　　王鼎盛　　朱邦芬　　刘寄星

邹振隆　　宋菲君　　张元仲　　张守著

张海澜　　张焕乔　　张维岩　　侯建国

侯晓远　　夏建白　　黄　涛　　解思深

现代物理基础丛书·典藏版

量子计算与量子信息原理
第一卷：基本概念

〔意〕
Giuliano Benenti
Giulio Casati　著
Giuliano Strini

王文阁　李保文　译

重大科学研究计划项目(2007CB925200)资助

科 学 出 版 社

北 京

图字：01-2011-0924

内 容 简 介

本书是 Giuliano Benenti, Giulio Casati 和 Giuliano Strini 合著的 *Principles of Quantum Computation and Information I* 的中译本. 前两章简介量子力学与经典计算的基本内容，并不需要读者事先掌握量子力学或者经典计算的知识；后两章讨论量子计算和量子信息领域的主要成果. 本书内容深入浅出，层次分明，参考文献丰富，并附有大量习题与答案.

本书可作为物理学、数学和计算机科学等学科的本科生和研究生的"量子计算与量子信息导论课"的教材. 也可供相关专业的教师和科研人员参考.

Copyright © 2004 by World Scientific Publishing Co. Pte. Ltd.

All rights reserved. This book, or parts thereof, may not be reproduced in any form or by any means, electronic or mechanical, including photocopying, recording or any information storage and retrieval system now known or to be invented, without written permission from the Publisher.

Simplified Chinese translation arranged with World Scientific Publishing Co. Pte Ltd., Singapore.

图书在版编目(CIP)数据

量子计算与量子信息原理. 第 1 卷, 基本概念/〔意〕Giuliano Benenti 等著；王文阁，李保文译. —北京：科学出版社，2011
（现代物理基础丛书·典藏版）
ISBN 978-7-03-030453-7

I. ①量… II. ①贝… ②王… ③李… III. ①量子–计算–教材②量子论–教材 IV. ①TP387②O413

中国版本图书馆 CIP 数据核字(2011)第 040464 号

责任编辑：刘凤娟/责任校对：张小霞
责任印制：赵 博/封面设计：陈 敬

科学出版社 出版
北京东黄城根北街 16 号
邮政编码：100717
http://www.sciencep.com
北京虎彩文化传播有限公司印刷

科学出版社发行 各地新华书店经销
*
2011 年 3 月第 一 版 开本：B5 (720 × 1000)
2022 年 4 月印 刷 印张：13 3/4
字数：251 000
定价：**78.00 元**
（如有印装质量问题，我社负责调换）

作者简介

Giuliano Benenti, 1969年11月7日出生于意大利Voghera(Pavia). 他作为理论物理学家, 现工作于意大利科莫的Insubria大学. 他在意大利米兰大学获得物理方面的博士学位, 并曾在法国Saclay的CEA做过博士后工作. 他的主要研究兴趣在以下领域: 经典与量子混沌、开放量子系统、介观物理、无序系统、相变、多体系统以及量子信息理论.

Giulio Casati, 1942年12月9日出生于意大利Brenna(科莫). 现任意大利科莫的Insubria大学理论物理学教授, 曾在米兰大学任教授, 曾是新加坡国立大学的杰出访问教授. 他是欧洲科学院院士, Insubria大学非线性与复杂系统中心主任, 于1991年获F.Somainim意大利奖. 他也是多本经典与量子混沌方面文集的主编, 在以下方面做过开创性的研究工作: 非线性动力学, 经典与量子混沌及其在原子、固体、原子核物理中的应用和近年来在量子计算机方面的应用.

Giuliano Strini, 1937年9月9日出生于意大利罗马. 现任米兰大学实验物理方面的副教授, 已教过数年量子计算课程. 自1963年以来, 他参与了米兰迴施加速器的建造与完善. 所发表的论文涉及原子核反应、核谱学、引力波探测、量子光学和近年来的量子计算机课题. 他是意大利物理学会会员与美国光学学会会员.

谨以此书

Giuliano Benenti献给Silvia.
Giulio Casati献给妻子, 为她的爱与鼓励.
Giuliano Strini献给其家人与朋友.

中译本序

　　量子信息的兴起已有近三十年的历史, 它是量子物理与信息科学相融合的新兴交叉学科, 其发展方兴未艾. 量子信息重大的潜在应用前景和其中引人入胜的深奥科学问题吸引着年青一代, 并将在21世纪科学和技术发展中占有重要的地位, 因此需要出版更多优秀的入门书籍, 以适应这个学科的发展. 虽然国际上已有不少这方面的参考书, 但是中译本并不多, 尤其是适合本科生和低年级研究生学习的中文书籍更少. Casati等所著的 *Principles of Quantum Computation and Information I*, 为初涉这个研究领域的学生们提供了教材, 也为愿意学习量子计算与量子信息基本原理的读者提供了材料.

　　Casati教授是国际知名学者, 在量子混沌领域作出过公认的突出贡献. 他近年来致力于动力学系统的量子模拟算法方面的研究, 并取得了许多重要成果. 对动力学系统的介绍及对动力学演化与性质之量子模拟的讨论, 是此书的一大特色.

　　译者王文阁教授目前就职于中国科技大学, 从事量子力学基本理论等方面的研究; 李保文教授就职于新加坡国立大学, 进行热传导等多个方向的研究工作. 他们均活跃于科研第一线. 很高兴见到他们将Casati教授等的著作翻译为中文, 介绍给国内的读者. 相信初次涉足该领域或者对该领域感兴趣的读者, 可以通过阅读这本译著, 充分了解量子计算与量子信息的基本概念与原理. 此书的出版将会进一步推动相关方面的知识在国内的传播.

郭光灿

2010年5月31日于合肥

译 者 序

量子计算与量子信息, 相比于经典计算与经典信息, 在某些方面可能拥有后者无法比拟的优势. 经过人们几十年的努力, 量子计算与量子信息的基本理论框架已大体建立, 并且, 在实验上已经能够在较小量子系统中实现它们. 不过, 要实现有实际(商业)应用价值的量子计算与量子信息, 仍存在一些尚不能逾越的障碍. 其中, 最大的困难之一来源于与环境的相互作用所导致的退相干现象. 现在, 国内外的许多研究小组正致力于克服这些困难, 并取得了很大进展.

在国内外的一些著名大学, 量子计算与量子信息方面的知识已被纳入本科生与研究生的教学内容. 国外有不少涉及这一领域的各具特色的教科书, 其中包括意大利Casati教授等的这本著作. 由于合作关系, 我们对Casati教授十分了解. 作为国际物理界的知名教授, 他在量子混沌等领域做过开创性的重要工作, 对动力学系统造诣颇深. 从1998年起, 他的研究领域扩展到利用量子计算机模拟动力学系统的性质. 我们有意将他们的这部著作翻译为中文, 以飨读者. 翻译工作几年前即已开始, 然而, 由于科研等工作较繁忙, 迄今才得以完成.

原著分为两卷. 这里翻译的是第一卷, 介绍基本概念, 十分适合用作高年级本科生或者低年级研究生学习的教科书. 该著作的一个有别于其他量子计算与量子信息方面教科书的特色是对动力学模型量子模拟的讨论.

我们要感谢郭光灿院士对我们翻译工作的关心与支持, 并在百忙之中抽出时间, 为本译著作序. 我们也感谢中国科技大学的周正威教授, 他阅读了部分译稿并提出有益的建议; 同时感谢杜江峰教授对我们翻译工作的鼓励和提出的建议, 本译著的出版得到重大科学研究计划项目(2007CB925200)的资助. 在本译著的文字修改过程中, 出版社的编辑给予了很多帮助, 在此一并致谢. 希望这本书的出版能为量子计算与量子信息在国内的传播起到一定的作用.

序　言

编写本书的意图

本书将读者定位为物理学、数学和计算机科学等专业的大学生和研究生。对于那些相关专业大学毕业程度的学生而言,理解本书的内容也没有什么问题。阅读本书,并不需要事先掌握量子力学或者经典计算的知识。本书的最初两章简单介绍量子力学与经典计算的基本内容,为理解随后的章节提供了必要的条件。

本书分为两卷。在第一卷中,我们首先讲述为理解量子力学与经典计算所必需的基础知识,详述其基本原理,然后讨论量子计算和量子信息的主要结果。因此,第一卷适合于作为大学生或者研究生的量子计算与量子信息导论课的教材,讲授一个学期。对于那些在大学物理、数学和计算机科学课程方面已经获得了基本的物理学和数学知识,并且愿意学习量子计算和量子信息基本原理的读者,第一卷也适合作为一般性的学习资料。

第二卷讨论量子计算和量子信息的各个重要方面,包括理论与实验。该卷不可避免地包含更多专门且技术性的内容。为了理解这些内容,第一卷所讨论的知识是必不可少的。

重点内容

"量子计算和量子信息"是正在迅速发展的新领域。因此,如果不探究许多技术性细节,很难领会其基本概念和重要结果。本书为对该领域感兴趣的读者提供一个有用但又不过分繁杂的指南。因此,数学上的严格性不是我们最关切的。我们设法呈现一个简单而系统的论述,这样,读者在理解本书的内容时,就不需要再去查询其他教科书了。此外,我们并未试图去覆盖该领域的所有方面,而是更倾向于关注基本概念。对于刚开始涉足该领域的研究人员而言,这两卷书应该是有用的参考书。

要充分熟悉一个学科,习题解答是重要环节。本书包含大量的习题(含答案),以作为正文的基本补充。为了充分理解本书中所讨论的主题,学生绝对有必要去尝试解决大部分的习题。

致读者

在第一次阅读时,有些内容并非必要,忽略它们的话,并不影响理解其余部分。

我们采用两种方式来突出这些内容：

(1) 标题之前有星号的小节，包含更高深的内容，可以作为补充材料。忽略这些部分，对于阅读本书的其余部分而言，不会导致更多的困难。

(2) 评注和例子被印成小字体。

致谢

我们要感谢一些同事的批评和建议。特别要提到的是Alberto Bertoni、Gabriel Carlo、Rosario Fazio、Bertrand Georgeot、Luigi Lugiato、Sandro Morasca、Simone Montangero、Massimo Palma、Saverio Pascazio、Nicoletta Sabadini、Marcos Saraceno、Stefano Serra Capizzano 和Robert Walters。他们曾阅读本书的初稿。我们也要感谢Federico Canobbio 和Sisi Chen。我们还要特别感谢Philip Ratcliffe，他的评论和建议使本书得到了实质上的改进。当然，以上诸位并不需要为本书所可能存在的任何缺点负责，责任由作者自己承担。

目　　录

引言与概述

量子力学对社会和技术产生了巨大的影响. 要理解这一点, 只要谈到晶体管的发明就足够了, 它或许是量子力学的无数应用中最显著的例子. 另外, 我们也很容易看到计算机对日常生活的巨大影响. 鉴于计算机的重要性, 可以说, 我们是生活在信息时代. 信息革命之所以可能发生, 要感谢晶体管的发明, 也就是说, 要感谢计算科学和量子力学的协同.

今天, 这种协同为基础科学和技术应用提供了完全崭新的机会和令人振奋的前景. 这里我们是指**量子力学可以用来处理和传递信息**.

为什么在不久的将来量子规律在计算中会变得重要? 小型化给我们提供了一个直觉的理解. 计算机电子工业随着集成电路尺寸的减小而发展. 为了提高计算能力, 也就是说, 提高计算机每秒所能够执行的浮点运算的数目, 小型化是必须的. 20世纪50年代, 真空管计算机每秒能够进行大约1000次浮点运算. 而今, 我们已经有了可以每秒执行超过百万亿次浮点运算的超级计算机. 如上所述, 计算能力的巨大发展之所以可能, 要归功于在小型化方面的进展. 经验告诉我们, 该进展可以用摩尔定律来定量描述. 该定律来自于摩尔在1965年的非凡观察: 在单个集成电路芯片上所能够放置的晶体管数目, 大约在一年半到两年内翻一番. 现在, 该指数增长还没有饱和, 摩尔定律仍然成立. 目前, 在单个集成电路芯片上所能够放置的晶体管数目大约是1亿个, 电路元件的尺寸大约是100nm. 如果将摩尔定律外推, 那么, 大约到2020年, 为储存单个比特的信息, 我们将到达原子尺寸. 在那里, 量子效应将不可避免地占支配地位.

很显然, 除了量子效应以外, 其他因素也可能导致摩尔定律失效. 首先是经济因素. 事实上, 建造那些制造芯片所需设备的费用随着时间也呈指数增长. 不论如何, 了解量子力学所规定的最基本极限是很重要的. 即使我们可以通过技术突破来克服经济障碍, 量子物理学还是给电路元件的尺寸设置了极限. 首先需要讨论的问题是将硅晶管的制作推向其物理极限, 还是发展其他可选择的器件, 如量子点、单电子晶体管, 或分子开关. 这些器件的共同特征, 是其尺寸为纳米量级, 此时量子效应至关紧要.

上面, 我们谈到的是可能代替硅晶体管的量子开关, 它们之间的连接为基于布尔逻辑的经典算法. 对于这种纳米尺度的开关而言, 量子效应仅仅是所必须考虑进来的一个不可避免的修正. 然而, 量子计算机代表了根本不同的挑战: 其目的是建造一台基于量子逻辑的机器, 也就是说, 该机器利用量子力学的规律来进行信息处理和逻辑操作.

量子信息的计量单位是所谓的量子比特 (它是经典比特的量子对应). 一台量子计算机, 可以被看成是一个由许多量子比特所组成的系统. 物理上来讲, 一个量子比特是一个两能级系统, 如一个自旋1/2粒子的两个自旋态, 或者一个光子的水平极化和垂直极化态, 或者一个原子的基态和激发态. 量子计算机是一个拥有很多量子比特的系统, 其演化可以被控制. 一次量子计算, 就是作用于这些比特的态上的一个酉变换.

量子计算机的效率归因于典型的量子现象, 如量子态的叠加及纠缠现象. 与叠加原理有关的是内在的量子并行性. 简略而言, 量子计算机可以在单次运行中处理大量的经典输入. 另外, 这也意味着有可能有大量的输出. 量子算法的任务, 是基于量子逻辑, 并尽量利用量子力学所固有的量子并行性来突出所需的输出. 简而言之, 我们需要发展合适的量子软件, 也就是说, 有效的量子算法, 这样量子计算机才会有用.

在20世纪80年代, 费曼提出, 模拟量子系统的理想工具是基于量子逻辑的量子计算机. 他的这一想法孕育了物理学中一个非常活跃的研究领域. 同样非凡的是, 量子力学有助于解决计算机科学中的基本问题. 在1994年, Shor提出了一个量子算法, 利用它可以非常有效地解决素数因子分解问题, 也就是, 将一个可分解的整数分解为其素数因子. 这是计算机科学中的一个重要难题. 尽管还没有证明, 有人推测, 素数因子分解对于经典计算机而言是困难的. Shor算法可以有效地解决整数的分解因子问题, 相对于任何已知的经典算法而言, 它在速度上的改进是指数性的. 值得一提的是, 现有的一些密码系统. 例如, 在今天已经广泛使用的RSA, 是建立在下述假设基础之上的, 即不存在能够有效地进行素数因子分解的算法. 因此, 如果能在大规模的量子计算机上实施Shor算法, 那么, RSA密码系统将被破解. Grover证明, 量子力学也可以被用于在一个无结构的数据库中搜索一个有标记的条目. 在这一点上, 相对于经典计算机而言, 量子计算机的功效是二次方形式的.

量子计算机的另外一个令人感兴趣的方面是, 原则上而言, 它有可能避免耗散. 现在的经典计算机, 建立在不可逆的逻辑操作(门)之上, 其在本质上是耗散的. 不可逆计算所需的最小能量由下面的Landauer原理给出: 每删除一个比特的信息, 耗散到周围环境的能量至少是 $k_B T \ln 2$, 其中 k_B 是玻尔兹曼常量, T 是计算机周围环境的温度. 每一个不可逆的经典门, 必须至少耗散这么多能量(事实上, 现在在经典计算机中所消耗的能量, 比该能量多一个数量级以上). 相反, 量子演化是幺正的, 因此, 量子逻辑门一定是可逆的. 至少从原理上讲, 量子计算机的运行可以没有能量损耗.

众所周知, 在经典计算机中, 利用少量的基本逻辑门, 就可以实现任意复杂的计算. 这一点是非常重要的, 因为这样一来, 在改变问题的时候, 并不需要更改计算机的硬件. 幸运的是, 量子计算机也有此性质. 具体而言, 在量子线路模型中, 每个作用于一个多量子比特系统的酉变换, 都可以被分解成一些作用于单个量子比特及两个量子比特的门, 如CNOT门.

人们已经提出了许多不同的构造量子计算机的方案. 例如, 从NMR(核磁共振)量子处理器到冷离子阱, 从超导隧穿结线路到半导体自旋. 尽管在有些情况下, 人们已经在实验上实现了基本的量子门, 以及少量量子比特的量子算法, 但是, 要说哪一种方案最适合用来构造量子硬件还为时尚早. 对于某些问题而言, 量子计算机比经典计算机要强有力得多. 然而, 我们仍然需要用50~1000个量子比特, 以及从成千到上百万个量子门(精确的数目当然依赖于特定的量子算法), 才能够构造出使经典计算机望尘莫及的量子计算机.

实现量子计算机的技术挑战非常苛刻. 我们需要能够控制大量的量子比特的演化, 同时又能够进行大量的量子门操作. 退相干可以被认为是实现量子计算机的最大障碍. 这里, 退相干是指由于与周围环境的不可避免的相互作用所造成的、存储在量子计算机中的信息的衰减. 这种相互作用会影响量子计算机的性能, 引入计算误差. 此外, 还必须考虑量子计算机硬件中的缺陷所带来的误差. 尽管我们有量子纠错码, 但是, 成功纠错的前提是, 在退相干时间内, 量子计算机必须能够执行多次量子门操作. 这里, "多次"是指1 000~10 000, 其精确的数目依赖于错误的种类. 在复杂的多比特量子系统中, 该要求很难被满足.

这样就产生了如下问题: 是否有可能制造一台有用的量子计算机, 对于一些重要的计算问题, 它是否可以超越现有的经典计算机? 如有可能的话, 那么什么时候能做到? 除了退相干问题, 我们还要谈一下在寻找新的有效量子算法方面所遇到的困难. 我们知道, 量子计算机可以有效地解决整数因子分解问题, 但是对于下述基本问题, 尚无明确答案. 即什么样的问题可以在量子计算机上有效地计算? 量子计算机展示了一个迷人的前景, 但是, 其实际应用不大可能在未来的几年里实现. 那么, 要多久才能发展出所需的技术呢? 尽管原则上而言意想不到的技术突破总会经常发生, 要记住, 为了研发经典计算机所需的技术, 人们曾经付出过巨大的努力.

然而, 尽管如此, 第一个普通的演示性实验也是非凡的, 因为这可以用来检验量子力学的基本原理. 量子力学是一个十分有违直觉的理论. 我们至少可以期望, 量子计算的理论和实验将为我们带来对量子力学的更好理解. 而且, 这类研究可以激发对于单个量子系统(如原子、电子、光子等)控制的研究. 我们要强调, 这不仅仅是出于实验方面的好奇心, 在技术应用方面, 也是令人感兴趣的. 例如, 现在人们已经能够做出比标准的原子时钟更为精确的单离子时钟. 在某种意义上, 量子计算使得人们更有理由去努力实现对于各种不同类型单量子系统的操控.

另外一个重要的研究方向, 与信息的安全传输有关. 在此, 量子力学不仅使我们可以进行更快的操作, 而且可以实施一些在经典意义上不可能实现的操作. 纠缠是很多量子信息实验方案的核心. 它是最引人入胜也最有违直觉的量子力学特征, 是在复合量子系统中所观测到的现象。纠缠的含义为, 对于两个明显分离开的粒子所进行的测量, 存在着非局域性的关联. 相互作用后的两个经典系统, 分别处于两个有明确定义的状态. 相反, 两个量子粒子相互作用之后, 一般而言, 它们不再可以被独立地描述. 这两个粒子之间存在一种纯量子的、不依赖于其空间距离的关联. 这就是著名的EPR佯谬, 由爱因斯坦、Podolsky 和Rosen 在1935年通过理想实验而提出. 他们证明, 如果我们接受了两个看起来很自然的原理, 即实在性和局域性原理, 那么, 量子理论将导致相互矛盾的结论. 实在性原理称, 如果我们能够很肯定地预测一个物理量的值, 那么, 这个值是与我们的观察无关的物理实在. 局域性原理则称, 如果两个系统在因果关系上是分离的, 则对其中一个系统所进行的任何测量, 不可能影响到对另外一个系统的测量结果. 换句话说, 信息不可能传播得比光速快.

1964年贝尔证明, 这种被称为局域实在论的观点, 将导致与量子力学相矛盾的贝尔不等式. Aspect等(1981)利用纠缠光子对进行了实验, 其结果明确违反贝尔不等式(数十个标准偏差), 而与量子力学的预言相当一致. Aspect的实验还显示, 人们可以利用实验来研究量子理论的那些基本而又有违直觉的内容. 最近的一些其他实验, 已经更加接近于理想的EPR方案所提的要求. 更一般而言, 归功于实验技术的发展以及实验精度的不断提高, 过去的想象实验已经变成了今日的真实实验.

贝尔不等式和Aspect实验的深刻意义远远超出了对量子力学可靠性的检验. 这些结果显示, 纠缠是一种在本质上全新的、超出经典物理范畴的资源, 并且, 纠缠态在实验上是可以操控的.

量子纠缠是很多量子通信方案的核心, 尤其重要的是量子密集编码和量子隐形传态. 利用量子密集编码, 通过对两个纠缠的量子比特中的一个进行操作, 可以传送两个比特的经典信息; 量子隐形传态, 允许将一个量子系统的态传送给另外一个在任意远的地方的系统. 在近期的基于光子对的实验中, 通过光纤连接, 可以将纠缠发送到10km以外的地方. 近来, 人们也已经演示了纠缠在远程自由空间中的传送, 其中的纠缠光子接收器远隔600m①. 要重点指出是, 在这么长的光学距离内所遇到的有效湍流, 与从地球到卫星之间的通信所遇到的湍流是相当的. 因此, 可以期望, 在不久的将来, 人们可以利用卫星连接在远距离接收器之间(如在洲际之间)传送纠缠.

量子力学对密码术也给出了独特的贡献. 它可以使通信双方能够发现其讯号是否被截听. 这一点在经典物理的范畴内是不可能的, 因为在经典范畴内, 原则上总可以将经典信息进行复制而不改变原始信息. 相反, 在量子力学里, 基于一些根本的原因, 测量过程一般都要扰动被测量的系统. 简单而言, 这是海森伯测不准原

---

① 这里的数据源自2003年原书订稿之时, 现在的传输能力已远远提高. ——译者注.

理的结果. 在量子密码术方面的实验进展, 给人以深刻印象. 根据已经演示的量子密码方案, 利用光纤, 已经可以在几十千米的距离内、以每秒几千个比特的速度运作. 更有甚者, 在几千米内的自由空间中, 量子密码术的实施也已经演示成功. 因此, 在不久的将来, 量子密码有可能将会是第一个找到商业用途的量子信息方案.

让我们引用薛定谔的话来结束我们的绪论: "我们从未单单用一个电子原子或(小)分子进行试验. 在想象实验中, 我们有时假设这么做, 但是, 这总会伴随着荒谬的结果…… 我们并不是在用单个粒子进行实验, 正如我们并不能在动物园里饲养鱼龙." 这一点绝对是值得注意的, 因为在50年之后的现在, 对于单个电子、原子与分子的实验, 已经是全世界实验室里的例行之事.

参考资料指南

在每一章的结尾, 我们给出一个简短的参考资料指南. 我们的目的是给出一般的参考文献. 这些参考资料可以引导读者对本书所讨论的主题作进一步的深入研究. 因此, 我们常常引征评述文章, 而不是原著.

对于量子信息和量子计算作一般性讨论的参考文献有Preskill (1998) 的讲稿、Gruska (1999) 的著作, 以及Nielsen 和Chuang 的专著. 导论程度的课本包括Williams 和Clearwater (1997)、Pittenger (2000) 和Hirvensalo (2001)的著作. 很有教益的讲稿有: Aharonov (2001)、Vazirani (2002) 和Mermin (2003)的讲稿. Brylinski 和Chen (2002) 的书讨论了量子计算的数学方面. Lo 等(1998)、Alber 等(2001)、Lomonaco (2002) 和Bouwmeester 等(2000) 的书汇集了一些很有趣的评述性文章, 其中, 最后一本书从实验角度来看特别有趣.

Steane (1998)以及Galindo 和Martin-Delgado (2002) 的论文是在量子计算和量子信息方面很有用的评述性文章. Ekert等(2001)的文章讨论了量子计算方面的基本概念. Bennett 和DiVincenzo (2000)的论文是一篇可读性很强的、关于量子信息和计算的评述性文章.

Cabello (2000, 2003) 提供了有关量子力学基础和量子信息基础的、超过8000余篇的参考文献(截至2003年6月).

第1章 经典计算导论

在讲解量子计算与量子信息之前,有必要先了解一些计算机科学的基本概念.本章对这些概念予以介绍.我们首先讨论图灵机.它是计算的一个基本模型,将我们对算法的直觉理解予以形式化.对于一个给定的问题,如果存在一个算法的话,那么,这个算法一定可以在图灵机上运行.然后,我们介绍计算的线路模型.线路模型与图灵机等价,但是更接近于真实的计算机.在线路模型中,信息为线路所携带,并且运用少量的基本逻辑门,就可以实现任意复杂的计算.为解决一个给定的问题,重要的是找到最佳算法,也就是说,使用最少的资源(计算机内存、时间和能量)来解决该问题.所谓计算复杂性问题,其精神实质即在于此,不过,对此我们将仅简述关键概念而已.最后,我们研究计算所需的能量资源,并讨论能量和信息的关系.该关系在Landauer 和Bennet关于麦克斯韦妖佯谬问题的研究中给予了解答;尤其是Landauer 原理给出不可逆计算所需的最小能量.另外,利用可逆门,原则上可以进行没有能量损耗的任何复杂计算.我们将简单讨论一个具体的可逆计算模型,即所谓台球计算机模型.

1.1 图 灵 机

算法是指为解决某问题所设计的指令的集合.例如,在小学所学的整数加法和乘法,即为算法.对于任何整数,这些算法总是给出正确结果.

图灵机在20世纪30年代由数学家阿兰·图灵所提出,对于我们直觉中的算法概念,它给出了准确的数学表述.图灵机包含任意一个现代计算机所必需的基本元素,即存储器、控制单元及读、写单元.图灵的工作受启发于当时对于以下问题的激烈争论:对于哪一类或几类问题,可以找到求解它们的算法.该争论由大卫·希尔伯特提出的一个问题而引起.20世纪初,大卫·希尔伯特提出了一个很深刻的问题:是否存在这样一种算法,它在原则上可以解决所有的数学问题.希尔伯特当时认为这个问题的答案是肯定的,不过,我们将在本节看到,希尔伯特的这一想法是错误的.

另一个紧密相关的问题是,对于一个由一些公理和规则所定义的逻辑系统,是否至少在原则上,所有的命题都能够被证明或是证伪? 在20世纪初,人们普遍认为该问题的答案是肯定的(当然,这一问题的讨论并没有涉及以下问题,即论证一个命题的真伪在实际上可能是极端困难的).然而,与这一观点相反,哥德尔在20世纪30年代证明了以下定理: 任何一个逻辑系统, 都存在不可判定的数学命题, 也就是说, 在该逻辑系统的公理和规则范围内, 存在不可能被证明或证伪的命题. 该定理并不排除以下可能性, 即在引入新的公理和规则, 并扩大所考虑的逻辑系统之后, 那个命题可以被证明或者证伪. 然而, 在新的系统中, 仍然可以发现新的不可判定的命题. 这样就得出了如下结论: 逻辑系统本身是不完整的. 要注意的是, 哥德尔定理也对计算机给出了限制, 即计算机不可能解决所有关于算法的问题.

图1.1给出了图灵机的主要元素. 其基本思想为, 使该机器能够像 "人类计算机" 那样进行计算. 虽然人的大脑只能存储有限信息, 人却可以使用无限量的纸来供其进行读写. 类似地, 图灵机包含以下3个主要元素:

(1) 磁带. 磁带的长度可为无限, 被分成很多单元. 每个单元内记一个字母a_i或是空白, 其中, a_i是一个有限长字母表$\{a_1, a_2, \cdots, a_k\}$中的一个字母. 在磁带中, 除了有限数目的单元外, 其余的单元都是空白.

(2) 控制器. 控制器可以处于有限个状态$\{s_1, s_2, \cdots, s_l, H\}$, 其中, H是一个特殊的态, 为停止态. 也就是说, 如果控制器的态变成H, 则终止计算.

(3) 读写头. 读写头处理磁带上的一个单元. 它从该单元读出、写入或擦掉这个单元上的字母, 然后, 向左或向右移动一个单元.

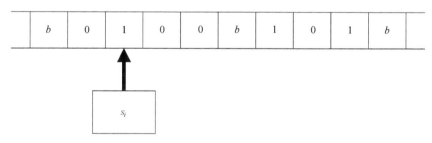

图1.1 图灵机示意图

b代表空白单元

图灵机的运作由程序控制. 这里, 程序是指一个有限的指令集合, 其中每个指令的作用, 是控制图灵机的一步运作, 并指示随后的运作. 具体而言, 指令的运作如下:

(1) 控制器由状态s变成状态$\bar{s}$;

(2) 将读写头所处理的单元的字母由a变为$\bar{a}$;

(3) 读写头左移或右移一个单元.

因此, 图灵机的一个指令由以下3个函数f_S、f_A和f_D所定义:

$$\bar{s} = f_S(s, a), \tag{1.1a}$$

$$\bar{a} = f_A(s, a), \tag{1.1b}$$

$$d = f_D(s,a), \tag{1.1c}$$

其中, d 表示读写头向左移动($d = l$)或向右移动($d = r$). 简而言之, 函数f_S、f_A 和f_D定义了以下映射:

$$(s,a) \to (\bar{s}, \bar{a}, d). \tag{1.2}$$

1.1.1　图灵机上的加法运算

　　我们先来讲一个具体例子, 即在图灵机上进行两个整数的加法运算. 为简单起见, 我们用一进制来表述整数, 也就是, 用N个1来代表整数N. 例如, $1 = 1$, $2 = 11$, $3 = 111$, $4 = 1111$, 等等. 为了说明图灵机的操作, 我们举例讨论$2 + 3$. 为此, 图灵机需要5个内部态$\{s_1, s_2, s_3, s_4, H\}$, 以及1个单一字母表 "1". 我们用$b$来表示磁带上的空白单元. 图1.2给出了图灵机的初态: 控制器的初态是s_1, 磁头指在一个确定的单元; 要加的数$2 = 11$和$3 = 111$则写在磁带上, 二者之间用一个空白分开.

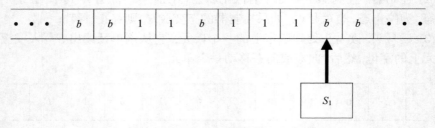

图1.2　为计算2加3, 图灵机所处的初始状态

　　表1.1给出了一个计算两个整数相加的程序, 总共有6行. 计算机根据其内部态s及从磁带上读出的字母a, 来决定执行哪一行程序. 表1.1的后3列分别给出新状态$\bar{s}$、在磁带上要写入的字母$\bar{a}$及读写头移动的方向($d = l$左移, $d = r$右移). 请注意, 第4行中的d为0, 因为处于停止状态的计算机的读写头不再移动. 不难看出, 如果我们从图1.2所给出的初始状态开始运行表1.1中的程序, 那么, 计算机将停在图1.3中所给出的位形上, 结果是$2 + 3 = 5$. 也容易看出, 如果初始条件如图1.4所示, 那么, 用同样的程序可以相加任意两个整数N和M.

表1.1　在图灵机上计算两个整数相加的算法

s	a	$\bar{s}$	$\bar{a}$	d
s_1	b	s_2	b	l
s_2	b	s_3	b	l
s_2	1	s_2	1	l
s_3	b	H	b	0
s_3	1	s_4	b	r
s_4	b	s_2	1	l

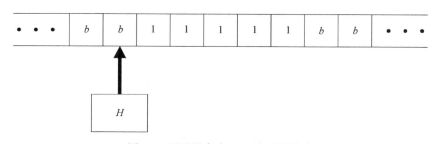

图1.3 图灵机完成 $2+3$ 之后的状态

该机器从图1.2的初态开始, 执行表1.1中的程序

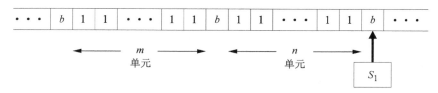

图1.4 在图灵机上计算两个整数 m 与 n 之和的初始条件

1.1.2 Church-图灵命题

图灵机有能力解决非常复杂的问题. 据我们所知, 它可以模拟任何在现代计算机上所能够实现的操作. 如果有一个算法可以计算一个函数, 那么, 该计算可以在图灵机上完成. 这个想法是Church和图灵分别独立提出的.

Church-图灵命题: 在图灵机上可计算的所有函数所组成的类, 等价于可用算法来计算的所有函数的类.

该命题给"可用算法来计算的函数"这一直觉观念提供了严格的数学定义, 即一个函数是可以计算的, 当且仅当它可以由图灵机计算. 该命题提出于1936年, 尚未被证伪, 即尚未发现这样一个算法, 它可以计算一个不能用图灵机来计算的函数. 事实上, 人们有大量的证据支持Church-图灵命题.

1.1.3 通用图灵机

通用图灵机 U 是一个包含所有图灵机的单一机器. 于是, 通用图灵机可以执行任何算法. 一个图灵机 T 在运行一个程序时, 读入写在磁带上的 x, 输出 $T(x)$, 然后停机. 只要我们在通用图灵机的带子上给出图灵机 T 的详细说明, 通用图灵机就可以模拟任意图灵机 T. 可以证明, 有一个整数 n_T 可以唯一地与一个图灵机 T 相联系, 该整数称为与该图灵机相联系的图灵数. 因此, 如果给定 T 的 n_T 与输入 x, 通用图灵机 U 就可以产生输出 $U(n_T, x) = T(x)$. 要强调一点, 在通用图灵机中, 个数有限的内部状态 $\{s_i\}$ 和程序是固定的. 因此, 我们只要改变带子上的初始条件, 就可以进行任意计算.

1.1.4　概率图灵机

作为概率图灵机的特征, 映射$(s, a) \rightarrow (\bar{s}, \bar{a}, d)$是概率性的. 也就是说, 存在随机态. 例如, 机器可以以抛硬币的方式来决定其输出, 硬币落地时, 正面向上的概率是p, 反面向上的概率是$1 - p$; 在前一种情况, 机器的新内部状态是$\bar{s} = \bar{s}_h$, 而在后一种情况则是$\bar{s} = \bar{s}_t$. 概率图灵机有可能比确定性图灵机更有效, 它可以更快地解决很多计算问题. 我们将在1.3节中举例说明概率算法的有效性. 不过, 应该注意到, 概率图灵机并不能够扩充确定性图灵机所可以计算的函数的类. 事实上, 通过逐个探查硬币的所有可能状态, 确定性图灵机可以模拟概率图灵机.

1.1.5*　停机问题

现在, 我们讨论如下问题: 对于一些给定的输入x, 某些图灵机是否会最终停下来? 提出这个问题非常自然, 因为机器既可能达到内部状态H而停下来, 也可能无限循环而永远达不到状态H. 这是所谓的停机问题. 图灵证明, 没有算法能够解答这一问题. 下面是一个例子. 机器T在输入其本身的图灵数n_T后, 它能够达到状态H吗? 换句话说, 有没有这样一种算法A(或图灵机), 对于任何一个图灵机T, A的输出$A(n_T)$可以告诉我们图灵机T对于输入n_T是否会最终停下来.

假设这样的算法(或图灵机)存在, 即, 如果机器T对于输入n_T会停机, 那么, 算法A对于输入n_T所给出的输出为"是"并且停机, 否则, 输出为"否"然后停机. 下面我们证明, 这种机器是不可能存在的. 让我们考虑另外一部如下定义的机器B: 如果对于输入n_T、算法A输出"是", 那么机器B不停机; 反之, 如果算法A输出"否", 则机器B停机. 如果A存在, 那么B也存在. 因此, 对于每个输入n_T, 当且仅当$T(n_T)$不停机时, $B(n_T)$停机. 现在我们考虑以机器B自己的图灵数n_B作为输入, 则当且仅当$B(n_B)$不停机时, $B(n_B)$停机, 自相矛盾. 因此, 这样的机器A不可能存在[1].

要明白以上反证法的逻辑基础, 我们可以看一下下面这个自相矛盾的语句: "这个句子是错误的". 该句子并没有违反任何语法规则, 也就是说, 它的句法结构是完美的. 但是, 我们却无法回答下面的问题: "这一陈述是对还是错?" 上面的(停机)问题和让计算机回答这一问题是等价的. 请注意, 事实上, 这类算法的困难之处在于给出出现无穷循环的条件.

1.2　计算的线路模型

就计算能力而言, 计算的线路模型与1.1节所讨论的图灵机是等价的, 不过, 前

---

① 严格的证明远比此处的讨论复杂. 事实上, "以机器B自己的图灵数n_B作为输入", 意味着B用自己来定义自己, 对此类问题的处理, 须十分小心.——译者注.

者更接近于真实计算机. 现在, 我们来介绍经典信息的基本单位——比特. 比特是一个双值(二进制)变量, 其数值通常记为二进制数0和1. 一个线路由导线(wire)和门(gate)所组成, 每条导线携带一个比特的信息, 其值可为0或1. 下面将看到, 门的作用是对这些比特进行逻辑操作. 经典计算机的信息, 都以0与1的序列形式被输入和输出, 因而是一个数字设备. 例如, 一个小于2^n的整数N可以写成

$$N = \sum_{k=0}^{n-1} a_k 2^k, \tag{1.3}$$

其中, 每个二进制数a_k的取值为0或1. 于是, 我们可以将N等价地写为

$$N = a_{n-1} a_{n-2} \cdots a_1 a_0. \tag{1.4}$$

例如, $3 = 11$, $4 = 100$, $5 = 101$ 和$49 = 110001$. 我们也可以按以下方式写出二进制的分数, 如$\frac{1}{2} = 0.1$, $\frac{1}{4} = 0.01$, $\frac{1}{8} = 0.001$ 等. 这样, 非整数也可以写成二进制形式, 如$5.5 = 101.1$, $5.25 = 101.01$ 以及$5.125 = 101.001$. 很显然, 任意实数都可以按所需的精度用一个二进制分数来近似表示.

为了存储一个二进制数字, 只需要一个装置的两个状态, 因而二进制数非常适合于存储在电子器件之中, 这是二进制符号的优点. 事实上, 计算机可用低–高电压或者只有两种状态(开和关)的开关来承载一个比特的信息. 例如, 图 1.5中的电压变化, 可以被用来记录整数$N = 49$.

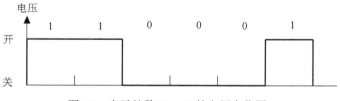

图1.5　表示整数$N = 49$的电压变化图

1.2.1　二进制算术

二进制表述的算术法则十分简单. 作为例子, 可参见在表1.2中所给出的二进制数加法表, 其中, $s = a \oplus b$是两个比特a与b的和(以2为模), c表示进位.

表1.2　二进制加法表

a	b	s	c
0	0	0	0
0	1	1	0
1	0	1	0
1	1	0	1

　　下面两个例子, 应该有助于说明计算两个二进制数的和与积的过程. 为比较起见, 我们也给出了十进制的加法和乘法.

	二进制	十进制
加法	1 1 1 0 1	2 9
	1 0 1 0 1	2 1
	1 1 0 0 1 0	5 0

	二进制	十进制
乘法	1 1 1 0 1	2 9
	1 0 1 0 1	2 1
	1 1 1 0 1	2 9
	1 1 1 0 1	5 8
	1 1 1 0 1	6 0 9
	1 0 0 1 1 0 0 0 0 1	

1.2.2　基本逻辑门

　　在任何计算中, 我们需要提供n个比特的输入, 以期获得l个比特的输出. 也就是说, 我们必须计算以下形式的逻辑函数:

$$f : \{0,1\}^n \to \{0,1\}^l . \tag{1.5}$$

后面我们将证明, 任何这种函数计算, 都可以被分解成一系列的基本逻辑操作. 为此, 首先我们来介绍几个在计算中会用到的逻辑门.

　　图1.6给出的是一个平凡的单比特门, 称为恒等门, 即输出的比特值等于输入的比特值. 最简单的非平凡门是非门(NOT), 它作用于单个比特, 将其数值反转: 如果输入是0, 则输出为1 ; 反之亦然. 其二进制表示为

$$\bar{a} = 1 - a , \tag{1.6}$$

其中, $\bar{a}$是非a. 图1.7给出非门的真值表和线路表示.

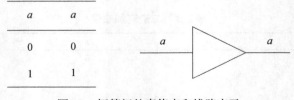

a	a
0	0
1	1

图1.6　恒等门的真值表和线路表示

下面, 我们介绍一些在计算中要用到的涉及两个比特的逻辑门. 这些门有两个比特的输入和一个比特的输出, 因此可以表示成以下形式的二进制函数, 即

$$f : \{0,1\}^2 \to \{0,1\}.$$

(1) 与门($\wedge$, AND) (图 1.8): 当且仅当两个输入比特都是1时, 与门的输出才是1. 用二进制法的表述是

$$a \wedge b = ab. \tag{1.7}$$

a	$\bar{a}$
0	1
1	0

图1.7　非门的真值表和线路表示图

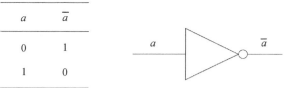

a	b	$a \wedge b$
0	0	0
0	1	0
1	0	0
1	1	1

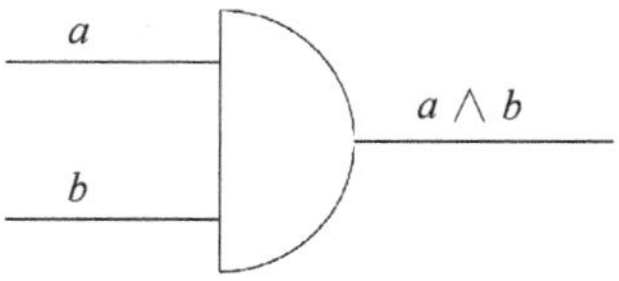

图1.8　与门的真值表和线路表示图

a	b	$a \vee b$
0	0	0
0	1	1
1	0	1
1	1	1

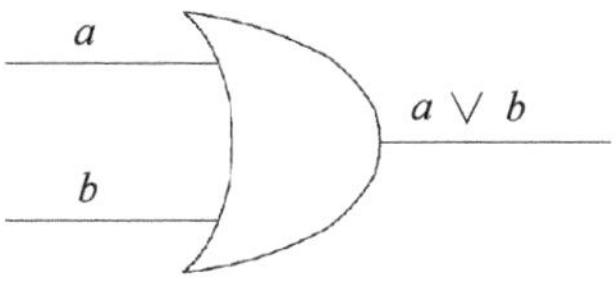

图1.9　或门的真值表和线路表示图

(2) 或门($\vee$, OR) (图 1.9): 当且仅当两个输入比特中至少有一个是1时, 或

门的输出才是1. 其二进制表述为

$$a \vee b = a + b - ab. \tag{1.8}$$

(3) 异或门($\oplus$, XOR) (图 1.10): 如果输入中只有一个比特是1, 则异或门输出1; 否则输出0. 异或门(也称为互斥或门)给出的是两个输入的以2为模的和

$$a \oplus b = a + b \qquad (\mathrm{mod}2). \tag{1.9}$$

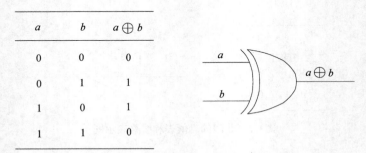

a	b	$a \oplus b$
0	0	0
0	1	1
1	0	1
1	1	0

图1.10　异或门的真值表和线路表示图

(4) 与非门($\uparrow$,NAND) (图 1.11): 当且仅当两个输入比特都是1时, 与非门输出0. 将非门应用到与门的输出, 可以得到与非门

$$a \uparrow b = \overline{a \wedge b} = \overline{ab} = 1 - ab. \tag{1.10}$$

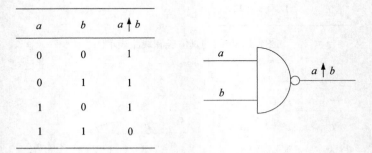

a	b	$a \uparrow b$
0	0	1
0	1	1
1	0	1
1	1	0

图1.11　与非门的真值表和线路表示图

(5) 或非门($\downarrow$, NOR) (图 1.12): 当且仅当两个输入都是0时, 或非门才输出1. 将非门应用到或门的输出, 可以得到或非门, 即

$$a \downarrow b = \overline{a \vee b} = \overline{a + b - ab} = 1 - a - b + ab. \tag{1.11}$$

a	b	$a \downarrow b$
0	0	1
0	1	0
1	0	0
1	1	0

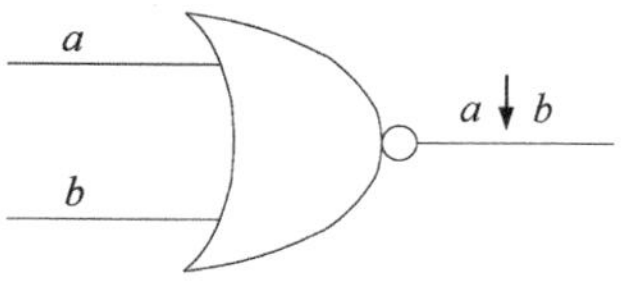

图1.12 或非门的真值表和线路表示图

其他重要的门有复制门(也称FANOUT门)及交换(CROSSOVER)门(也称SWAP门). 复制门将一个比特变成两个比特

$$复制 : a \to (a, a), \tag{1.12}$$

而交换门将两个比特的值交换

$$交换 : (a, b) \to (b, a). \tag{1.13}$$

图 1.13是复制门和交换门的线路图.

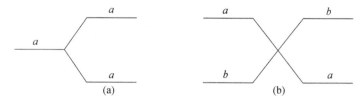

图1.13 复制门(a)和交换门(b)的线路图

将上述基本逻辑门组合起来, 可以实现任意复杂的计算. 作为例子, 下面我们利用与门、或门、异或门和复制门来构造一个线路, 以求得两个整数a与b的和s. 我们的策略是逐个比特地计算$a+b = s$. 先将a与b写成二进制表达式$a = (a_n, a_{n-1}, \cdots, a_1, a_0)$与$b = (b_n, b_{n-1}, \cdots, b_1, b_0)$, 然后计算第$i$个比特的和

$$s_i = a_i \oplus b_i \oplus c_i \quad (\bmod 2), \tag{1.14}$$

其中, c_i是$a_{i-1} \oplus b_{i-1} \oplus c_{i-1}$的进位. 式(1.14)的进位记为$c_{i+1}$, 即如果$a_i$、$b_i$ 和c_i中有两个或两个以上的比特值是1, 那么进位就是1, 否则, 进位为零. 不难看出, 图1.14对于输入a_i、b_i和c_i, 给出输出s_i 和c_{i+1}.

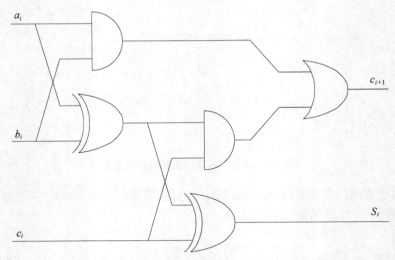

图1.14　计算$s_i = a_i \oplus b_i \oplus c_i$ 的线路图, 进位是c_{i+1}. 分叉线路由复制门构成

　　要注意, 以上引入的基本逻辑门并非都是彼此独立的. 例如, 与门、或门和非门通过以下的摩根恒等式相联系:

$$\overline{a \wedge b} = \bar{a} \vee \bar{b}, \tag{1.15a}$$

$$\overline{a \vee b} = \bar{a} \wedge \bar{b}. \tag{1.15b}$$

容易验证, 利用与门、或门和非门, 按照以下方法可以构造异或门:

$$a\text{XOR}b = (a\text{OR}b)\text{AND}((\text{NOT}a)\text{OR}(\text{NOT}b)). \tag{1.16}$$

1.2.3　通用经典计算

　　通用门　利用与门、或门、非门和复制门这几个基本逻辑门, 可以构造出任意函数f:

$$f : \{0,1\}^n \to \{0,1\}^m. \tag{1.17}$$

因此, 对于经典计算而言, 这些基本逻辑门构成了逻辑门的通用集(合).

　　证明　将式(1.17)中的由m个比特所表示的函数记为$f = (f_1, f_2, \cdots, f_m)$, 则它等价于下面的$m$ 个单比特(布尔)函数:

$$f_i : \{0,1\}^n \to \{0,1\}, \quad i = 1, 2, \cdots, m. \tag{1.18}$$

要计算这些布尔函数$f_i(a)$, $a = (a_{n-1}, a_{n-2}, \cdots, a_1, a_0)$, 一种方法是考虑其如下定义的小项函数. 具体而言, 若存在一个数$a^{(l)}$, 使得$f_i(a^{(l)}) = 1$, 则可以引入函数f_i的

由 $a^{(l)}$ 所确定的小项函数, 记为 $f_i^{(l)}(a)$:

$$f_i^{(l)}(a) = \begin{cases} 1, & \text{如果} \quad a = a^{(l)}, \\ 0, & \text{否则}. \end{cases} \tag{1.19}$$

这样, 若函数 $f_i(a)$ 共有 k 个小项 $(0 \leqslant k \leqslant 2^n - 1)$, 则它可以写成

$$f_i(a) = f_i^{(1)}(a) \vee f_i^{(2)}(a) \vee \cdots \vee f_i^{(k)}(a), \tag{1.20}$$

即 $f_i(a)$ 是其所有 k 个小项的逻辑或. 因此, 为计算函数 $f_i(a)$, 只要计算其所有的小项, 然后进行或门操作就可以了. 我们注意到, 计算分解式 (1.20), 需要进行复制门操作. 事实上, 每一个小项都要对 a 实施操作, 因此我们需要 a 的 k 份拷贝.

以下方法可以用来计算小项函数 $f_i^{(l)}$. 举例而言, 对于 $a^{(l)} = 110100 \cdots 001$, 我们有

$$f_i^{(l)}(a) = a_{n-1} \wedge a_{n-2} \wedge \bar{a}_{n-3} \wedge a_{n-4} \wedge \bar{a}_{n-5} \wedge \bar{a}_{n-6} \wedge \cdots \wedge \bar{a}_2 \wedge \bar{a}_1 \wedge a_0. \tag{1.21}$$

于是, 当且仅当 $a = a^{(l)}$ 时, $f_i^{(l)}(a) = 1$. 这样就完成了证明, 即利用与门、或门、非门和复制门这些基本逻辑门, 可以构造一个一般的函数 $f(a)$.

为举例说明以上方法, 考虑一个布尔函数 $f(a)$, 其中 $a = (a_2, a_1, a_0)$. $f(a)$ 的定义如下: 如果 $a = a^{(1)}$ 或者 $a = a^{(2)}$ 或者 $a = a^{(3)}$, 则 $f(a) = 1$, 否则 $f(a) = 0$, 其中, $a^{(1)} = 1$ $(a_2 = 0, a_1 = 0, a_0 = 1)$, $a^{(2)} = 3$ $(a_2 = 0, a_1 = 1, a_0 = 1)$, $a^{(3)} = 6$ $(a_2 = 1, a_1 = 1, a_0 = 0)$, 这样 $f(a)$ 的小项是 $f^{(1)}(a)$、$f^{(2)}(a)$ 和 $f^{(3)}(a)$. 当且仅当 $a = a^{(1)}$、$a^{(2)}$ 以及 $a^{(3)}$ 时, 这三个小项才分别等于 1. 因此, 我们有 $f(a) = f^{(1)}(a) \vee f^{(2)}(a) \vee f^{(3)}(a)$, 其中 $f^{(1)}(a) = \bar{a}_2 \wedge \bar{a}_1 \wedge a_0$, $f^{(2)}(a) = \bar{a}_2 \wedge a_1 \wedge a_0$, $f^{(3)}(a) = a_2 \wedge a_1 \wedge \bar{a}_0$.

事实上, 基本逻辑操作的数目还可以减少. 例如, 与非门和复制门是更小的通用集. 的确, 我们已经看到, 利用摩根恒等式, 可以从非门和与门得到或门. 利用与非门和复制门, 也很容易得到非门

$$a \uparrow a = \overline{a \wedge a} = 1 - a^2 = 1 - a = \bar{a}. \tag{1.22}$$

习题1.1 *利用与非门和复制门构造与门和或门.*

在计算机里, 与非门通常是利用图 1.15 所示的晶体管来实现的. 如果电压为正, 比特值为 1; 电压为零, 比特值为 0. 很容易验证, 该电路的输出是 $a \uparrow b$. 的确, 只有当两个输入都是正电压时 $(a = b = 1)$, 才有电流通过晶体管. 在这种情形, 输出是零电压. 如果输入的电压中至少有一个是零电压, 那么, 就没有电流通过晶体管, 从而输出就为正电压.

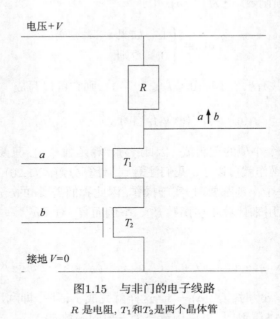

图1.15　与非门的电子线路

R 是电阻, T_1 和 T_2 是两个晶体管

1.3　计算复杂性

解决一个给定问题, 总需要一定的资源. 例如, 在计算机上运行一个算法, 我们需要空间(也就是内存)、时间和能量. 计算复杂性所要研究的是解决计算问题所需的资源. 有时, 一个问题会明显地比另一个问题更容易解决. 例如, 两数相加比两数相乘要容易. 但是, 在一般情况下, 估计一个问题的复杂性, 很可能非常困难. 计算复杂性是一个非常重要的课题, 它对很多学科都产生了影响, 包括计算机科学、数学、物理学、生物学、医学、经济学, 甚至社会科学. 其重要任务之一是解决下述问题: 以最佳可能算法求解一个给定问题, 所需的最少资源是多少.

我们来考虑一个简单的例子. 前面已经提到, 直观而言, 正如在小学时所学到的, 两个数相加比两个数相乘要简单. 其原因如下: 计算两个 n 位整数相加所需的步骤随 n 线性增加, 也就是说, 计算加法所需的时间满足 $t_a = \alpha n$. 由于计算两个数相乘所需的时间与 n 的平方成正比, $t_m = \beta n^2$, 人们可能会得出这样的结论: 乘法比加法更复杂. 得到这一结论, 是基于我们在小学所学到的对于加法和乘法的特别算法. 我们要问的一个问题是: 不同的算法是否会导致不同的结论. 很显然, 计算两个数相加所需的步骤不可能比 n 小, 因为我们至少要读出 n 位数的输入. 对此, 我们称加法的复杂性是 $O(n)$(其中, $O(n)$ 的含义如下: 对于给定的两个函数 $f(n)$ 和 $g(n)$, 如果当 $n \to \infty$ 时, 有 $c_1 \leqslant |f(n)/g(n)| \leqslant c_2$ 与 $0 \leqslant c_1 \leqslant c_2 < \infty$, 则称 $f = O(g)$). 另

外, Schönhage 和Strassen 在1971年发明了一种建立在快速傅里叶变换之上的算法. 利用这一算法, 在图灵机上计算两个n位数的乘法需要$O(n \log n \log \log n)$ 步[1]. 还有比Schönhage 和Strassen 的算法更好的计算乘法的算法吗? 如果不存在的话, 那么, 我们就可以得出如下结论: 乘法的复杂性是$O(n \log n \log \log n)$, 因此, 加法比乘法更容易. 不过, 我们并不能排除存在更好的计算乘法的算法的可能性.

发明计算复杂性理论的主要目的, 是要区分这样两类问题, 解决它们分别需要多项式性的与指数性的资源. 更确切地说, 以n代表输入的大小, 即描述输入所需的比特数, 我们将可解问题分为如下两类:

(1) 解决此类问题所需资源的上限是n的多项式. 我们称这些问题是可以被有效地解决的, 或者是容易的、可处理的或可行的. 加法与乘法属于此类问题.

(2) 解决此类问题需要超多项式性的资源(即所需资源量的增长比n的任何一个多项式都快). 这类问题被看成是困难的、不可处理的或者不可行的. 例如, 人们相信(尽管没有证明), 寻找整数的素数分解属于这一类问题. 也就是说, 已知的解决这一问题的最佳算法需要n的超多项式性的资源. 不过, 我们还不能排除存在多项式性算法的可能性.

评语

(1) 举个例子, 有助于我们理解超多项式性问题的困难所在: 对于整数分解, 现在最好的算法是数域筛方法, 它需要$\exp(O(n^{1/3}(\log n)^{2/3}))$次运算, 其中$n = \log N$是输入的大小. 这样, 在200-MIPS 计算机上分解一个250位的数(MIPS意为每秒10^6次指令), 要用10^7年(Hughes, 1998). 因此, 我们得出结论, 在现有算法与可预见之技术进步的条件下, 该问题实际上是不可解的.

(2) 当然, 当$\alpha \gg 1$. 例如, $\alpha = 1000$时, 按照n^α变化的多项式性算法也很难被称为容易. 不过, 在实际情况中, 很少遇到$\alpha \gg 1$的有用算法. 而且, 将计算复杂性理论建立于对多项式性与指数性算法的区分之上, 还有如下更为基本的原因. 事实上, 按照强Church-图灵命题, 这一分类对于计算模型的变化是稳定的(robust).

强Church-图灵命题 一台概率图灵机可以模拟任意计算模型, 其所需基本运算数目的增加, 最多为多项式性的.

这一命题说明, 如果一个问题不能在概率图灵机上以多项式性的资源来解决, 它在任何机器上都不会有效地解决. 在允许多项式性差异的情况下, 任意计算模型与概率图灵机是等价的.

就这一点而言, 量子计算机对强Church-图灵命题提出了挑战. 的确, 如将在第3章中所讲, Shor 发现了一个使用多项式性的资源的算法, 可以在量子计算机上解决整数分解问题. 如上所述, 在经典计算机上, 我们不知道任何可以以多项式性资

---

[1] 该结论对于任意对数底数都成立, 因此这里没有必要规定具体底数. 下面也有类似的情况. ——译者注.

源来解决该问题的算法. 事实上, 如果这样的经典算法的确不存在, 我们可以称计算的量子模型比概率图灵机模型更为强有力, 从而, 强Church-图灵命题该被放弃.

1.3.1 复杂类

如果一个问题可以在多项式性的时间内被解决, 即其步骤数是输入大小的多项式, 我们称该问题属于计算类P. 而计算类NP 被定义为这样一类问题, 其解可以在多项式性的时间内验证. 很明显, P是NP 的子集, 即$P \subseteq$ NP. 数学与计算机科学中的一个基本问题是, NP中是否有不属于P 的问题. 尽管没有证明, 人们推测$P \neq$NP. 如果这一推测是对的, 则存在难解但是容易验证其解的问题. 例如, 整数分解问题属于NP 类, 因为容易验证一个数m是否是一个整数N的因子. 然而, 我们不知道任何可以在经典计算机上有效地求解N的素数因子的算法. 因此, 人们推测整数分解问题不属于P类.

如果存在这样一个问题, 使得NP中的任何一个问题都可以被多项式性地约化为该问题, 则我们称该问题为NP完全(NPC). 具体而言, 如果一个问题是一个NPC问题, 则对于NP中的任何问题, 都存在一个将它映射到该NPC 问题的映射, 而该映射可以利用多项式性的资源来计算. 因此, 如果发现了一个能够有效地解决一个NPC问题的算法, 我们则得到结论$P =$NP. NPC问题的一个例子是推销员问题: 给定n个城市、其间距离d_{jk} $(j, k = 1, 2, \cdots, n)$, 以及一个长度d, 问是否有一条其长度短于d的路径使得推销员可以访问每一个城市. 我们指出, 有些问题, 尤其是整数分解问题, 被推测为既不属于P也不属于NPC. 已经证明, 如果$P \neq$NP, 则存在既不属于P也不属于NPC的问题. 图1.16给出NP问题的可能图示.

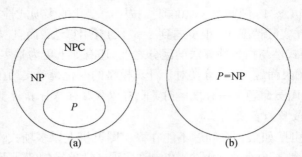

图1.16 NP问题的可能图示

尽管没有证明, 人们推测左边的图为正确

至此, 我们讨论了时间资源. 不过, 运行一台计算机, 空间和能量资源也同样重要. 对于能量资源的讨论将在1.5节给出.

空间(即内存)资源. 空间与时间资源是相互联系的. 实际上, 如果在图灵机的某一步, 我们使用了一个新的内存单元, 则空间和时间资源以同样的比例变化. 不过, 它们还是有一个本质的区别: 空间资源可以再利用. 我们定义PSPACE为这样一类问题, 解决它们所需的空间资源, 对于输入大小的依赖是多项式性的, 而与计算时间无关. 可以肯定, $P \subseteq$ PSPACE, 因为在多项式性的时间内图灵机只能使用过多项式性数目的内存单元. 人们也推测$P \neq$ PSPACE. 的确, 下面的观点似乎是有道理的, 即与拥有多项式性的时间和空间资源的情况相比较, 如果我们有不受限制的时间资源和多项式性的空间资源, 则可能解决更大一类的问题. 然而, 还不能证明在PSPACE中存在不属于P的问题. 容易证明, NP是PSPACE的一个子集, 即NP中的任何问题都可以利用多项式性的空间资源来解决. 事实上, 我们总可以用穷尽法来寻找一个NP问题的解, 也就是说, 由于NP问题的解可以在多项式性的时间与空间内验证, 重复利用同样的(多项式性的)空间资源, 可以检验所有可能的解. 总之, 我们知道$P \subseteq$ NP $\subseteq$ PSPACE, 但是, 我们不知道这些结论是否严格.

最后, 我们讨论在概率计算机(如概率图灵机)上求解判定问题, 即其答案为"是"或"否"的问题. 对于一个问题, 如果存在一个多项式性时间的算法, 使得对于所有可能的输入得到正确答案的概率大于$\frac{1}{2} + \delta$, 其中$\delta > 0$, 则称该问题属于BPP类(BPP意为有限误差的概率多项式性时间). 根据1.3节所讨论的Chernoff界限, 如果数次运行该算法并且利用多数投票法则, 则得到正确答案的概率会很快地增加. 事实上, 将相应算法重复与$1/\epsilon$的对数相当的次数, 即可将一个BPP问题的概率误差减小到ϵ以下.

下面的例子说明, 对答案的绝对正确性的要求有时可以放松, 并允许小概率误差的出现. 考虑一个N比特的数据库, $j_1, \cdots, j_N$. 假设我们事先知道, 这些比特的值或者都相等($j_1 = \cdots = j_N = 0$ 或$j_1 = \cdots = j_N = 1$), 或者一半是0一半是1. 我们将第1种可能性称为"常项", 第2种可能性称为"平衡". 我们的问题是区分这两种可能性. 对于所有比特都相等的情况, 为了肯定得到正确答案, 我们必须考察它们中的$\frac{N}{2} + 1$个. 事实上, 如果我们看了$\frac{N}{2}$个比特(如从j_1到$j_{\frac{N}{2}}$), 并且发现它们都相等, 如它们是0, 我们仍然不能排除出现平衡情况的可能性. 这是因为有可能$j_1 = \cdots = j_{\frac{N}{2}} = 0$ 而$j_{\frac{N}{2}+1} = \cdots = j_N = 1$. 为了概率性地解决我们的问题, 我们可以像掷硬币那样, 在1与N之间无规则地取一个数k. 重复k次, 如果我们发现不同的比特, 则认为是平衡情况. 如果所有比特都相等, 则认为是常项情况. 当然, 这样有可能给出错误答案. 不过, 在平衡情况下, 每次都得到相同比特的概率是$1/2^{k-1}$, 因此, 如果k的取值使得$1/2^{k-1} < \epsilon$, 我们可以把出错的概率降为ϵ以下. 这样, 我们需要对$k = O(\log(1/\epsilon))$个比特进行观察, 而与N的大小无关. 这个例子说明, 在经典计算机上, 利用概率特性解决BPP类问题, 比直接解决P类问题更容易有效地完成. 可以肯定$P \subseteq$ BPP, 但是NP与BPP的关系尚不清楚.

我们以引入计算类BQP(BQP意为 有限误差的量子概率多项式性)来结束本节.

对于一个判定问题, 如果存在一个多项式性时间的量子算法, 其给出正确答案的概率大于 $\frac{1}{2} + \delta$ (其中 $\delta > 0$), 我们称该问题属于BQP类. 由于整数分解问题可以被约化为判定问题, Shor算法属于此类. 事实上, 该算法以 $O(n^2 \log n \log \log n \log(1/\epsilon))$ 次运算解决该分解问题, 其中 ϵ 是误差概率. 注意, ϵ 不依赖于输入大小 n, 因此, 我们可以把它取得任意小而仍然拥有一个有效算法. 我们要强调, 不论是确定性的还是概率性的, 没有任何已知的经典算法, 能够以输入大小的多项式性次数的运算来解决这一问题. 我们已知 $P \subseteq BPP \subseteq BQP \subseteq PSPACE$ 并且推测 $BPP \neq BQP$, 即量子计算机比经典计算机更强有力.

1.3.2* Chernoff界限

在求解一个判定性问题的答案时, 概率算法给出一个二进制输出 f. 例如, 我们可以假设 $f = 1$ 对应肯定答案, $f = 0$ 对应否定答案. 我们可以重复该算法 k 次, 然后实施多数选票原则来决定答案. 假设在每一次实施该算法时, 如第 $i(i = 1, 2, \cdots, k)$ 次, 我们以 $p_1 > \frac{1}{2} + \delta$ 的概率得到 $f_i = 1$, 而以 $p_0 < \frac{1}{2} - \delta$ 的概率得到 $f_i = 0$. 这里, 多数选票原则失败的条件是

$$s_k \equiv \sum_i f_i \leqslant k/2.$$

注意, s_k 的平均值为 $k(1/2 + \delta)$, 要大于 $k/2$. 使得多数选票原则失败的最可几序列 $\{f_i\}$, 其 s_k 值最接近于 s_k 的平均值, 即 $s_k \approx k/2$. 这些序列发生的概率为

$$p\left(\{f_1, f_2, \cdots, f_k\}; \ s_k = \frac{k}{2}\right) < \left(\frac{1}{2} - \delta\right)^{\frac{k}{2}} \left(\frac{1}{2} + \delta\right)^{\frac{k}{2}} = \frac{(1 - 4\delta^2)^{\frac{k}{2}}}{2^k}. \tag{1.23}$$

由于共有 2^k 个可能的序列 $\{f_i\}$, 可以得到如下结论: 多数选票原则失败的概率为

$$p\left(s_k \leqslant \frac{k}{2}\right) < 2^k \frac{(1 - 4\delta^2)^{\frac{k}{2}}}{2^k} = (1 - 4\delta^2)^{\frac{k}{2}}. \tag{1.24}$$

最后, 因为 $1 - x \leqslant \exp(-x)$, 我们得到Chernoff界限为

$$p\left(s_k \leqslant \frac{k}{2}\right) < \exp(-2\delta^2 k). \tag{1.25}$$

因此, 为使概率误差降到 ϵ 以下, 计算次数所要满足的条件是

$$k > \frac{1}{2\delta^2} \ln\left(\frac{1}{\epsilon}\right). \tag{1.26}$$

1.4* 对动力学系统性质的计算

计算机有很多用途, 其主要应用之一是模拟那些能够描述复杂系统演化的动力学模型. 这里所说的动力学模型, 并非仅仅针对物理学和数学所感兴趣的问题, 也

包括其他领域(诸如化学、生物学、经济学、医学、工程学、社会科学、气象学以及人口动力学等领域)中的更广泛的问题. 从计算复杂性的角度而言, 人们自然会提出这样的问题: 这些复杂问题能够被有效地解决吗? 更准确地讲, 给定一个动力学系统, 是否可以找到对时间t而言为有效率的解? 也就是说, 是否可以利用其运算次数为$\log t$的多项式性的算法来解决这个问题? 注意, 这里$\log t$是给出时刻t所需的比特数. 本节我们将会看到, 对于一个一般的其演化由非线性方程所描述的动力学系统, 答案是否定的.

1.4.1* 确定性混沌

确定性混沌是20世纪的最重要发现之一. 我们首先简要介绍"确定性混沌"的含义. 一个系统, 如果它的过去和未来的状态都可以由现在的状态来决定, 我们称其为确定性的. 例如, 一旦给定了一个经典系统在t_0时刻的状态, 那么, 牛顿运动定律可以完全确定该系统的将来和过去. 另外, 该系统的运动可能会十分复杂, 以至于事实上我们无法将之与完全混沌的运动区分开来. 这一特性, 使得物理定律的确定性与在表面上看起来非常混乱的自然现象(如在我们日常生活中所观察到的湍流)可以一致起来. 因此, "确定性混沌"并非一个自相矛盾的用语. 一个现象可以既是确定性的, 也是混沌的. 说它是确定性的, 是因为它的未来完全由其初始条件决定; 说它是混沌的, 是由于其运动如此复杂, 以至于实际上完全无法预测. 以下我们来阐明这一点. 首先考虑一个一维简谐振子, 它是一个经典可解系统, 也称为可积系统; 其运动方程$\mathrm{d}^2 x/\mathrm{d}t^2 + \omega^2 x = 0$的解析解是$x(t) = x_0\cos(\omega t + \phi_0)$, 其中$x_0$和$\phi_0$是初始位置和初始相位. 对于一个给定的时间$t$, 计算机通过$O(\log t)$次运算就可以输出上述$x(t)$. 相反, 如下所述, 对于混沌运动, 计算机则需要$O(t)$次运算才能输出$x(t)$. 这意味着, 可积系统的运动是可以预测和计算的, 而混沌系统实际上是不可以预测的. 也就是说, 我们不可能用一个比$O(t)$次运算更好的算法来描述一个混沌系统的轨道: 系统本身才是"自己最好的计算机".

为了澄清这个概念, 我们考虑一个保守系统, 它可以用哈密顿量$H(q,p)$来描述, 其中$q = (q_1, \cdots, q_n)$和$p = (p_1, \cdots, p_n)$分别代表正则坐标和正则动量. 因为能量是一个运动常数, 系统的轨道在$H(q,p) = E$的能量面上运动. 现在, 我们将能量面分成有限个互相不重叠的单元, 每一个单元用一个整数来标记. 如果我们对系统的轨道有完全的信息, 那么, 我们就可以记录系统在时间间隔τ内所处的单元. 这样, 我们得到一个整数序列, 它提供了描述一条轨道的粗粒化的图像. 对于没有规则性的混沌系统, 系统在到达时刻t之前所经历过的单元的信息, 并不足以确定$t+1$时刻的单元. 这里, 离散时间t的一个单位对应于时间间隔τ. 因此, 就混沌系统而言, 关于过去的粗粒化的知识, 并不足以确定粗粒化的未来. 相反, 对于具有规则轨道的非混沌系统, 这是可能的. 这是因为, 即使是粗粒化的轨道, 也会显示出规则性.

要注意, 划分能量面时, 我们并没有对单元的尺度作任何限制. 更确切地说, 一系列有限精度的测量, 不管精度如何, 都不能够预测一个混沌系统的未来.

下面, 利用逻辑映射, 我们举例说明确定性混沌这一概念. 该映射是混沌领域中最著名的模型之一, 由一个一阶差分方程来定义:

$$x_{n+1} = \alpha x_n (1 - x_n), \tag{1.27}$$

其中, $0 \leqslant \alpha \leqslant 4$, 这样, 单位间隔$[0,1]$ 被映射到其自身. 逻辑映射的行为非常复杂. 通过改变参数α, 其行为可以由规则变为混沌. 特别是, 当$\alpha = 4$时, 映射是完全混沌的. 令$x_n = \sin^2(\pi y_n)$, 在式(1.27)中, 代入$\alpha = 4$, 经过一些很简单的代数运算, 我们得到$\sin^2(\pi y_{n+1}) = \sin^2(2\pi y_n)$. 因此, $\alpha = 4$的逻辑映射与下面的映射等价:

$$y_{n+1} = 2y_n \quad (\mathrm{mod}1). \tag{1.28}$$

该方程将单位间隔$[0,1]$ 映射到它自己, 并有一个很简单的解析解

$$y_n = 2^n y_0 \quad (\mathrm{mod}1). \tag{1.29}$$

如果把y_0 写成二进制, 例如

$$y_0 = 0.1101001100011010\cdots, \tag{1.30}$$

那么, 该映射的解可以表述如下: 事实上, 很容易验证, 在二进制表述中, 映射(1.28)的每一次迭代的结果, 其实就是将y的小数点向右边移动一位, 然后将小数点左边的整数部分扔掉. 这样, 每次映射擦掉一个比特的信息.

现在, 容易证明, 确定性方程(1.28) 的解是完全不可预测的. 在我们的例子中, 单位间隔$[0,1]$扮演能量面的角色, 也就是说, 轨道处于这个间隔中. 我们把 "能量面" 划分成两个单元, $0 \leqslant y < 1/2$ 为左单元, $1/2 \leqslant y < 1$ 为右单元. 从二进制表示(1.30), 我们可以看出, y_n的小数点后面的第一位数的值(0 或1) 决定y_n 是在左单元还是右单元. 因为每一步映射使小数点向右移动一位, 所以, 由左右单元所给出的粗粒化的轨道, 实际上对应于初始值y_0 的二进制表示: 0 意味着左单元, 1 意味着右单元. 很显然, 即使知道粗粒化轨道的前t 位数, 也不能够确定第$t+1$ 位数. 事实上, 即使我们知道y_0 的初始的t 位二进制数字, 也不能确定其后的数字. 随着时间的推移, 方程的解依赖于初值的那些越来越小的部分. 换句话说, 固定y_0之后, 我们其实给系统提供了无限多的复杂性. 这种复杂性是由运动的混沌特性所引起的.

方程 (1.28)的解有多无规? 假设有某个知道方程 (1.28)的精确解的人, 告诉我们一个用y_0 表达的数字序列. 我们是否可以推测出, 这个人告诉我们的是方程(1.28)的真实解, 还是他通过比如说抛硬币(如用0 表示正面, 1 表示反面) 而得到的一个随机数字的序列? 答案是否定的. 事实上, 我们很容易说服自己, 所有可能的

初始条件y_0的集合与抛硬币得到的所有可能的序列的集合是一一对应的[①]. 抛硬币得到的序列是随机的, y_0的二进制表示也是随机的, 因此, 轨道本身也是随机的.

1.4.2* 算法复杂性

我们有必要弄清楚 "一个数字串是随机的" 这一陈述的含义. 每个二进制数字携带一个比特的信息, 因此, 一个n比特的二进制序列携带n个比特的信息. 然而, 如果数字之间存在关联, 那么, 这个n比特的序列可以用更短的序列来表达. 对于一个n比特序列x, 可以定义其复杂度$K_M(x)$. 按照Kolmogorov的理论, 对于一个给定的n比特序列x, 其在一台机器M上的复杂度$K_M(x)$, 可以被定义为在该机器M上能够计算该序列的最短计算机程序(算法)的比特长度. 要注意的是, 存在不依赖于具体机器的复杂度. 事实上, Kolmogorov 已经证明, 存在通用机器U, 使得

$$K_U(x) \leqslant K_M(x) + C_M, \tag{1.31}$$

其中, C_M依赖于M, 但不依赖于x.

我们来考虑序列$01010101\cdots$, 它可以通过程序"将01打印n次"来给出. 该程序的长度是$\log_2 n + A$, 其中, $\log_2 n$是为了确定数字n所必需的比特数, A是一个依赖于机器的常数. 这样, 该序列的复杂度是$O(\log_2 n)$, 而与机器无关. 另外, n比特序列$x = (x_1, x_2, \cdots, x_n)$的复杂度不会超过$O(n)$. 事实上, 此序列总可以通过复制性程序"打印$(x_1, x_2, \cdots, x_n)$"来实现, 而该程序的长度是$O(n)$比特. 按照Kolmogorov的理论, 如果一个n比特的序列不能用短于$O(n)$比特的计算程序来给出, 那么, 该序列是随机的. 就其不能够被压缩成更短的序列这一点而言, 一个混沌轨道是随机的, 因此是不可预测的.

对于无限长的序列, 我们可以把复杂度定义为

$$K_\infty = \lim_{n\to\infty} \left[\frac{K^{(n)}}{n} \right], \tag{1.32}$$

其中, $K^{(n)}$是序列的前n个比特的复杂度. 请注意, 利用Kolmogorov 关于通用机器存在性的证明, 可以看出, K_∞与机器无关. 这是方程 (1.31)的直接结果. 可以证明, 式(1.32) 的极限通常是存在的. Martin-Löf 证明, 几乎所有具有正复杂度($K_\infty > 0$)的序列, 都会通过所有对于无规性的计算检验. 这证实了这样一个命题, 即具有正复杂度的序列是无规的. Martin-Löf 进而证明, 几乎所有序列都具有正的复杂度, 因此是随机的. 由此可以得出结论, 对于映射(1.28)而言, 几乎所有轨道都是随机的, 它们的信息量是无限而不可压缩的.

算法复杂性理论的进一步推论是, 几乎所有的实数都不能用有限算法来计算. 当然, 整数和有理数是例外. 我们也注意到, 无理数π和e 也不是随机的, 因为可以

---

① 请注意, 对于混沌动力学而言, 粗粒化轨道的集合是完全的, 即它事实上包含了所有可能的轨道.

用有效算法将它们计算到任何所需的精度. 这样的算法意味着 $K_\infty = 0$.

现在我们可以澄清混沌动力学和正的算法复杂性之间的关系. 混沌被定义为对初值的敏感性. 如果记 δx_0 为相对于给定动力学系统之初始条件的一个无穷小变化, 而 δx_t 为在 $t(t > 0)$ 时刻之后的变化, 则一般而言

$$|\delta x_t| \approx \mathrm{e}^{\lambda t}|\delta x_0|, \tag{1.33}$$

其中, λ 是所谓最大李雅普诺夫(Lyapunov)指数. 如果 $\lambda > 0$, 我们称系统的动力学是混沌的. 也就是说, 在确定初始条件时的任意小误差, 都将按以 λ 为指数率的指数发散. 从映射(1.28) 的解(1.29), 可以清楚地看出

$$|\delta y_t| = 2^t|\delta y_0| = \mathrm{e}^{(\ln 2)t}|\delta y_0|, \tag{1.34}$$

因此, $\lambda = \ln 2$. 对于初始条件的指数式敏感意味着, 在每一个适当选择的时间单位里, 轨道的精确度会少掉一位数字. 为了恢复这一位精确度, 我们必须使初始条件 y_0 的精度增加一位. 因此, 为了精确地跟踪轨道到 t 时刻, 我们必须输入 $O(t)$ 比特的信息. 这样, 一条混沌轨道具有正的复杂性, 也就是说, 它是随机的.

对于非混沌系统, 尤其是可积系统, 误差随时间仅仅为线性增加, 因此, 有关过去的粗粒化信息亦足以预测未来.

总之, 为了确定混沌系统的轨道在 t 时刻的行为, 所需要的计算资源像 t 那样增加, 因此, 不可能有效地计算混沌系统的解. 对于非混沌系统而言, 至少在原则上, 我们可以进行有效计算, 即所需要的计算资源像 $\log t$ 那样增加.

1.5   能量和信息

1.5.1   麦克斯韦妖

在本节, 我们讨论能量和信息之间的联系, 尽管它们看起来似乎没有什么联系. 可以说, 关于两者之间关系的讨论, 可以追溯到1867年由麦克斯韦所提出的麦克斯韦妖佯谬. 麦克斯韦设想一个气体容器, 在初始时刻装有处于温度为 T 的热平衡态的气体, 有一个小妖, 它可以监测单个气体分子的速度和位置(图 1.17). 平衡态时, 单个分子的速度方向是随机的, 大小遵从麦克斯韦分布律. 容器被分为两个部分, 通过一个小门来沟通. 小妖可以关闭或开启小门, 让快速分子从容器的右半部迁移到左半部, 慢速分子则相反迁移到右半部. 这样的过程重复很多次以后, 小妖就把快速分子(呆在左半部)与慢速分子(呆在右半部)分开了. 结果, 容器左半部的温度 T_l 就比右半部的温度 T_r 要高. 由此, 我们得到两种不同温度的气体, 它们可以被用做热库来做功. 这样, 小妖把热从一个具有均匀温度 T 的热源转换为功. 这似乎违背

了热力学第二定律. 我们后面将会看到, 事实上, 这一过程未必违反热力学第二定律, 因为, 热转换为功并非该过程的全部.

麦克斯韦妖佯谬可以等效地用熵来表述. 熵的定义是

$$S = k_B \ln \Omega , \tag{1.35}$$

其中, $k_B \approx 1.38 \times 10^{-23}$ J/K 是玻尔兹曼常量, Ω 是给出同样宏观状态的所有可能微观状态的数目. 微观状态是指所有分子的位置和速度, 而宏观状态由少数几个参数来确定, 如体积V和温度T. 很显然, 麦克斯韦妖给系统引入了秩序: 快分子被限定在容器的左边, 而慢分子则在右边. 因此, 系统可以达到的微观状态数变小了, 因而总熵减少了, 这看起来似乎违背了热力学第二定律. 此外, 麦克斯韦妖可以将容器划分成很多单元, 然后将分子按照速度作更精确的分离. 结果, 随着单元的数目变得愈来愈多, 气体的熵会变得愈来愈少. 事实上, 这样的话, 我们关于系统的微观状态的信息会愈来愈多, 这本身就意味着熵的减少. 然而, 对第二定律的违反只是表面的. 事实上, 详细的分析显示, 如果将气体、麦克斯韦妖和环境全部考虑进去, 那么, 总的熵是不减少的.

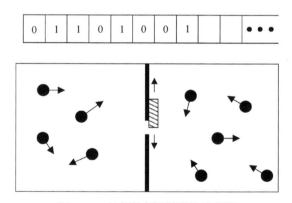

图1.17　麦克斯韦妖佯谬的示意图

我们用二进制序列来代表小妖的记忆, 它储存着小妖对分子位置和速度的测量结果

1.5.2 Landauer 原理

麦克斯韦妖佯谬引起了很多讨论, 人们为此提出过多种解决方案. 起初, 人们一般认为问题的答案在于麦克斯韦妖进行测量时所需付出的能量. 例如, 为了确定分子的位置, 麦克斯韦妖需要照亮它们, 而这必须付出能量. 然而, Rolf Landauer 和Bennett 证明, 原则上, 测量过程可以在不消耗任何能量的情况下完成. 最终, 他们还是找到了一种解决佯谬的方法: 测量结果必须储存在小妖的记忆中. 因为小妖的记忆是有限的, 为了储存新的测量结果, 必须删除一些已有的记忆. 而该删除过程伴随着能量损耗. 这就是Landauer在1961年提出的Landauer原理.

Landauer 原理　每删除一个比特的信息, 至少需要耗散$k_B T \ln 2$大小的能量到环境中去, 其中k_B是玻尔兹曼常量, T是环境的温度. 等价地可以说, 环境的熵至少要增加$k_B \ln 2$.

这样, 气体熵的减少, 由小妖的熵的增加来补偿. 为了删除小妖在测量过程中所获得的信息, 我们必须把能量耗散到周围环境中去. 因此, 根据Landauer 原理, 我们所耗散的能量, 并非由测量过程所造成, 而是由于删除信息所致.

下面, 我们举例说明Landauer 原理[1]. 设想一些包含在一个物理系统的状态之中的信息, 例如, 用一个分子在一个盒子中的左右位置来储存一个比特的信息, 即如果分子在盒子的左边, 其比特值为0, 而如果在右边, 其比特值为1. 尽管只是讨论一个单分子系统, 我们暂且假设可以运用热力学定律. 众所周知,

$$\mathrm{d}E = \delta L + \delta Q , \tag{1.36}$$

其中, $\mathrm{d}E$ 是气体内能的变化, δL 是对气体做的功, δQ 是气体吸收的热量. 如果我们考虑一个准静态过程(也就是说, 过程如此缓慢, 以至于系统总是处于平衡态), 气体熵的变化$\mathrm{d}S$ 可以被写成

$$\mathrm{d}S = \frac{\delta Q}{T} . \tag{1.37}$$

假设容器与一个温度为T 的热库相接触, 并且我们用一个无阻力活塞来压缩气体, 如图 1.18所示. 如果活塞移动$\mathrm{d}x$, 那么, 对气体所做的功是

$$\delta L = -F\mathrm{d}x = -pA\mathrm{d}x = -p\mathrm{d}V , \tag{1.38}$$

其中, F 是气体作用于活塞的力, p 是压强, A 是活塞的表面积, V 是气体的体积. 当然, 由于我们所考虑的是一个单分子系统, 诸如压强等概念要在时间平均的意义上来理解. 也就是说, 我们需要对分子与活塞之间的多次碰撞作平均. 我们来考虑一个使气体体积减半的变化过程. 利用理想气体的状态方程

$$pV = Nk_B T , \tag{1.39}$$

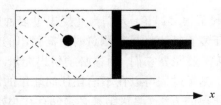

图1.18　活塞压缩单分子气体

---

[1] 该例子仅是启发、说明性的, 并不是一个严格的论证. ——译者注.

其中, N 是气体的分子数(这里$N = 1$), 我们可以计算对气体所做的功

$$L = -\int_V^{V/2} p dV' = -\int_V^{V/2} \frac{k_B T}{V'} dV' = k_B T \ln 2 . \tag{1.40}$$

注意, 我们已经利用了过程为等温过程这一性质(系统和一个恒温热库相接触).

我们已经假设气体为理想气体, 所以, 在温度恒定的情况下, 其内能保持不变. 因此, 根据热力学第一定律(1.36), 对气体所做的功, 被转换成热量而耗散到周围环境中去了, $\Delta Q = -L$. 注意, 因为热是被耗散掉的, 而不是被气体吸收掉的, 所以, $\Delta Q < 0$. 从方程 (1.37)可以计算出气体熵的变化

$$\Delta S = \frac{\Delta Q}{T} = \frac{-L}{T} = -k_B \ln 2 . \tag{1.41}$$

当气体被压缩后, 分子可以占据的体积减半, 因此, 可以占据的微观状态的数目也相应减半, 从而$\Delta S < 0$. 注意, 宇宙的熵不会减少, 即$\Delta S + \Delta S_{\text{env}} \geqslant 0$. 其结果是, 系统的熵减少了, 而环境的熵$S_{\text{env}}$则必然增加, 且有$\Delta S_{\text{env}} \geqslant k_B \ln 2$, 与Landauer 原理一致.

假设有一个写成二进制的讯息, 用一个序列的单分子盒子来储存. 每一个盒子携带一个比特的信息. 比特的状态为0或1, 依赖于分子是在盒子里的左边或右边(图1.19). 我们现在证明下面的陈述是正确的: 该讯息所包含的信息量正比于删除该讯息所必需的能量. 对于单分子模型来说, 就是把所有分子移到盒子的左边或者右边所需的能量. 首先, 我们需要定义讯息的信息量. 如果我们获知承载一个讯息的比特的数值的话, 我们就会获取一定量的信息, 该信息即被定义为这个讯息的信息量. 这样, 信息(量)是我们对讯息的无知程度的一种度量[1]. 如果我们事先已经知道了承载一个讯息的比特的值的话, 获得这个讯息并不会增加更多的信息. 在这种情况下, 根据上面的定义, 这个讯息所包含的信息量是零. 可以证明, 在这种情况下, 删除这个讯息并不一定需要耗费能量, 比如, 把每一个比特的状态都设置为0, 并不一定需要做功. 事实上, 如果知道一个分子在左边, 我们不需要做任何事. 而如果知道一个分子在右边, 我们可以不消耗能量地把它移到左边. 例如, 如图1.20所示, 我们可以把分子圈在一个更小的盒子中, 然后把这个小盒子移到左边. 这么做

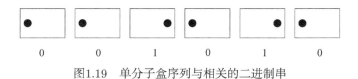

$\quad$ 0 $\qquad$ 0 $\qquad$ 1 $\qquad$ 0 $\qquad$ 1 $\qquad$ 0

图1.19 单分子盒序列与相关的二进制串

---

① 确切地说, 是在获得讯息之前我们对讯息的无知程度. ——译者注.

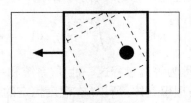

图1.20   一个可以把分子移动到盒子左边而不需付出任何能量的步骤

并不需要做功, 因为分子在小盒子里碰到左、右壁的次数是一样多. 只有在我们事先不知道分子位置的情况下, 要将盒子的体积减半, 才需要对气体做 $L = k_\mathrm{B}T\ln 2$ 的功. 在这种情况, 讯息的信息量不是零, 而为了删除它我们也需要付出能量.

1.5.3   从信息提取功

为了更好地理解信息与能量之间的关系, 可以考虑下面的例子. 它由Bennett设计, 说明信息可以像燃料那样被利用来移动机器. 考虑一个和温度为T的热库相接触的手推车, 以及一个由一串单分子盒子所组成的带子. 如图 1.21 所示, 带子可以穿入手推车之中. 如果事先知道每一个分子在盒子中的位置, 我们就可以从分子的运动提取能量做功来推动手推车. 为了做到这一点, 只需要在每一个盒子中插入一个活塞即可. 正如图1.22所示, 如果分子在盒子的左边, 活塞可以向右移; 反之, 向左移. 因为整个系统处于温度T, 我们可以从一个盒子提取 $L = k_\mathrm{B}T\ln 2$ 的功. 对于有N比特的带子, 就会有$Nk_\mathrm{B}T\ln 2$ 的功可以用来移动手推车. 要强调的是, 当带子从手推车中出来后, 分子可以处于体积V中的任何地方. 这一串盒子中的信息, 在被用于移动手推车之后, 完全消失了. 另外, 如果事先不知道分子的位置, 那么, 就不可能从分子的运动提取能量做功. 事实上, 在这种情况下, 如果我们插入活塞, 一半时间气体对外做功, 另一半时间外部对气体做功, 平均而言, 所做的功为零.

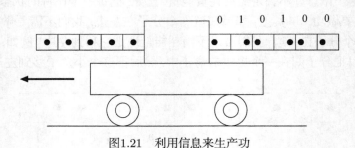

图1.21   利用信息来生产功

图1.22　从单分子气体的运动提取能量做功

分子在开始时处于容器的左边(a)或右边(b)

1.6　可 逆 计 算

本节我们讨论对计算的能量要求. 1.2节所介绍的大部分逻辑门都是不可逆的. 这意味着, 给定输出, 我们无法恢复其输入. 例如, 如果或门的输出是1, 那么其输入可能是$(0,1)$, $(1,0)$ 或$(1,1)$. 布尔函数$f : \{0,1\}^2 \to \{0,1\}$ 删除1比特的信息, 因此, 根据Landauer 原理, 耗散到环境中的能量至少是$k_B T \ln 2$. 这与1.5节中所讨论的一个分子在盒子中的例子类似. 不同的是, 在那里我们把气体所能到达的体积减半, 而在此我们从2比特的输入得到1比特的输出.

注意, $k_B T \ln 2$ 仅为双比特不可逆门的能量消耗的下限. 现阶段, 真实计算机所消耗的能量比它要多好几个数量级. 然而, 得益于技术的进步, 每个逻辑门所消耗的能量在过去几年里已经大为减少. 另外, 如果我们增强计算机的能力, 也就是说, 提高每分钟的运行次数, 那么, 同样需要加大能量消耗, 除非我们能够同时降低每个逻辑门的能耗. 重要的是要记住, 对于不可逆计算, Landauer 原理给出了未来所可能减小的能耗的一个下限.

既然计算机的能耗涉及不可逆性, 一个很自然的问题是: 是否可能建造一个无能耗的可逆计算机? 我们预期这是可能的, 因为物理学的基本定律(如经典力学中的牛顿定律) 是可逆的. 因此, 一定存在一些可逆的物理过程, 它们允许我们实现不可逆的逻辑门[①]. 事实上, 任意不可逆函数$f : \{0,1\}^m \to \{0,1\}^n$都可以被嵌入一个可逆函数. 为此, 只要定义函数

$$\tilde{f} : \{0,1\}^{m+n} \to \{0,1\}^{m+n}, \tag{1.42}$$

使其满足

$$\tilde{f}(x,y) = (x, [y + f(x)] \,(\mathrm{mod}\, 2^n)), \tag{1.43}$$

其中, x 代表m个比特, 而y 和$f(x)$ 代表n 个比特. 因为$\tilde{f}$ 对于不同输入给出不同输出, 它是一个可以反转的$(m + n)$-比特函数.

---

① 这里对于可逆计算机的讨论, 为作者的观点. 事实上, 产生不可逆性的根源, 是现代物理学尚未完全解决的问题之一. 因此, 可逆计算机是否可能实现, 尚无定论. ——译者注.

根据以上论述, 找到适用于计算的通用可逆逻辑门的可能性是存在的. 可以证明, 可以利用可逆逻辑门来构造通用的与非门和复制门. 为了避免信息丢失, 可逆函数必须把 n 比特的输入变成 n 比特的输出. 可逆函数事实上就是将输入的二进制数进行置换. 由于共有 2^n 种输入, 可能的置换数是 (2^n). 对于 $n=1$, 有两个可逆的单比特门, 即"恒等门"和"非门". 一个重要的双比特门, 是受控非(CNOT)门, 也称可逆异或门, 如图1.23所示. 它的第1个比特起控制作用, 其数值在输出时不变, $a'=a$. 当且仅当第1个比特的值为1时, 其第2比特(也称目标比特)的值才会翻转, 这样, $b'=a\oplus b$. 因此, 第2比特的输出, 是输入 a 和 b 的异或操作. 此外, 因为从输出 (a',b') 我们可以推断输入 (a,b), CNOT门是可逆的. 请注意, 如果我们将目标比特的值设为0, CNOT门变成复制门: $(a,0)\to(a,a)$. 容易验证, CNOT门是自反(self-inverse)的. 事实上, 连续两次运用CNOT门, 将得到输入自己

$$(a,b)\to(a,a\oplus b)\to(a,a\oplus(a\oplus b))=(a,b).\qquad(1.44)$$

因此, $(CNOT)^2=I$, 于是, $CNOT^{-1}=CNOT$.

a	b	a'	b'
0	0	0	0
0	1	0	1
1	0	1	1
1	1	1	0

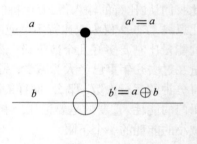

图1.23　CNOT门的真值表, 及其线路表示

可以从CNOT门得到复制门, 这一点的一个有趣推论是, 测量过程在原则上可以不耗费能量. 事实上, 测量是在系统的状态和存储器的状态之间建立一种关联. 因此, 它等效于一个复制操作, 而复制操作是可逆的. 这个论证说明, 解答麦克斯韦妖佯谬的关键, 并不在于麦克斯韦妖所做的测量.

1.6.1　Toffoli 门和Fredkin 门

可以证明, 双比特可逆门并不足以用来做通用计算(Preskill, 1998). 一个通用门的例子, 是一个受控-受控非门(CCNOT), 或称Toffoli门. 它是一个三比特门, 其真值表和线路图如图1.24所示, 其操作如下: 两个控制比特始终不发生变化($a'=a$ 和 $b'=b$), 并且, 当且仅当两个控制比特的值都为1时, 目标比特会翻转, 即 $c'=c\oplus ab$. 为了证明Toffoli 门是通用的, 我们用它来构造与非门和复制门. 事实上, 如果 $a=1$,

Toffoli 门对另外两个比特所起的作用就是一个CNOT门,而前面讲过,利用CNOT门可以构造复制门. 为了构造与非门,我们可以令$c = 1$,这样只有当$a = 1$且$b = 1$时,才有$c' = 0$,也就是说$c' = 1 \oplus ab = a\text{NAND}b$.

习题1.2 利用Toffoli 门构造非门、与门和或门.

另外一个通用可逆门是Fredkin门,也称作受控交换门,其真值表和线路表示图在图1.25中给出. 当且仅当控制比特a被设为1时,Fredkin 门对输入比特b 和c进行交换. 容易验证, Toffoli 门和Fredkin 门都是自反的.

a	b	c	a'	b'	c'
0	0	0	0	0	0
0	0	1	0	0	1
0	1	0	0	1	0
0	1	1	0	1	1
1	0	0	1	0	0
1	0	1	1	0	1
1	1	0	1	1	1
1	1	1	1	1	0

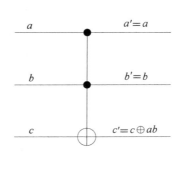

图1.24 Toffoli 门的真值表和线路表示图

a	b	c	a'	b'	c'
0	0	0	0	0	0
0	0	1	0	0	1
0	1	0	0	1	0
0	1	1	0	1	1
1	0	0	1	0	0
1	0	1	1	1	0
1	1	0	1	0	1
1	1	1	1	1	1

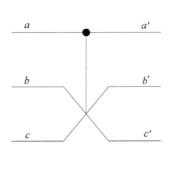

图1.25 Fredkin 门的真值表和线路表示图

习题1.3 证明Fredkin 门是通用的.

我们已经看到,不可逆门(如与门和或门)可以被嵌入可逆门之中. 然而,为此要付出代价,即引入附加比特,并且在输出中生成一些不再重复使用的"垃圾"比特. 这些额外比特的作用, 是存储使反转操作成为可能的信息. 例如, 如果Toffoli 门的输入为$c = 1$, 我们就有$c' = a\mathrm{NAND}b$ 以及两个垃圾比特$(a' = a$ and $b' = b)$. 人们大概会认为, 擦掉这一垃圾需要能量, 从而使可逆计算失掉其优势. 幸运的是, 如Bennett所证明, 事实并非如此. 事实上, 我们可以完成所需的计算, 打印出结果, 然后利用可逆门, 使计算机反向运行, 从而恢复计算机的初态. 其结果是, 垃圾比特也回到了最初的状态, 而不需消耗任何能量.

1.6.2*   台球计算机

可逆计算的一个具体例子是台球计算机. 在这台计算机中, 台球在给定位置不出现对应于比特值0, 而出现则对应于1. 信息的传输, 由台球在一个平面(台球桌)上做无摩擦运动而完成. 逻辑门通过台球之间, 以及台球与固定障碍之间所做的散射来实现. 台球在桌子的左边和右边的位置, 分别给出输入和输出值. 我们以图 1.26举例说明. 在该图中, 输入为一个球在a 处另一个球在b 处, 即$a = b = 1$. 碰撞后, 我们在a' 处和b' 处找到球, 也就是说, $a' = b' = 1$, 而$a'' = b'' = 0$. 但是, 如果我们只有一个球或者一个球都没有, 那么就没有碰撞. 例如, 如果$a = 1, b = 0$那么, $a'' = 1$, $a' = b' = b'' = 0$. 因此, 碰撞(门)事实上是在计算以下的逻辑函数: $a' = b' = a \wedge b$, $a'' = a \wedge \bar{b}$ 和$b'' = \bar{a} \wedge b$. 为了实现一个通用可逆计算, 我们还需要改变台球运动的方向. 这可以通过对固定物体的弹性碰撞来实现(图 1.27). 结合图1.26和图1.27中的基本元素, 可以实现Fredkin 门(Feynman, 1996). 因为Fredkin 门是通用的, 所以台球计算机可以用来计算任意复杂的布尔函数. 但是, 很显然, 实现这种计算机, 其障碍在于台球运动对于扰动的不稳定性. 最后, 有趣的是, 台球计算机不仅是可逆的, 也是保守的. 也就是说, 输入的台球数目和输出的台球数目是相等的, 即0 和1 的数目是守恒的. 事实上, 这是Fredkin 门的特性之一.

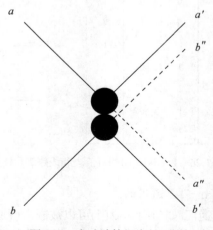

图1.26   台球计算机中的碰撞门

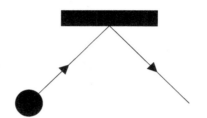

图1.27　台球计算机中台球方向的变化

1.7　参考资料指南

图灵机在图灵(1936)发表的一文中提出, Church-图灵命题在Church(1936)的一篇文章中给出. 算法设计方面有Cormen等(2001)和Knuth(1997, 1998)的经典著作.

计算复杂性方面的著作有Garey 和Johnson (1979), 以及Papadimitriou (1994)著的书. Mertens (2000)写了一本非正式的、专门给物理学家的、有关计算复杂性的入门读物. Bernstein 和Vazirani (1997) 讨论了量子计算的复杂性. Alekseev 和Jacobson (1981) 写了一篇关于动力系统算法复杂性的综述, 而Ford(1983)也进行了非常易读的相关讨论.

Feynman(1996) 给出了关于能量和信息之间的关系的深刻讨论. Landauer 原理由Landauer(1961)提出. Bennett(1982, 1987) 对有关麦克斯韦妖佯谬作了综述.

Bennett(1973)、Fredkin 和Toffoli (1982) 对可逆计算进行了讨论.

第2章 量子力学引论

在19世纪末, 人们已经清楚地知道经典力学会给出一些与实验不相符合的预言. 这导致了我们对自然的理解在基本概念上的深刻变化. 一个崭新的理论——量子力学被建立起来. 该理论对微观现象的描述与目前所有的实验数据相当吻合.

本章简要介绍量子力学的基本内容. 我们的目的是为以后几章的学习提供一些必要的背景资料, 并不要求读者已经拥有关于量子力学的知识. 为了理解复杂的自然现象, 已经发展起来了复杂的量子技术; 同时, 量子力学的一些结论具有违反直觉, 甚至是悖论性的特点. 与这些方面相比较而言, 量子力学的基本内容还是容易了解的.

我们先讨论两个简单但是典型的实验, 即Stern-Gerlach 实验和杨氏双缝实验. 它们展示了量子力学的特殊性. 然后, 我们回顾线性代数的基本内容, 因为它的主要概念对于理解量子力学是必不可少的. 就我们的目的而言, 考虑有限维的矢量空间就足够了. 其后, 我们给出量子力学的基本假设. 我们将讨论一类有限系统, 即可以用有限维希尔伯特空间中的波矢来描述的系统. 最后, 我们阐释量子力学的一些非同寻常的、非经典的性质. 我们将讨论EPR佯谬和Bell不等式, 这两个引人入胜的例子显示了量子物理和经典物理之间的深刻差别.

2.1 Stern-Gerlach 实验

本节, 我们简要介绍Stern-Gerlach 实验. 就证实存在着经典力学所不能够描述的物理现象这一点而言, 该实验也许是最生动的例子. 它迫使我们放弃对于自然的传统经典描述, 转而采用量子力学的思维方式. 的确, Stern-Gerlach 实验的结果呈现了典型的量子行为, 证实经典力学对它的预言是失效的. 为了理解这类物理现象, 必须改变经典力学中的一些基本概念.

图 2.1给出Stern-Gerlach 实验装置的示意图: 一束具有磁矩μ的中性原子穿过有磁场B的区域. 磁场为沿z轴方向的非均匀场, 其梯度(∇B)亦沿z轴方向(B代表矢量B的模). 经典力学告诉我们, 在这种情况下, 原子在磁场中受到一个沿z 轴方向的力F. 用F_z 和μ_z 表示F 和μ 在z向的投影, 我们有

$$F_z = \mu_z |\nabla B| = \mu_z \frac{\mathrm{d}B}{\mathrm{d}z}. \tag{2.1}$$

进入磁场的原子, 为磁场梯度所偏转, 从而偏离原来的入射方向, 最后达到屏幕S. 如果我们测量出屏幕上的偏离, 那么, 就可以推导出力F_z, 从而得到原子磁矩的z分量μ_z.

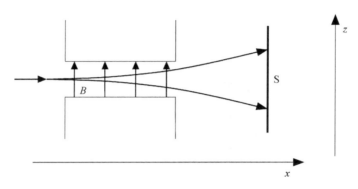

图2.1 Stern-Gerlach 实验装置示意图

在刚刚进入非均匀磁场时, 原子磁矩的分布是各向同性的. 因此, 按照经典力学, μ_z可以是$-m$与$+m$之间的任何值, 其中$m \equiv |\boldsymbol{\mu}|$. 结果, 原子撞击屏幕的位置, 应该在入射方向四周呈连续分布, 其正、负方向的极大偏离分别对应于$\mu_z = +m$和$\mu_z = -m$. 然而, 实验结果与这一预期明显矛盾. 屏幕上只出现有限数目的斑点, 且这些斑点等间隔地出现在极大正向偏离$\mu_z = m$和极大负向偏离$\mu_z = -m$之间. 这意味着允许的μ_z值是离散的. 在有些情况下, 如银原子, 只有两个斑点, 分别对应于$\mu_z = -m$ 和$\mu_z = m$.

这一看起来神秘的现象, 可以用电子的内禀角动量(即自旋)来解释. 原子的磁矩正比于其角动量, 而对于银这样的原子, 其角动量就是其外层电子的自旋. 在屏幕上出现的两个斑点, 分别对应于电子自旋的两个允许态, 被称为自旋向上(spin up) 和自旋向下(spin down)态. 实验测定的自旋向上的角动量是$S_z = +\frac{1}{2}\hbar$, 向下的为$S_z = -\frac{1}{2}\hbar$. 这里, $\hbar = \frac{h}{2\pi}$, 其中, 普朗克常量$h \approx 6.626 \times 10^{-34}$J·s. 因此, 我们说电子是自旋为$\frac{1}{2}$的粒子. 要注意, Stern-Gerlach 实验中的z方向是任意的, 因此, 实验结果并不随磁场的取向而改变.

我们现在来考虑图2.2所示的实验. 第1个仪器将初始原子束分离为两个分量, 分别对应于电子自旋向上和自旋向下态. 我们用$|+\rangle_z$和$|-\rangle_z$来标记它们, 其含义以后会清楚. 然后, 我们阻断分量$|-\rangle_z$, 让分量$|+\rangle_z$进入与第1个装置类似的、第2个 Stern-Gerlach 装置, 即其磁场仍沿z方向. 这样一来, 从第2个装置中出来的是具有$|+\rangle_z$分量的原子束. 由于原子束的$|-\rangle_z$分量被事先截断, 它在最后不出现.

简而言之，第1个Stern-Gerlach 装置筛选了入射的原子，只有那些$\mu_z = m$的原子才被挑选出来. 这样，第2个Stern-Gerlach装置测量了选出来的自旋分量.

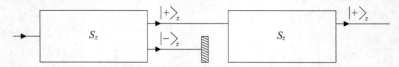

图2.2　Stern-Gerlach 实验装置示意图

第1个仪器把$\mu_z = -m$的原子过滤掉，而第2个仪器测量μ_z，得到$\mu_z = m$

图 2.3给出另一个不同的Stern-Gerlach实验装置图. 与图 2.2不同的是，第2个装置中的磁场沿y 轴方向. 这样一来，我们观察到的是，两束强度相同的原子束从第2个装置中射出，分别对应于$\mu_y = +m$ 和$\mu_y = -m$，其中μ_y 是原子磁矩在y轴上的投影. 我们把这两个分量分别叫做$|+\rangle_y$ 和$|-\rangle_y$. 这一结果并不令人吃惊，因为射入到第2个Stern-Gerlach仪器的原子具有确定的$\mu_z = m$，但是，其μ_y 值并没有被确定. 能因此认为射入第2个装置的原子有一半具有$|+\rangle_z$ 和$|+\rangle_y$分量的磁矩，而另一半具有$|+\rangle_z$ 和$|-\rangle_y$的分量吗? 下面的实验证明，这一直觉想法并不成立.

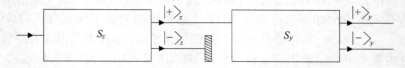

图2.3　Stern-Gerlach 实验草图

第1个设备将具有$\mu_z = -m$ 的原子过滤掉，第2个设备测量μ_y

事实上，利用图 2.4的实验装置，可以得到十分令人吃惊的结果. 在这种情况下，前面两个Stern-Gerlach 设备分别过滤掉具有磁矩分量$\mu_z = -m$ 和$\mu_y = -m$的原子. 令人惊奇的是，尽管具有分量$|-\rangle_z$的原子已经在之前被过滤掉，从第3个装置中冒出来的原子，却以同样的强度具有分量$|+\rangle_z$ 和分量$|-\rangle_z$. 那么，这些具有$|-\rangle_z$分量的原子，怎么会在第3个装置之后出现呢? 这一分量是从哪儿来的呢? 这一实验说明，认为进入第3个设备的原子处于态$|+\rangle_z$ 和$|+\rangle_y$的想法是不正确的. 下面的情况也会让人感到极端困惑，即如果把隔离分量$|-\rangle_y$的板子拿掉，使得分量$|+\rangle_y$ 和$|-\rangle_y$ 都能进入第3个设备，那么，就只有$|+\rangle_z$分量会从第3个设备中射出. 图2.4所示的实验，以

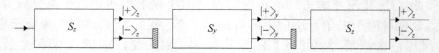

图2.4　Stern-Gerlach 实验示意图

第1个设备过滤掉具有$\mu_z = -m$的原子，第2个过滤掉$\mu_y = -m$的原子，而第3个设备测量μ_z

给人印象深刻的方式展示了量子力学的基本特性: 系统(原子)的最后状态, 只依赖于进入最后一个Stern-Gerlach 装置的原子状态以及该装置的功能, 而对于系统的过去没有任何记忆. 简而言之, 第2个装置把状态$|+\rangle_y$ 挑选出来, 这么做, 就完全破坏了任何关于S_z的信息. 在图 2.4的情况中, 进入最后一个装置的原子满足$\mu_y = m$, 但是对于μ_z 并没有任何约束. 因此, 从第3个装置中出来的原子, 有的为$\mu_z = +m$, 有的为$\mu_z = -m$.

2.2　杨氏双缝实验

另外一个能有效地显示量子力学特性的实验, 是杨氏双缝实验. 众所周知, 关于光的本质的争论曾经持续了好几个世纪, 辩论的焦点是光在本质上是一束粒子还是波. 牛顿支持粒子论, 因为他认为, 一个物体后面的轮廓分明的阴影, 是不能够用波动论来解释的. 声波的一个特性是, 人们可以在一个物体后面听到声音. 因此, 牛顿得出结论, 光不可能像声音一样是波. 然而, 在19世纪, 干涉实验显示了光的波动特性. 杨氏表述了叠加原理: 两列从单一波源发出的波到达一个屏幕上, 其振幅(不是强度, 强度是振幅的模的平方) 是两列波的振幅的代数和. 这一特性, 导致了图2.5所示之双缝实验中的著名的干涉条纹. 在图 2.5中, 光源S发出的光通过双缝O_1和O_2, 然后照到屏幕上. 屏幕可以是一个照相板. 图 2.5所示的是一个在屏幕上出现的典型的干涉条纹. 这里的要点是, 屏幕上的光强度$I(x)$并不等于分别关掉双缝中

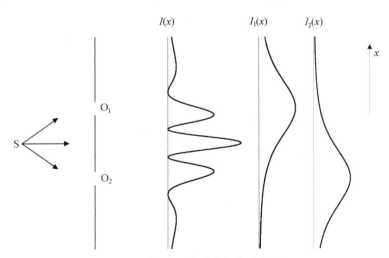

图2.5　杨氏双缝干涉实验示意图

由光源S发出的光可以通过两个狭缝O_1 和O_2, 然后照射到屏幕上. 图案$I_1(x)$ 是只有狭缝O_1打开时生成的, 而图案$I_2(x)$ 是只有狭缝O_2打开时生成的. $I(x)$是当两个狭缝都打开时在屏幕上所生成的图案强度, 它不同于强度$I_1(x)$ 和$I_2(x)$的代数和

的一个而由单缝所产生的强度$I_1(x)$ 和$I_2(x)$ 之和, 即

$$I(x) \neq I_1(x) + I_2(x). \tag{2.2}$$

19世纪下半叶, 在麦克斯韦完成其理论推理之后, 光是电磁波这一概念已经很清楚了. 在麦克斯韦理论框架下, 光速(在真空中是$c \approx 2.998 \times 10^8$ m/s) 是电磁场的传播速度, 并且与某些电磁常数相关. 然而, 该电磁场理论并不能够解释黑体辐射的能量分布. 这一问题导致普朗克(Planck)于1990年提出如下假设: 光是按照下面的基本量子能量 的整数倍被吸收和发射的:

$$E = h\nu, \tag{2.3}$$

其中, ν 是光的频率, h 是普朗克常量. 1905年, 爱因斯坦在他的光电效应理论中, 又回到了光的粒子理论, 即光是由粒子组成的, 这些粒子叫做光子, 每一个光子具有能量$h\nu$和动能$p = h\nu/c$. 麦克斯韦关于光是电磁波的理论与爱因斯坦的光子理论, 都得到了广泛的实验证实. 于是, 光到底是波还是粒子的问题又一次浮现出来.

杨氏双缝实验对于以上问题的重要性在于, 只有同时接受光的波动性和粒子性, 才能对该实验的结果给出完整的解释. 在屏幕上x处的光强$I(x)$ 与该处电场$E(x)$ 的模的平方成正比. 如果我们用$E_1(x)$和$E_2(x)$ 分别表示通过狭缝O_1 和O_2而到达x 处的电场, 那么, 在第2个狭缝被关闭的情况下, 光的强度是

$$I_1(x) \propto \left| E_1(x) \right|^2, \tag{2.4a}$$

而在第1个狭缝被关闭的情况下的光强度是

$$I_2(x) \propto \left| E_2(x) \right|^2. \tag{2.4b}$$

如果我们将两个缝都打开, 电场的强度是两者之和

$$E(x) = E_1(x) + E_2(x), \tag{2.5}$$

由此所得的光强是

$$I(x) \propto \left| E(x) \right|^2 = \left| E_1(x) + E_2(x) \right|^2, \tag{2.6}$$

因此

$$I(x) \neq I_1(x) + I_2(x). \tag{2.7}$$

这跟光的波动理论的预测是一致的.

如果我们将光源的强度减弱到一次只发射一个光子, 那么结果会怎样呢? 在这种情况下, 每个光子在屏幕上只会撞击一个局部区域. 如果将曝光时间缩短到只有

几个光子会撞击到感光板上, 那么, 我们只会观察到几个撞击点, 而不是干涉图案. 在此, 是粒子诠释而非波动诠释, 能够解释这个实验①. 事实上, 一列波, 当它的强度逐渐减弱时, 其干涉图案的强度也逐渐减弱, 但是不会消失. 这样, 该实验结果否定了对光的波动性的预言.

然而, 如果曝光的时间足够长, 感光板捕获到足够多的光子之后, 干涉图案就会出现. 事实上, 感光板上某一点的光强度正比于光子撞击该点的密度. 因此, 当足够多的光子到达感光板之后, 就会形成干涉图案. 这些图案可以用光的波动论而非粒子论来解释. 总而言之, 我们并不能够仅用光的粒子论或者波动论来解释全部的实验结果, 光的粒子性与波动性都是存在的.

有一点很重要: 如果在双缝后面放置一个光子记数器, 那么我们就可以测出光子是从哪个狭缝通过的. 但是, 这么做, 我们就破坏了干涉图案, 要点是, 没有一个实验既能够观察到干涉图案, 又能够测定光子所通过的狭缝.

这些结果迫使我们修改经典物理学里的一些基本概念. 只有在完全不知道光子是从哪个狭缝中通过的前提下, 我们才能够观察到干涉图案. 这一事实迫使我们放弃轨道这一概念. 事实上, 光源产生的每个光子, 撞击在屏幕的不同地方. 我们并不能预测在屏幕上撞击的位置, 而只能给出一个光子撞击到屏幕上一点 x 的概率 $p(x)$. 这一概率正比于强度 $I(x)$, 也就是说, $p(x)$ 正比于 $|E(x)|^2$. 尽管所有的光子都是在同样的条件下从光源发射出来的, 我们仍然不可能事先知道每个光子将会撞击到屏幕的何处. 因此, 我们必须放弃以下经典概念: 一旦知道了一个粒子的初始条件和作用于该粒子的外力, 至少在原则上, 我们就可以跟踪粒子的坐标随时间的变化.

我们也要放弃认为粒子性和波动性是不相容的观点. 这是因为, 为了解释实验结果, 这两方面都是必需的. 因此, 我们不可避免地被引导到波粒二象性: 光的行为同时即像波也像粒子. 要强调的是, 正如很多实验所证明的, 波粒二象性不仅仅局限于对光学现象的描述. 的确, 物质粒子也可以显示波的特性, 反之亦然, 波也与粒子相关. 最后, 我们要强调, 是实验结果迫使我们对经典概念的含义做上述根本改变.

2.3 线性矢量空间

在本节, 我们回顾线性代数的基本内容. 我们的重点并不在于数学上的严格性与表述的完整性, 而只是为理解量子力学的基本原理提供所必需的一些基本概念. 本节是自足的, 读者并不需要事先具备任何关于线性代数的知识. 熟悉线性代数之

---

① 然而, 要注意, 光子到达感光板上的位置是不能用经典力学来预测的. 感光板上的点, 按照干涉图案的强度以概率的方式分布.

基本内容的读者, 可以直接阅读2.4节. 不过, 因为本书采用狄拉克(Dirac)的左右矢符号, 对于不熟悉这类符号的读者而言, 浏览一下本节将会是很有用的.

我们所感兴趣的是有限维的复线性矢量空间. 矢量空间V中的元素称为矢量. 矢量空间的一个例子是空间$\mathbf{C}^n$, 在该空间中, 一个矢量由n个复数$(\alpha_1, \alpha_2, \cdots, \alpha_n)$所指定, 其中, n是矢量空间的维数. 遵循狄拉克符号, 我们把矢量记为$|\alpha\rangle$, 称作态矢(也称右矢).

两个矢量(态矢) $|\alpha\rangle, |\beta\rangle \in V$之和, 给出一个新的矢量

$$|\gamma\rangle = |\alpha\rangle + |\beta\rangle, \tag{2.8}$$

它也属于同一个线性矢量空间V. 在矢量空间$\mathbf{C}^n$中, 矢量可以以其分量形式来表示, 即$|\alpha\rangle = (\alpha_1, \cdots, \alpha_n)$, $|\beta\rangle = (\beta_1, \cdots, \beta_n)$和$|\gamma\rangle = (\gamma_1, \cdots, \gamma_n)$, 它们的关系为

$$\gamma_i = \alpha_i + \beta_i, \quad i = 1, \cdots, n. \tag{2.9}$$

矢量相加具有以下性质:

$$|\alpha\rangle + |\beta\rangle = |\beta\rangle + |\alpha\rangle, \tag{2.10a}$$

$$|\alpha\rangle + (|\beta\rangle + |\gamma\rangle) = (|\alpha\rangle + |\beta\rangle) + |\gamma\rangle. \tag{2.10b}$$

可以用一个复数$c \in \mathbf{C}$乘以一个矢量$|\alpha\rangle \in V$, 而生成一个新的矢量 $c|\alpha\rangle$. 对于任何$c, d \in \mathbf{C}$以及$|\alpha\rangle, |\beta\rangle \in V$, 以下性质均成立:

$$c(|\alpha\rangle + |\beta\rangle) = c|\alpha\rangle + c|\beta\rangle, \tag{2.11a}$$

$$(c + d)|\alpha\rangle = c|\alpha\rangle + d|\alpha\rangle, \tag{2.11b}$$

$$(cd)|\alpha\rangle = c(d|\alpha\rangle). \tag{2.11c}$$

一个矢量空间包含如下定义的零矢量0: 对于任何属于该矢量空间的矢量$|\alpha\rangle$, $|\alpha\rangle + 0 = |\alpha\rangle$. 注意, 我们不用态矢的记号来标记零矢量. 事实上, 如以后所见, $|0\rangle$表示另外一个量, 即一个计算基矢态. 在一个矢量空间中, $0|\alpha\rangle = 0, 1|\alpha\rangle = |\alpha\rangle$并且$|\alpha\rangle - |\alpha\rangle = 0$.

1. 线性独立

对于一个矢量集$|\alpha_1\rangle, \cdots, |\alpha_m\rangle \in V$, 如果当且仅当$c_1 = c_2 = \cdots = c_m = 0$时, 关系式

$$c_1|\alpha_1\rangle + c_2|\alpha_2\rangle + \cdots + c_m|\alpha_m\rangle = 0 \tag{2.12}$$

才成立, 我们称这些矢量是线性独立的. 其中, $c_1, c_2, \cdots, c_m$是复数.

2. 内积

一对有序矢量 $|\alpha\rangle$ 和 $|\beta\rangle \in V$ 的内积是一个满足以下要求的复数, 记为

$$\langle\alpha|\beta\rangle = \langle\beta|\alpha\rangle^* \quad (\text{反称}),\tag{2.13a}$$

其中, 对于任意复数 $c = a + \mathrm{i}b$ $(a, b \in \mathbf{R})$, $c^* = a - \mathrm{i}b$ 表示其复共轭;

$$\langle\alpha|c\beta + d\gamma\rangle = c\langle\alpha|\beta\rangle + d\langle\alpha|\gamma\rangle \quad (\text{线性性}),\tag{2.13b}$$

其中, $|\alpha\rangle, |\beta\rangle, |\gamma\rangle \in V$, 而 $c, d \in \mathbf{C}$;

$$\langle\alpha|\alpha\rangle \geqslant 0 \quad (\text{正定性})\tag{2.13c}$$

对于任意矢量 $|\alpha\rangle \in V$ 成立, 其中, 当且仅当 $|\alpha\rangle$ 为零矢量时等式才成立.

利用以上关系式, 容易验证以下性质:

$$\langle c\alpha|\beta\rangle = c^*\langle\alpha|\beta\rangle.\tag{2.14}$$

注意, $\langle\alpha|$ 是矢量 $|\alpha\rangle$ 的对偶矢量 (也称左矢). 对偶矢量 $\langle\alpha|$ 是一个线性算子, 它按以下定义将矢量空间 V 映射为复数 $\mathbf{C}$, 即对于任意 $|\beta\rangle \in V$, $\langle\alpha|(|\beta\rangle) = \langle\alpha|\beta\rangle$.

作为例子, 我们可以定义两个矢量 $|\alpha\rangle = (\alpha_1, \cdots, \alpha_n)$ 和 $|\beta\rangle = (\beta_1, \cdots, \beta_n)$ 在 $\mathbf{C}^n$ 中的内积为

$$\langle\alpha|\beta\rangle = \sum_{i=1}^{n} \alpha_i^* \beta_i.\tag{2.15}$$

3. 模

矢量 $|\alpha\rangle$ 的模定义为

$$\||\alpha\rangle\| = \sqrt{\langle\alpha|\alpha\rangle}.\tag{2.16}$$

对于任何不为零的矢量 $|\alpha\rangle$, 将其除以它的模 $\||\alpha\rangle\|$, 可以使之归一化. 归一化矢量 $|\alpha\rangle/\||\alpha\rangle\|$ 的模为 1, 因此也被称为单位矢量. 利用上面定义的 $\mathbf{C}^n$ 中的内积, 矢量 $|\alpha\rangle = (\alpha_1, \cdots, \alpha_n)$ 的模为

$$\||\alpha\rangle\| = \sqrt{\sum_{i=1}^{n} |\alpha_i|^2}.\tag{2.17}$$

单位矢量必须满足条件 $\sum_i |\alpha_i|^2 = 1$.

我们将看到, 量子力学把一个物理系统的态和希尔伯特空间中的一个单位矢量联系起来. 在本书中, 我们讨论与量子信息论有关的有限维情况. 对于这种情况, 希尔伯特空间正是一个具备内积的复矢量空间.

4. 柯西–施瓦茨不等式

对于任意两个矢量 $|\alpha\rangle$ 和 $|\beta\rangle$, 有

$$\left|\langle\alpha|\beta\rangle\right|^2 \leqslant \langle\alpha|\alpha\rangle\langle\beta|\beta\rangle. \tag{2.18}$$

证明 对于任意 $|\alpha\rangle, |\beta\rangle \in V$ 和 $c \in \mathbf{C}$, 内积 $\langle\alpha - c\beta|\alpha - c\beta\rangle$ 都是正定的. 由于内积的线性性, 该正定性等价于 $\langle\alpha|\alpha\rangle - c\langle\alpha|\beta\rangle - c^*\langle\beta|\alpha\rangle + cc^*\langle\beta|\beta\rangle \geqslant 0$. 取 $c = \langle\beta|\alpha\rangle/\langle\beta|\beta\rangle$, 我们得到柯西-施瓦茨不等式 (2.18).

要注意的是, 在内积是实数的特殊情况下, 柯西-施瓦茨不等式有一个简单的几何解释. 的确, 因为在这种情况下, 有

$$-1 \leqslant \frac{\langle\alpha|\beta\rangle}{\||\alpha\rangle\| \, \||\beta\rangle\|} \leqslant 1, \tag{2.19}$$

这允许我们将 $\langle\alpha|\beta\rangle$ 写为如下形式:

$$\langle\alpha|\beta\rangle = \||\alpha\rangle\| \, \||\beta\rangle\| \cos\theta. \tag{2.20}$$

后一方程相应于两个矢量 $|\alpha\rangle$ 与 $|\beta\rangle$ 的通常的标量积定义, 其中, θ 是两个矢量之间的夹角.

5. 正交归一条件

如果两个非零矢量 $|\alpha\rangle$ 和 $|\beta\rangle$ 的内积为零, 即

$$\langle\alpha|\beta\rangle = 0, \tag{2.21}$$

则称这两个矢量是正交的. 如果下述条件得到满足, 则称由 $|\alpha_1\rangle, |\alpha_2\rangle, \cdots, |\alpha_n\rangle$ 所组成的矢量集合为正交归一的, 即

$$\langle\alpha_i|\alpha_j\rangle = \delta_{ij}, \quad i,j = 1,2,\cdots,n, \tag{2.22}$$

其中, δ_{ij} 是如下定义的 Kronecker 符号: 若 $i = j$, 则 $\delta_{ij} = 1$; 若 $i \neq j$, 则 $\delta_{ij} = 0$. 可以看出, 满足条件 (2.22) 的正交矢量 $|\alpha_i\rangle$ 是线性独立的.

矢量空间的维数 n 就是线性独立的矢量的最大数目. n 维矢量空间中的一组线性独立的矢量 $|\alpha_1\rangle, |\alpha_2\rangle, \cdots, |\alpha_n\rangle$, 被称为该矢量空间中的一组基. 因为任意矢量 $|\alpha\rangle$ 都可以在基 $\{|\alpha_1\rangle, |\alpha_2\rangle, \cdots, |\alpha_n\rangle\}$ 上展开:

$$|\alpha\rangle = \sum_{i=1}^{n} a_i|\alpha_i\rangle, \tag{2.23}$$

我们称这些矢量 $|\alpha_i\rangle$ 为矢量完备集, 而复数 a_i 被称为矢量 $|\alpha\rangle$ 在基 $\{|\alpha_1\rangle, |\alpha_2\rangle, \cdots, |\alpha_n\rangle\}$ 上的分量. 这些分量是唯一的, 并且对于一套正交归一基矢, 有

$$a_i = \langle\alpha_i|\alpha\rangle. \tag{2.24}$$

排了序的分量集$\{a_1, a_2, \cdots, a_n\}$ 构成矢量$|\alpha\rangle$的一个表示.

我们特别感兴趣的一个例子是矢量空间$\mathbf{C}^2$. 一个一般的矢量$|\alpha\rangle \in \mathbf{C}^2$ 可以写成

$$|\alpha\rangle = a_1 |\alpha_1\rangle + a_2 |\alpha_2\rangle, \tag{2.25}$$

其中, 矢量$|\alpha_1\rangle$ 和$|\alpha_2\rangle$ 的分量分别是

$$\alpha_1 = (1, 0), \quad \alpha_2 = (0, 1). \tag{2.26}$$

我们将采用下面的符号:

$$|\alpha_1\rangle = \begin{bmatrix} 1 \\ 0 \end{bmatrix}, \quad |\alpha_2\rangle = \begin{bmatrix} 0 \\ 1 \end{bmatrix}. \tag{2.27}$$

这只是一组普通的基矢. 其实, 一个一般的矢量$|\alpha\rangle$可以在任何正交归一基上展开. 例如, 代替方程 (2.25), 我们可以把$|\alpha\rangle$写为

$$|\alpha\rangle = a_1' |\alpha_1'\rangle + a_2' |\alpha_2'\rangle, \tag{2.28}$$

其中

$$|\alpha_1'\rangle = \frac{1}{\sqrt{2}} \begin{bmatrix} 1 \\ 1 \end{bmatrix}, \quad |\alpha_2'\rangle = \frac{1}{\sqrt{2}} \begin{bmatrix} 1 \\ -1 \end{bmatrix}. \tag{2.29}$$

容易验证, 系数a_1'和a_2'与展开式(2.25)中的系数a_1和a_2通过下列方程相联系:

$$a_1' = \frac{1}{\sqrt{2}}(a_1 + a_2), \quad a_2' = \frac{1}{\sqrt{2}}(a_1 - a_2). \tag{2.30}$$

现在, 我们来计算两个一般的矢量$|\alpha\rangle$ 和$|\beta\rangle$的内积

$$\langle\alpha|\beta\rangle = \left(\sum_i a_i^* \langle\alpha_i|\right)\left(\sum_j b_j |\alpha_j\rangle\right) = \sum_{i,j} a_i^* b_j \langle\alpha_i|\alpha_j\rangle = \sum_i a_i^* b_i. \tag{2.31}$$

尤其是, 一个一般的矢量$|\alpha\rangle$ 的模可以写成

$$\||\alpha\rangle\| = \sqrt{\langle\alpha|\alpha\rangle} = \sqrt{\sum_i |a_i|^2}. \tag{2.32}$$

要注意的是, 上面给出的表示, 是三维欧几里得空间中矢量在正交轴上的展开的推广. 在三维欧几里得空间这一特例中, 内积变成了通常意义上的两个矢量$\boldsymbol{u} = (u_1, u_2, u_3)$ 和$\boldsymbol{v} = (v_1, v_2, v_3)$的标量积

$$\boldsymbol{u} \cdot \boldsymbol{v} = |\boldsymbol{u}|\,|\boldsymbol{v}|\cos(\boldsymbol{u}, \boldsymbol{v}) = \sum_{i=1}^{3} u_i v_i, \tag{2.33}$$

其中, $(\boldsymbol{u}, \boldsymbol{v})$是两个矢量$\boldsymbol{u}$和$\boldsymbol{v}$之间的夹角.

6. Gram-Schmidt分解

Gram-Schmidt分解给我们提供了一个构造正交归一基的方法. 我们来考虑n维希尔伯特空间中的一组基矢$\{|\alpha_1\rangle, |\alpha_2\rangle, \cdots, |\alpha_n\rangle\}$. 容易验证, 矢量

$$|\beta_1\rangle = |\alpha_1\rangle \tag{2.34a}$$

和

$$|\beta_2\rangle = |\alpha_2\rangle - \frac{\langle\beta_1|\alpha_2\rangle}{\left\|\,|\beta_1\rangle\,\right\|^2}|\beta_1\rangle \tag{2.34b}$$

是相互正交的. 对于任何$i = 2, 3, \cdots, n$, 我们可以定义矢量

$$|\beta_i\rangle = |\alpha_i\rangle - \sum_{k=1}^{i-1} \frac{\langle\beta_k|\alpha_i\rangle}{\left\|\,|\beta_k\rangle\,\right\|^2}|\beta_k\rangle . \tag{2.34c}$$

容易看出, 矢量$\{|\beta_1\rangle, |\beta_2\rangle, \cdots, |\beta_n\rangle\}$是相互正交的. 因此, n维希尔伯特空间有以下正交归一基:

$$|\gamma_i\rangle = \frac{|\beta_i\rangle}{\left\|\,|\beta_i\rangle\,\right\|}, \quad i = 1, 2, \cdots, n . \tag{2.35}$$

7. 线性算符

一个算符A将矢量$|\alpha\rangle \in V$映射到另一个矢量$|\beta\rangle \in V$, 即

$$|\beta\rangle = A|\alpha\rangle . \tag{2.36}$$

如果对于任意矢量$|\alpha\rangle$和$|\beta\rangle$、复数a和b, 下述性质成立, 则称算符A为线性的

$$A(a|\alpha\rangle + b|\beta\rangle) = aA|\alpha\rangle + bA|\beta\rangle . \tag{2.37}$$

一个最简单的线性算符是单位算符

$$I|\alpha\rangle = |\alpha\rangle . \tag{2.38}$$

另外一个简单例子是零算符N, 它将任意矢量$|\alpha\rangle \in V$映射到零矢量0上, 即

$$N|\alpha\rangle = 0 . \tag{2.39}$$

如果对于任何矢量$|\alpha\rangle \in V$

$$A|\alpha\rangle = B|\alpha\rangle , \tag{2.40}$$

那么, 我们就说算符A和B是相等的, 记为$A = B$. 两个线性算符A和B的和$C = A + B$也是线性的, 其定义为

$$C|\alpha\rangle = (A + B)|\alpha\rangle = A|\alpha\rangle + B|\alpha\rangle . \tag{2.41}$$

两个线性算符之积 $D = AB$, 按照以下关系定义:

$$D \left|\alpha\right\rangle = AB \left|\alpha\right\rangle = A(B \left|\alpha\right\rangle) . \tag{2.42}$$

因此, 将算符 $D = AB$ 作用于矢量 $\left|\alpha\right\rangle$, 等价于先将算符 B 作用于 $\left|\alpha\right\rangle$, 然后再把算符 A 作用于矢量 $B\left|\alpha\right\rangle$. 容易验证, 尽管 $A + B = B + A$, 但是, 一般而言, $AB \neq BA$. 我们以后将会看到, 只有在特殊情况下, 两个算符才是可以互易的, 也就是说 $AB = BA$.

8. 完备性关系

从关系 $a_i = \left\langle\alpha_i|\alpha\right\rangle$ $(i = 1, \cdots, n)$ 我们可以得到

$$\left(\sum_i \left|\alpha_i\right\rangle\left\langle\alpha_i\right|\right)\left|\alpha\right\rangle = \sum_i \left|\alpha_i\right\rangle\left\langle\alpha_i|\alpha\right\rangle = \sum_i a_i\left|\alpha_i\right\rangle = \left|\alpha\right\rangle . \tag{2.43}$$

注意, 因为 $\sum_i \left|\alpha_i\right\rangle\left\langle\alpha_i\right|$ 将一个矢量映射到一个矢量, 它是一个算符. 由于关系式 (2.43) 适用于任何矢量 $\left|\alpha\right\rangle$, 我们得到完备性关系

$$\sum_i \left|\alpha_i\right\rangle\left\langle\alpha_i\right| = I , \tag{2.44}$$

其中, I 是方程 (2.38) 所定义的单位算符.

9. 矩阵表示

利用一组完备矢量集, 一个线性算符 A 可以被表示成一个方阵. 考虑一个算符 A, 它作用于一个一般的矢量 $\left|\alpha\right\rangle \in V$, 也就是说, $A\left|\alpha\right\rangle = \left|\beta\right\rangle$. 我们把两个矢量 $\left|\alpha\right\rangle$ 和 $\left|\beta\right\rangle$ 在正交归一基 $\{\left|\gamma_1\right\rangle, \left|\gamma_2\right\rangle, \cdots, \left|\gamma_n\right\rangle\}$ 上展开, 得到

$$\left|\alpha\right\rangle = \sum_i a_i\left|\gamma_i\right\rangle , \quad \left|\beta\right\rangle = \sum_i b_i\left|\gamma_i\right\rangle , \tag{2.45}$$

因此有

$$b_i = \left\langle\gamma_i|\beta\right\rangle = \left\langle\gamma_i|A\alpha\right\rangle = \sum_j \left\langle\gamma_i|A\gamma_j\right\rangle a_j \equiv \sum_j A_{ij}a_j , \quad i = 1, 2, \cdots, n, \tag{2.46}$$

其中, 我们定义了

$$A_{ij} = \left\langle\gamma_i|A\gamma_j\right\rangle . \tag{2.47}$$

注意, 我们也会用记号 $\left\langle\gamma_i|A|\gamma_j\right\rangle \equiv \left\langle\gamma_i|A\gamma_j\right\rangle$. 方程 (2.46) 可以写为

$$\begin{bmatrix} b_1 \\ b_2 \\ \vdots \\ b_n \end{bmatrix} = \begin{bmatrix} A_{11} & A_{12} & \cdots & A_{1n} \\ A_{21} & A_{22} & \cdots & A_{2n} \\ \vdots & \vdots & & \vdots \\ A_{n1} & A_{n2} & \cdots & A_{nn} \end{bmatrix} \begin{bmatrix} a_1 \\ a_2 \\ \vdots \\ a_n \end{bmatrix} , \tag{2.48}$$

其中, 一个一般矢量$|\alpha\rangle$用一个列矢量表示

$$|\alpha\rangle = \begin{bmatrix} a_1 \\ a_2 \\ \vdots \\ a_n \end{bmatrix}. \tag{2.49}$$

因此, 如果知道所有的矩阵元A_{ij}, 利用关系(2.48), 我们就可以计算算符A对于一个一般矢量$|\alpha\rangle \in V$的作用. 注意,内积也可以表示如下:

$$\langle\alpha|\beta\rangle = \sum_i a_i^* b_i = [a_1^*, a_2^*, \cdots, a_n^*] \begin{bmatrix} b_1 \\ b_2 \\ \vdots \\ b_n \end{bmatrix}. \tag{2.50}$$

10. 泡利(Pauli)矩阵

在本书中, 我们经常会用到定义如下的泡利矩阵σ_x, σ_y 和σ_z:

$$\sigma_x = \begin{bmatrix} 0 & 1 \\ 1 & 0 \end{bmatrix}, \quad \sigma_y = \begin{bmatrix} 0 & -i \\ i & 0 \end{bmatrix}, \quad \sigma_z = \begin{bmatrix} 1 & 0 \\ 0 & -1 \end{bmatrix}. \tag{2.51}$$

这些矩阵具有以下相关性质:

(1) $\sigma_x^2 = \sigma_y^2 = \sigma_z^2 = I$, 其中$I$ 是单位矩阵

$$I = \begin{bmatrix} 1 & 0 \\ 0 & 1 \end{bmatrix}; \tag{2.52}$$

(2) $\sigma_x\sigma_y = i\sigma_z$, $\sigma_y\sigma_z = i\sigma_x$, $\sigma_z\sigma_x = i\sigma_y$.

11. 投影算符

投影算符是一类重要的算符. 如果$|\alpha\rangle \in V$ 是一个单位矢量, 在$|\alpha\rangle$上的一维投影算符P_α定义如下: 对于任意矢量$|\gamma\rangle \in V$

$$|\beta\rangle = P_\alpha|\gamma\rangle = |\alpha\rangle\langle\alpha|\gamma\rangle = \langle\alpha|\gamma\rangle|\alpha\rangle. \tag{2.53}$$

该算符被称为投影算符, 是因为它将一个一般的矢量$|\gamma\rangle$ 投影到$|\alpha\rangle$ 方向. 特别是, $P_\alpha|\alpha\rangle = |\alpha\rangle$, 且对于任何与$|\alpha\rangle$ 正交的矢量$|\gamma\rangle$, $P_\alpha|\gamma\rangle = 0$. 投影算符具有以下性质:

$$P_\alpha^2 = P_\alpha. \tag{2.54}$$

利用$P_\alpha|\alpha\rangle = |\alpha\rangle$, 很容易验证这一性质.

很容易将定义(2.53)推广为多维子空间中的投影算符

$$P = \sum_{l=1}^{k} |\alpha_l\rangle\langle\alpha_l|, \qquad (2.55)$$

其中, k是算符P所投影到的子空间的维数. 同样, 也容易验证, $P^2 = P$. 注意, 也可以证明, 满足$P^2 = P$的线性算符P是一个投影算符, 因此, 该性质也可以用作投影算符的定义.

12. 本征值和本征矢

线性算符A的本征矢是一个满足下列条件的非零矢量$|\alpha\rangle$:

$$A|\alpha\rangle = \alpha|\alpha\rangle, \qquad (2.56)$$

其中, 复数α是算符A的对应于本征矢$|\alpha\rangle$的本征值. 本征方程(2.56)总有一个解. 的确, 我们可以把矢量$|\alpha\rangle$和$A|\alpha\rangle$在一个正交归一基$\{|\gamma_1\rangle, |\gamma_2\rangle, \cdots, |\gamma_n\rangle\}$上展开为

$$|\alpha\rangle = \sum_{i=1}^{n} a_i|\gamma_i\rangle, \quad a_i \equiv \langle\gamma_i|\alpha\rangle, \qquad (2.57)$$

$$A|\alpha\rangle = \sum_{i=1}^{n} c_i|\gamma_i\rangle, \qquad (2.58)$$

其中

$$c_i = \langle\gamma_i|A|\alpha\rangle = \sum_j \langle\gamma_i|A|\gamma_j\rangle a_j = \sum_j A_{ij}a_j. \qquad (2.59)$$

将这些展开式代入方程(2.56), 就可以得到

$$\sum_{i=1}^{n}\left(\sum_{j=1}^{n} A_{ij}a_j - \alpha a_i\right)|\gamma_i\rangle = 0. \qquad (2.60)$$

只有当下列条件被满足时, 该方程才成立:

$$\sum_{j=1}^{n} A_{ij}a_j - \alpha a_i = \sum_{j=1}^{n}(A_{ij} - \alpha\delta_{ij})a_j = 0, \quad i = 1, 2, \cdots, n. \qquad (2.61)$$

只有当本征值α满足以下特征方程时, 这一齐次线性方程组才有非零解:

$$\det(A - \alpha I) = \det\begin{bmatrix} A_{11}-\alpha & A_{12} & \cdots & A_{1n} \\ A_{21} & A_{22}-\alpha & \cdots & A_{2n} \\ \vdots & \vdots & & \vdots \\ A_{n1} & A_{n2} & \cdots & A_{nn}-\alpha \end{bmatrix} = 0. \qquad (2.62)$$

该特征方程的解就是线性算符A的本征值. $p(\alpha) \equiv \det(\boldsymbol{A} - \alpha\boldsymbol{I})$ 是一个n阶多项式. 根据代数学基本原理, 方程$p(\alpha) = 0$有n个复根(本征值): $\alpha_1, \alpha_2, \cdots, \alpha_n$. 这就证明了方程 (2.56)总有一个解. 可以证明, 特征方程只依赖于算符A, 而与用来表示算符的矩阵无关. 因此, 线性算符的本征值不依赖于其矩阵表示.

习题2.1　证明: 线性算符A的属于不同本征值的本征矢量是线性独立的.

13. 厄米算符

对于希尔伯特空间$\mathcal{H}$中的任意线性算符A, 可以证明, 在$\mathcal{H}$中存在一个唯一的线性算符$A^{\dagger}$, 称为A的伴随算符 或厄米共轭算符, 使得对于在$\mathcal{H}$中的所有矢量$|\alpha\rangle, |\beta\rangle$满足

$$\langle\alpha|A\beta\rangle = \langle A^{\dagger}\alpha|\beta\rangle . \tag{2.63}$$

从定义(2.63)出发, 容易证明$\langle A\alpha|\beta\rangle = \langle\alpha|A^{\dagger}\beta\rangle$ (事实上, $\langle A\alpha|\beta\rangle = \langle\beta|A\alpha\rangle^* = \langle A^{\dagger}\beta|\alpha\rangle^* = \langle\alpha|A^{\dagger}\beta\rangle$).

习题2.2　证明: $(A + B)^{\dagger} = A^{\dagger} + B^{\dagger}$, $(AB)^{\dagger} = B^{\dagger}A^{\dagger}$ 和$(A^{\dagger})^{\dagger} = A$.

一个特别有趣的情况是A是厄米的或是自伴随的, 也就是说, A与自己的伴随算符相等, 即

$$A^{\dagger} = A. \tag{2.64}$$

在这种情况下, 标量积$\langle\alpha|A\alpha\rangle$是实数(因为$\langle\alpha|A\alpha\rangle^* = \langle A\alpha|\alpha\rangle = \langle\alpha|A\alpha\rangle$). 这意味着, 厄米算符的本征值是实数. 的确, 如果$A|\alpha\rangle = \alpha|\alpha\rangle$, 那么$\langle\alpha|A\alpha\rangle = \alpha\langle\alpha|\alpha\rangle$. 由于$\langle\alpha|A\alpha\rangle$ 和$\langle\alpha|\alpha\rangle$都是实数, 本征值$\alpha$必然也是实数.

厄米算符的本征矢量构成希尔伯特空间$\mathcal{H}$中的一组正交归一基(这里, 我们假定本征矢量的模为1; 如果模不为1, 总可以通过除以模的方式使它们归一). 这一性质容易证明: 假定α_1和α_2是两个不同的本征值, 分别对应于本征矢量$|\alpha_1\rangle$ 和$|\alpha_2\rangle$, 有

$$\langle\alpha_j|A\alpha_i\rangle = \alpha_i\langle\alpha_j|\alpha_i\rangle , \tag{2.65a}$$

$$\langle A\alpha_j|\alpha_i\rangle = \alpha_j\langle\alpha_j|\alpha_i\rangle . \tag{2.65b}$$

将上面两个式子两边相减, 可以得到$(\alpha_i - \alpha_j)\langle\alpha_j|\alpha_i\rangle = 0$. 因为$\alpha_i \neq \alpha_j$, 所以, $\langle\alpha_j|\alpha_i\rangle = 0$. 这里, 我们假定本征值$\alpha_i$是非简并的, 也就是说, 对于$i \neq j$, $\alpha_i \neq \alpha_j$. 在简并情况下, 对应于同一个本征值, 有多于一个的线性独立的本征矢量. 对于这种情况, 仍然可以证明, 能够构造算符A的一个正交归一本征矢量集. 总之, 给定一个厄米算符A, 我们总能利用A的本征矢来构造一组正交归一基. 希尔伯特空间中的任意矢量, 总可以表示成这组基的线性叠加. 这一特性称为完备性, 而由A的本征矢量所构成的基被称作一组正交完备归一集.

我们来考虑线性算符A在基$\{|\gamma_1\rangle, |\gamma_2\rangle, \cdots, \gamma_n\rangle\}$上的矩阵表述

$$A_{ij} \equiv \langle \gamma_i | A\gamma_j \rangle. \tag{2.66}$$

从伴随算符的定义, 我们得到$\langle A\gamma_i | \gamma_j \rangle = \langle \gamma_i | A^\dagger \gamma_j \rangle$. 这个关系可以写成

$$(A_{ji})^* = (A^\dagger)_{ij}. \tag{2.67}$$

因此, $A^\dagger$的矩阵元是转置矩阵 A^{T}的矩阵元的复共轭

$$A^\dagger = (A^{\mathrm{T}})^*. \tag{2.68}$$

(转置矩阵的定义是$(A^{\mathrm{T}})_{ij} = A_{ji}$.) 对于厄米算符

$$A = (A^{\mathrm{T}})^*. \tag{2.69}$$

因此, 厄米算符的矩阵的对角元是实数: $A_{ii} = [(A^{\mathrm{T}})_{ii}]^* = (A_{ii})^*$.

14. *逆算符*

考虑线性算符A. 如果存在算符B满足

$$AB = BA = I, \tag{2.70}$$

则称B为A的逆, 并记为$B = A^{-1}$. 如果$|\beta\rangle = A|\alpha\rangle$, 那么$|\alpha\rangle = A^{-1}|\beta\rangle$. 可以证明, 算符$A$拥有逆的充要条件是, 只有当$|\alpha\rangle$为零矢量时, $A|\alpha\rangle = 0$. 从A的矩阵表示, 我们立刻可以看出, 只有当

$$\det A \neq 0 \tag{2.71}$$

时, A 的逆才存在.

习题2.3　证明: 投影算符P是厄米的, 且只有当$P = I$时才有逆.

15. *幺正算符*

如果

$$UU^\dagger = U^\dagger U = I, \tag{2.72}$$

则称U为幺正的. 从该定义, 我们得到, 幺正算符的伴随算符就是它的逆, 即

$$U^\dagger = U^{-1}, \tag{2.73}$$

而且$U^\dagger$也是幺正的. 两个幺正算符的乘积UV 是幺正的, 因为

$$(UV)(UV)^\dagger = UVV^\dagger U^\dagger = I. \tag{2.74}$$

幺正算符的一个重要性质是，它们保持两个矢量之间的内积不变. 为证明这一点，我们考虑两个矢量 $|\alpha\rangle$ 和 $|\beta\rangle$. 如果定义 $|\gamma\rangle = U|\alpha\rangle$ 和 $|\nu\rangle = U|\beta\rangle$，那么

$$\langle\gamma|\nu\rangle = \langle U\alpha|U\beta\rangle = \langle\alpha|U^\dagger U|\beta\rangle = \langle\alpha|\beta\rangle. \tag{2.75}$$

我们看到，在 $|\alpha\rangle = |\beta\rangle$ 的情况下，幺正算符不改变一个矢量的模. 因此，幺正算符对于希尔伯特空间中的矢量的作用，类似于欧几里得空间中的坐标旋转，它保持矢量的长度和两个矢量之间的夹角不变.

习题2.4 证明：由方程(2.51)所定义的泡利矩阵 σ_x, σ_y 和 σ_z 既是厄米的，也是幺正的.

16. 基矢变换

表象是可以变化的，也就是说，通过一个幺正变换 S，我们可以从一个正交归一基矢系 $(|\gamma_i\rangle)$ 变换到另外一个正交归一基矢系

$$|\gamma_i'\rangle = \sum_j S_{ji}|\gamma_j\rangle, \quad i = 1, 2, \cdots, n. \tag{2.76}$$

对于一个一般的矢量

$$|\alpha\rangle = \sum_i a_i|\gamma_i\rangle, \quad a_i \equiv \langle\gamma_i|\alpha\rangle, \tag{2.77}$$

它在新的基矢中可以表示成

$$|\alpha\rangle = \sum_j a_j'|\gamma_j'\rangle = \sum_{ij} a_j' S_{ij}|\gamma_i\rangle, \quad a_j' \equiv \langle\gamma_j'|\alpha\rangle, \tag{2.78}$$

其中，我们用到了方程(2.76). 因此，矢量的新旧分量通过下列关系联系起来：

$$a_i = \sum_j S_{ij}\, a_j'. \tag{2.79}$$

习题2.5 证明：对于算符 A，其在基矢 $|\gamma_i\rangle$ 和 $|\gamma_i'\rangle$ 中的矩阵表示 A 和 A' 之间的关系，由下式给出：

$$A' = S^{-1}AS. \tag{2.80}$$

算符 A 的一个重要表象是它的对角表象，其基矢为 A 的本征矢量. 对于这组基矢，A 的矩阵表示是

$$A = \sum_{i=1}^n \lambda_i\, |i\rangle\langle i|, \tag{2.81}$$

其中，λ_i 是 A 的本征值，$|i\rangle$ 是相应的本征矢量. 我们把方程(2.81)叫做算符 A 的谱分解 (A 的本征值的集合构成它的谱).

对角表象的一个例子是泡利矩阵

$$\sigma_z = \begin{bmatrix} 1 & 0 \\ 0 & -1 \end{bmatrix} = |0\rangle\langle 0| - |1\rangle\langle 1|, \tag{2.82}$$

它在下述本征矢量上是对角的:

$$|0\rangle = \begin{bmatrix} 1 \\ 0 \end{bmatrix}, \qquad |1\rangle = \begin{bmatrix} 0 \\ 1 \end{bmatrix}, \tag{2.83}$$

其中, $|0\rangle$ 和 $|1\rangle$ 分别是对应于本征值 $+1$ 和 -1 的本征矢量.

在 $\{|0\rangle, |1\rangle\}$ 表象中, 泡利矩阵 σ_x 为

$$\sigma_x = \begin{bmatrix} 0 & 1 \\ 1 & 0 \end{bmatrix} = |0\rangle\langle 1| + |1\rangle\langle 0|. \tag{2.84}$$

算符 σ_x 在下面的基矢上是对角的:

$$|+\rangle = \frac{1}{\sqrt{2}} \begin{bmatrix} 1 \\ 1 \end{bmatrix}, \qquad |-\rangle = \frac{1}{\sqrt{2}} \begin{bmatrix} 1 \\ -1 \end{bmatrix}, \tag{2.85}$$

它的矩阵表示是

$$\sigma_x = |+\rangle\langle +| - |-\rangle\langle -|. \tag{2.86}$$

新的基矢 $\{|+\rangle, |-\rangle\}$ 与旧的基矢 $\{|0\rangle, |1\rangle\}$ 通过下面的幺正变换联系起来:

$$S = \frac{1}{\sqrt{2}} \begin{bmatrix} 1 & 1 \\ 1 & -1 \end{bmatrix}. \tag{2.87}$$

习题2.6 写出泡利矩阵在基矢 $\{|+\rangle, |-\rangle\}$ 上的表示.

如果一个算符具有对角表示, 我们就称它是可对角化的. 有的算符是不可对角化的, 比如具有如下矩阵表示的算符:

$$\begin{bmatrix} 1 & 1 \\ 0 & 1 \end{bmatrix}. \tag{2.88}$$

该算符只有一个本征值 $\lambda = 1$, 相应的本征矢量为

$$|u\rangle = \begin{bmatrix} 1 \\ 0 \end{bmatrix}, \tag{2.89}$$

仅张成一个一维的子空间, 不可能构成矩阵 (2.88) 所作用的两维矢量空间中的一个基矢系. 可以证明, 厄米算符和幺正算符都是可对角化的. 事实上, 这两类算符都属

于一个更大的算符类, 即所谓正规算符(normal operators). 这里, 正规算符的定义
是

$$AA^\dagger = A^\dagger A. \tag{2.90}$$

我们不加证明地给出下述值得注意的定理.

定理2.1 (谱分解定理) 当且仅当一个算符是正规的, 它才是可对角化的且具有正交归一的本征基矢.

17. 对易子

如果算符A和B满足以下条件:

$$AB = BA, \tag{2.91}$$

我们称A和B是对易的. 两个算符A和B的对易子(commutator)被定义为

$$[A, B] = AB - BA. \tag{2.92}$$

容易验证下述性质:

$$[A, B] = -[B, A], \tag{2.93a}$$

$$[AB, C] = A[B, C] + [A, C]B. \tag{2.93b}$$

习题2.7 证明: 如果A和B都是厄米的, 那么$\mathrm{i}[A, B]$也是厄米的.

定理2.2   同时对角化定理   正规算符A和B是对易的, 当且仅当存在一套正交归一基矢、使得A和B在其上为对角的.

证明 设$|i\rangle$是A和B的正交归一本征基, 也就是说

$$A|i\rangle = \lambda_i|i\rangle, \quad B|i\rangle = \nu_i|i\rangle. \tag{2.94}$$

于是

$$AB|i\rangle = A\nu_i|i\rangle = \lambda_i\nu_i|i\rangle = \nu_i\lambda_i|i\rangle = BA|i\rangle, \tag{2.95}$$

因而, $[A, B] = 0$. 为证明逆命题, 记$|i\rangle$为算符A的一套正交归一基, 相应的本征值是λ_i. 假设矢量$|i\rangle$有可能不是算符B的本征矢, 我们将$B|i\rangle$ 在基矢$|i\rangle$上展开

$$B|i\rangle = \sum_{j=1}^n \langle j|B|i\rangle|j\rangle. \tag{2.96}$$

于是,

$$[A, B]|i\rangle = AB|i\rangle - BA|i\rangle = \sum_{j=1}^n \langle j|B|i\rangle\lambda_j|j\rangle - \lambda_i\sum_{j=1}^n \langle j|B|i\rangle|j\rangle$$

$$= \sum_{j=1}^n \langle j|B|i\rangle(\lambda_j - \lambda_i)|j\rangle = 0. \tag{2.97}$$

其中, 因为我们假设了A和B对易, 才有$[A,B]|i\rangle = 0$. 如果A的本征值是非简并的, 即对于$i \neq j$, $\lambda_i \neq \lambda_j$, 那么, 从方程(2.97)可得

$$\langle j|B|i\rangle = 0 \qquad 对于 \quad i \neq j. \tag{2.98}$$

记$\langle j|B|j\rangle = \nu_j$, 则

$$\langle j|B|i\rangle = \nu_j \, \delta_{ij}. \tag{2.99}$$

将这一关系代入方程(2.96), 得到

$$B|i\rangle = \nu_i|i\rangle. \tag{2.100}$$

因此, $|i\rangle$也是算符B的本征矢量. 上述证明可以被推广到本征值λ_i是简并的情形.

18. 反对易子

两个算符A和B的反对易子被定义为

$$\{A, B\} = AB + BA. \tag{2.101}$$

如果$\{A, B\} = 0$, 我们称算符A和B是反对易的.

容易验证, 泡利矩阵是反对易的, 即

$$\{\sigma_i, \sigma_j\} = 0, \qquad i, j = x, y, z, \tag{2.102}$$

且下列对易关系式成立:

$$[\sigma_x, \sigma_y] = 2\mathrm{i}\sigma_z, \qquad [\sigma_y, \sigma_z] = 2\mathrm{i}\sigma_x, \qquad [\sigma_z, \sigma_x] = 2\mathrm{i}\sigma_y. \tag{2.103}$$

19. 迹

矩阵A的迹被定义为其对角元之和, 即

$$\mathrm{Tr}(A) = \sum_{i=1}^{n} A_{ii}. \tag{2.104}$$

容易验证下述性质:

(i) $\qquad \mathrm{Tr}(A + B) = \mathrm{Tr}(A) + \mathrm{Tr}(B)$ (线性性); $\qquad$ (2.105a)

(ii) $\qquad \mathrm{Tr}(cA) = c\mathrm{Tr}(A)$ $\qquad (c \in \mathbf{C})$; $\qquad$ (2.105b)

(iii) $\qquad \mathrm{Tr}(AB) = \mathrm{Tr}(BA)$ (循环性). $\qquad$ (2.105c)

注意, 循环性的一个推论是, 对于n个算符$A_1, A_2, \cdots, A_n$, 有

$$\begin{aligned}
\mathrm{Tr}(A_1 A_2 \cdots A_{n-1} A_n) &= \mathrm{Tr}(A_2 A_3 \cdots A_n A_1) \\
&= \cdots = \mathrm{Tr}(A_n A_1 \cdots A_{n-2} A_{n-1}).
\end{aligned} \tag{2.106}$$

算符A的迹，由其矩阵表示的迹来定义. 容易验证，迹与表象的选择无关. 事实上，从关系式$\sum_j |j\rangle\langle j| = I$，我们可以得到

$$\mathrm{Tr}(A) = \sum_i \langle i|A|i\rangle = \sum_i \sum_j \sum_k \langle i|j\rangle\langle j|A|k\rangle\langle k|i\rangle$$

$$= \sum_j \sum_k \langle k|j\rangle\langle j|A|k\rangle = \sum_j \langle j|A|j\rangle. \tag{2.107}$$

对于一个幺正算符U，从性质(iii)有

$$\mathrm{Tr}(U^\dagger A U) = \mathrm{Tr}(U U^\dagger A) = \mathrm{Tr}(A), \tag{2.108}$$

因此，迹在幺正变换下不变. 以后我们将要用到的一个重要性质如下：如果$|i\rangle$是一套正交归一基，则一个一般的矢量$|\alpha\rangle$可以在该基矢上展开成$|\alpha\rangle = \sum_i \langle i|\alpha\rangle |i\rangle$，且

$$\mathrm{Tr}(A|\alpha\rangle\langle\alpha|) = \sum_i \langle i|A|\alpha\rangle\langle\alpha|i\rangle = \sum_i \langle\alpha|i\rangle\langle i|A|\alpha\rangle = \langle\alpha|A|\alpha\rangle. \tag{2.109}$$

20. 张量积

考虑两个维数分别为m和n的希尔伯特空间$\mathcal{H}_1$和$\mathcal{H}_2$. $\mathcal{H}_1$和$\mathcal{H}_2$的张量积$\mathcal{H}$定义如下（记为$\mathcal{H} = \mathcal{H}_1 \otimes \mathcal{H}_2$）：对于每一对矢量$|\alpha\rangle \in \mathcal{H}_1$和$|\beta\rangle \in \mathcal{H}_2$，希尔伯特空间$\mathcal{H}$都有一个矢量与它们相联系，且后者被称为前两者的张量积，记为$|\alpha\rangle \otimes |\beta\rangle$. $\mathcal{H}$中的矢量是矢量$|\alpha\rangle \otimes |\beta\rangle$的线性叠加，而且满足以下性质：

(1) 对于任何$|\alpha\rangle \in \mathcal{H}_1$和$|\beta\rangle \in \mathcal{H}_2$，以及$c \in \mathbf{C}$，都有

$$c(|\alpha\rangle \otimes |\beta\rangle) = (c|\alpha\rangle) \otimes |\beta\rangle = |\alpha\rangle \otimes (c|\beta\rangle); \tag{2.110a}$$

(2) 对于任何$|\alpha_1\rangle, |\alpha_2\rangle \in \mathcal{H}_1$和$|\beta\rangle \in \mathcal{H}_2$，有

$$(|\alpha_1\rangle + |\alpha_2\rangle) \otimes |\beta\rangle = |\alpha_1\rangle \otimes |\beta\rangle + |\alpha_2\rangle \otimes |\beta\rangle; \tag{2.110b}$$

(3) 对于任何$|\alpha\rangle \in \mathcal{H}_1$和$|\beta_1\rangle, |\beta_2\rangle \in \mathcal{H}_2$，有

$$|\alpha\rangle \otimes (|\beta_1\rangle + |\beta_2\rangle) = |\alpha\rangle \otimes |\beta_1\rangle + |\alpha\rangle \otimes |\beta_2\rangle. \tag{2.110c}$$

我们经常用简写$|\alpha\rangle|\beta\rangle$，$|\alpha,\beta\rangle$或$|\alpha\beta\rangle$来代表$|\alpha\rangle \otimes |\beta\rangle$.

希尔伯特空间$\mathcal{H}$的维数为$\mathcal{H}_1$和$\mathcal{H}_2$的维数的乘积mn. 事实上，如果$|i\rangle$和$|j\rangle$分别是$\mathcal{H}_1$和$\mathcal{H}_2$的正交归一基，$|i\rangle \otimes |j\rangle$就是$\mathcal{H} = \mathcal{H}_1 \otimes \mathcal{H}_2$空间中的正交归一基. 例如，如果$\mathcal{H}_1$和$\mathcal{H}_2$是两维希尔伯特空间（$m = n = 2$），并且具有基矢$|0\rangle$和$|1\rangle$），那么，$\mathcal{H}$的维数为$mn = 4$，具有基矢$|0\rangle \otimes |0\rangle$，$|0\rangle \otimes |1\rangle$，$|1\rangle \otimes |0\rangle$和$|1\rangle \otimes |1\rangle$. 这样，一个一般的矢量$|\Psi\rangle \in \mathcal{H}$可以在这组基矢上展开：

$$|\Psi\rangle = c_{00}|00\rangle + c_{01}|01\rangle + c_{10}|10\rangle + c_{11}|11\rangle, \tag{2.111}$$

其中, $c_{ij} \equiv \langle ij|\Psi\rangle$ $(i,j=0,1)$.

如果A和B分别为作用于$\mathcal{H}_1$和$\mathcal{H}_2$的线性算符, 那么, 算符$A\otimes B$对于$\mathcal{H}$空间中的一个一般矢量

$$|\Psi\rangle = \sum_{ij} c_{ij}|i\rangle \otimes |j\rangle \tag{2.112}$$

的作用被定义为

$$(A\otimes B)\Big(\sum_{ij} c_{ij}|i\rangle \otimes |j\rangle\Big) = \sum_{ij} c_{ij} A|i\rangle \otimes B|j\rangle. \tag{2.113}$$

可以证明, 一个作用于$\mathcal{H}$的线性算符O, 可以写成作用于$\mathcal{H}_1$的线性算符A_i和作用于$\mathcal{H}_2$的B_j的张量积的线性叠加

$$O = \sum_{ij} \gamma_{ij} A_i \otimes B_j. \tag{2.114}$$

对于$\mathcal{H}$中具有如下展开式的两个矢量: $|\Psi\rangle = \sum_{ij} c_{ij}|ij\rangle$和$|\Phi\rangle = \sum_{ij} d_{ij}|ij\rangle$, 它们的内积被定义为

$$\langle\Psi|\Phi\rangle = \sum_{ij} c_{ij}^* d_{ij}. \tag{2.115}$$

可以证明该定义满足内积的性质.

考虑基矢$|K\rangle \equiv |ij\rangle$, 其中$K=(i-1)n+j$, 并且$K=1,2,\cdots,mn$. 算符$A\otimes B$在基矢$|K\rangle$上的矩阵表示是

$$A\otimes B = \begin{bmatrix} A_{11}B & A_{12}B & \cdots & A_{1m}B \\ A_{21}B & A_{22}B & \cdots & A_{2m}B \\ \vdots & \vdots & & \vdots \\ A_{m1}B & A_{m2}B & \cdots & A_{mm}B \end{bmatrix}, \tag{2.116}$$

其中, A和B是算符A和B的矩阵表示(A是$m\times m$的方阵, B是$n\times n$的方阵), 且$A_{ij}B$表示$n\times n$的子矩阵. 例如, 泡利矩阵 σ_x和σ_z的张量积的矩阵表示为

$$\sigma_x\otimes\sigma_z = \begin{bmatrix} 0 & 1 \\ 1 & 0 \end{bmatrix} \otimes \begin{bmatrix} 1 & 0 \\ 0 & -1 \end{bmatrix} = \begin{bmatrix} 0\cdot\sigma_z & 1\cdot\sigma_z \\ 1\cdot\sigma_z & 0\cdot\sigma_z \end{bmatrix} = \begin{bmatrix} 0 & 0 & 1 & 0 \\ 0 & 0 & 0 & -1 \\ 1 & 0 & 0 & 0 \\ 0 & -1 & 0 & 0 \end{bmatrix}. \tag{2.117}$$

习题2.8 计算张量积$\sigma_x\otimes\sigma_y$和$I\otimes\sigma_x$.

作为进一步的例子，我们来计算矢量 $|\alpha\rangle = \dfrac{1}{\sqrt{2}}(|0\rangle - |1\rangle)$ 和 $|\beta\rangle = \dfrac{1}{\sqrt{2}}(|0\rangle + |1\rangle)$ 的张量积 $|\alpha\rangle \otimes |\beta\rangle$. 它在基矢 $\{|00\rangle, |01\rangle, |10\rangle, |11\rangle\}$ 上的张量积的矩阵表示为

$$|\alpha\rangle \otimes |\beta\rangle = \frac{1}{\sqrt{2}} \begin{bmatrix} 1 \cdot |\beta\rangle \\ -1 \cdot |\beta\rangle \end{bmatrix} = \frac{1}{2} \begin{bmatrix} 1 \\ 1 \\ -1 \\ -1 \end{bmatrix}. \tag{2.118}$$

2.4 量子力学基本假设

在经典力学中，一个 n 粒子系统在 t_0 时刻的状态由在该时刻的所有粒子的位置 $\{\boldsymbol{x}_1(t_0), \boldsymbol{x}_2(t_0), \cdots, \boldsymbol{x}_n(t_0)\}$ 和速度 $\{\dot{\boldsymbol{x}}_1(t_0), \dot{\boldsymbol{x}}_2(t_0), \cdots, \dot{\boldsymbol{x}}_n(t_0)\}$ 来决定. 如果知道了这些初始条件，至少在原则上，经典力学的牛顿定律允许我们计算该系统在任何时刻 t 的状态. 事实上，经典力学定律给出的是关于变量 x_i 和 $\dot{x}_i$ 的一组一阶常微分方程，而且，一旦初始条件给定，就存在一个唯一解 $\{\boldsymbol{x}_1(t), \boldsymbol{x}_2(t), \cdots, \boldsymbol{x}_n(t);$ $\dot{\boldsymbol{x}}_1(t), \dot{\boldsymbol{x}}_2(t), \cdots, \dot{\boldsymbol{x}}_n(t)\}$.

量子力学建立在完全不同的数学框架上. 下面，我们来介绍作为量子理论基础的基本假设.

基本假设 I 物理系统 S 的状态完全由单位矢量 $|\psi\rangle$ 来描述. 该单位矢量称为态矢或波函数，属于相应于这个物理系统的希尔伯特空间 $\mathcal{H}_S$.

态矢 $|\psi\rangle$ 的时间演化遵守薛定谔(Schrödinger)方程

$$i\hbar \frac{\mathrm{d}}{\mathrm{d}t}|\psi(t)\rangle = H|\psi(t)\rangle, \tag{2.119}$$

其中，H 是一个自伴(厄米)算符，为系统的哈密顿量，$\hbar \equiv h/2\pi$，此处 h 是普朗克常量，其数值由实验测定($h \approx 6.626 \times 10^{-34}$ J·s).

请注意，薛定谔方程是时间的一阶线性微分方程. 因此，给定初始状态 $|\psi(t_0)\rangle$，则系统在任何时刻 t 的状态 $|\psi(t)\rangle$ 可以通过解薛定谔方程而完全、唯一地确定.

由于薛定谔方程的线性性质，我们有下面的叠加原理：如果 $|\psi_1(t)\rangle$ 和 $|\psi_2(t)\rangle$ 是方程(2.119)的解，那么，这两个解的叠加 $|\psi(t)\rangle = \alpha|\psi_1(t)\rangle + \beta|\psi_2(t)\rangle$ 也是该方程的解，其中，α 和 β 是复数. 因此，如下定义的时间演化算符 U 是线性的：

$$|\psi(t)\rangle = U(t, t_0)|\psi(t_0)\rangle. \tag{2.120}$$

如果哈密量 H 不依赖于时间，那么，薛定谔方程(2.119)的解可以写成

$$|\psi(t)\rangle = \exp\left[-\frac{i}{\hbar}H(t - t_0)\right]|\psi(t_0)\rangle, \tag{2.121}$$

因而

$$U(t, t_0) = \exp\left[-\frac{\mathrm{i}}{\hbar} H(t - t_0)\right], \tag{2.122}$$

其中, 对于算符 $-\mathrm{i}H(t - t_0)/\hbar$, 其指数算符的定义如下:

$$\exp\left[-\frac{\mathrm{i}}{\hbar} H(t - t_0)\right] \equiv \sum_{n=0}^{\infty} \frac{1}{n!} \left[-\frac{\mathrm{i}}{\hbar}(t - t_0)\right]^n H^n. \tag{2.123}$$

利用该方程, 容易证明演化算符U是幺正的.

习题2.9 证明: 任何幺正算符U都可以写成$U = \exp(\mathrm{i}A)$, 其中A是一个厄米算符.

基本假设 II 每一个可观测量A, 与希尔伯特空间 $\mathcal{H}_S$中的一个自伴算符A相关联. 测量可观测量A所得到的结果, 只可能是算符A的本征值中的一个. 如果记算符A的本征方程为

$$A|i\rangle = a_i|i\rangle, \tag{2.124}$$

其中, $|i\rangle$是算符A的正交归一本征基矢, 并且将态矢$|\psi(t)\rangle$ 在这个基矢上展开为

$$|\psi(t)\rangle = \sum_i c_i(t)|i\rangle, \tag{2.125}$$

那么, 在t时刻, 测量可观测量A得到a_i的概率是

$$p_i(t) = p(a=a_i, t) = \left|\langle i|\psi(t)\rangle\right|^2 = \left|c_i(t)\right|^2. \tag{2.126}$$

注意, 为了简单起见, 基本假设II针对A的本征值为非简并的情况. 在给出假设III之前, 我们将会讨论简并情况.

评语

(1) 注意到以下情况很重要: 上述量子理论中的可观测量对应于经典力学中的动力学量, 如位置、动量和角动量等. 相反, 系统的一些其他特性, 如质量或电荷, 并不属于可观测量, 而作为参数进入系统的哈密顿量.

(2) 下面的论述可以帮助理解为什么物理可观测量会与自伴算符相联系: 自伴算符的本征值是实数, 这一点与测量结果的可能取值类似; 自伴算符的本征矢量构成与物理系统相关的希尔伯特空间$\mathcal{H}_S$的一个正交完备集. 由于$|\psi(t)\rangle$的模为1, 则

$$\sum_i p_i(t) = \sum_i \left|c_i(t)\right|^2 = 1, \tag{2.127}$$

于是, 概率是归一化的, 也就是说, 从实验测量中得到可观测量A的各个值的总概率为1. 这就是在基本假设I中要求$|\psi(t)\rangle$的模为1的原因.

(3) 在特殊情况下, 系统在时刻t_0的态矢量$|\psi(t_0)\rangle$可能恰好就是算符A的本征值为a_i的本征矢量

$$|\psi(t_0)\rangle = |i\rangle, \tag{2.128}$$

此时, 对可观测量A的测量得到a_i的概率为1. 因此, 算符A的本征矢量也称为A的本征(状)态.

(4) 假设$|\psi_1\rangle$和$|\psi_2\rangle$分别是算符A的两个不同的本征归一矢量, 对应的本征值分别是a_1和a_2. 叠加原理告诉我们

$$|\psi\rangle = \lambda_1|\psi_1\rangle + \lambda_2|\psi_2\rangle \tag{2.129}$$

也是系统允许的态, 其中λ_1和λ_2是复数. 只要$|\lambda_1|^2 + |\lambda_2|^2 = 1$, 那么, $|\psi\rangle$的模为1. 因此, 如果系统由态矢量$|\psi\rangle$描述, 当我们对可观测量A进行测量时, 其结果为a_1的概率为$|\lambda_1|^2$, 为a_2的概率为$|\lambda_2|^2$. 但是, 我们必须强调, 叠加态$|\psi\rangle$并不等价于把态$|\psi_1\rangle$和态$|\psi_2\rangle$简单地按照相应的概率$|\lambda_1|^2$和$|\lambda_2|^2$进行统计混合而得到的混合描述. 事实上, 状态$\{|\psi_i\rangle\}$(在这里指$|\psi_1\rangle$和$|\psi_2\rangle$)的具有权重$\{p_i\}$的统计混合(这里$p_1 = |\lambda_1|^2$和$p_2 = |\lambda_2|^2$), 意味着我们对系统赋予系综描述, 即以概率$\{p_i\}$从$\{|\psi_i\rangle\}$中取出状态. 概率$\{p_i\}$必须满足归一化条件$\sum_i p_i = 1$. 我们将在5.1节中详细讨论统计混合. 下面我们来证明, N个系统都处于同一个态$|\psi\rangle$(N为大数), 不等价于$|\lambda_1|^2 N$个系统处于态$|\psi_1\rangle$, 同时$|\lambda_2|^2 N$个系统处于态$|\psi_2\rangle$. 假如已知系统由态$|\psi\rangle$描述, 我们来求得到某个可观测量B的测量值为b_i的概率$p(b_i)$. 根据假设II, 我们得到

$$p(b_i) = \left|\langle i|\psi\rangle\right|^2, \tag{2.130}$$

其中, $|i\rangle$是算符B的相应于本征值b_i的本征矢量. 因此

$$\begin{aligned} p(b_i) &= \left|\lambda_1\langle i|\psi_1\rangle + \lambda_2\langle i|\psi_2\rangle\right|^2 \\ &= \left|\lambda_1\right|^2\left|\langle i|\psi_1\rangle\right|^2 + \left|\lambda_2\right|^2\left|\langle i|\psi_2\rangle\right|^2 + 2\mathrm{Re}\left\{\lambda_1\lambda_2^*\langle i|\psi_1\rangle\langle i|\psi_2\rangle^*\right\}. \end{aligned} \tag{2.131}$$

如果我们考虑分别以概率$|\lambda_1|^2$和$|\lambda_2|^2$处于态$|\psi_1\rangle$和$|\psi_2\rangle$的统计混合, 就会得出不同的结果. 在这种情况下, 对于可观测量B的测量, 得到b_i的概率$p_{\mathrm{mix}}(b_i)$是

$$p_{\mathrm{mix}}(b_i) = \left|\lambda_1\right|^2\left|\langle i|\psi_1\rangle\right|^2 + \left|\lambda_2\right|^2\left|\langle i|\psi_2\rangle\right|^2, \tag{2.132}$$

因此,

$$p(b_i) = p_{\mathrm{mix}}(b_i) + 2\mathrm{Re}\left\{\lambda_1\lambda_2^*\langle i|\psi_1\rangle\langle i|\psi_2\rangle^*\right\}. \tag{2.133}$$

方程(2.133)中的最后一项叫做相干项. 这样, 一般而言, 当计算对B的测量得到b_i的概率时, 因为相对相位影响乘积$\lambda_1\lambda_2^*$, 量子力学理论的预言不仅依赖于模$|\lambda_1|$和$|\lambda_2|$,

而且也依赖于复数 λ_1 和 λ_2 之间的相对相位. 例如,

$$|\psi_1\rangle = \frac{1}{\sqrt{2}}\big(|0\rangle + |1\rangle\big), \quad |\psi_2\rangle = \frac{1}{\sqrt{2}}\big(|0\rangle - |1\rangle\big),$$

$$|\psi_3\rangle = \frac{1}{\sqrt{2}}\big(|0\rangle + i|1\rangle\big), \quad |\psi_4\rangle = \frac{1}{\sqrt{2}}\big(|0\rangle - i|1\rangle\big) \tag{2.134}$$

代表一个系统的 4 个态, 它们会导致不同的实验结果. 相反, 整体相位并没有什么物理意义. 也就是说, 态矢 $|\psi\rangle$ 和 $e^{i\varphi}|\psi\rangle$ 对于任何实验结果都给出同样的预测, 其中, φ 是实数.

　　如果一个系统的哈密顿量 H 不显含时间, 我们称该系统是保守系统. 在经典力学中, 保守系统的哈密顿量 E 是一个不依赖于时间的常数, 也就是说, 是一个运动常数. 在量子力学里, 一旦我们知道了哈密顿算符 H 的本征值 E_n 和本征矢量 $|n\rangle$, 就很容易写出薛定谔方程 (2.119) 的解. 我们来考虑 H 的本征方程

$$H|n\rangle = E_n|n\rangle. \tag{2.135}$$

为简单起见, 我们假设算符 H 的谱是非简并的, 也就是说, 如果 $m \neq n$, 那么, $E_m \neq E_n$. 因为已经假设 H 不依赖于时间, 所以, 本征值 E_n 和本征矢量 $|n\rangle$ 也都与时间无关. 薛定谔方程 (2.119) 的解 $|\psi(t)\rangle$ 可以在以算符 H 的本征函数所构成的基底上展开

$$|\psi(t)\rangle = \sum_n c_n(t)\,|n\rangle, \tag{2.136}$$

其中

$$c_n(t) = \langle n|\psi(t)\rangle. \tag{2.137}$$

注意, $|\psi(t)\rangle$ 由初始条件 $|\psi(t_0)\rangle$ 所唯一确定, 其中, t_0 是任意的. 例如, 我们可以取 $t_0 = 0$. 给定系数 $c_n(0) = \langle n|\psi(0)\rangle$, 初始条件 $|\psi(0)\rangle$ 也就确定了. 将展开式 (2.136) 代入薛定谔方程 (2.119), 得

$$i\hbar\frac{\mathrm{d}}{\mathrm{d}t}\,c_n = E_n c_n, \tag{2.138}$$

该方程的解是

$$c_n(t) = c_n(0)\exp\left(-\frac{i}{\hbar}E_n t\right). \tag{2.139}$$

因此, t 时刻的态矢 $|\psi(t)\rangle$ 有以下表达式:

$$|\psi(t)\rangle = \sum_n c_n(0)\exp\left(-\frac{i}{\hbar}E_n t\right)|n\rangle. \tag{2.140}$$

在特殊情况下, 当 $|\psi(0)\rangle$ 恰好是哈密顿算符 H 的一个本征矢量, $|\psi(0)\rangle = |n\rangle$, 薛定谔方程的解 (2.140) 简化为

$$|\psi(t)\rangle = \exp\left(-\frac{i}{\hbar}E_n t\right)|n\rangle. \tag{2.141}$$

这样,态矢$|\psi(0)\rangle$和$|\psi(t)\rangle$只相差一个无物理意义的整体相位. 因此, 如果哈密顿量H不依赖于时间, 则其本征态被称为稳态; 如果一个系统由这样的态来描述, 那么, 它的物理性质不随时间变化.

我们现在来讨论测量过程对系统状态的影响. 假设测量了可观测量A, 测量结果为a_n, 其中, a_n是一个自伴算符A的非简并本征值. 如果测量没有将系统破坏, 那么, 对于紧跟着的对可观测量A的新的测量, 给出a_n的概率为1. 为解释该实验结果, 对于在第1次测量之前的波函数是$|\psi\rangle$的系统, 我们可以做如下假设: 在测量之后, 系统的波函数立刻坍缩到A的本征值为a_n的本征态$|n\rangle$上. 对于有简并的情况, 测量前的态$|\psi\rangle$可以展开成

$$|\psi\rangle = \sum_n \sum_{s=1}^{g_n} c_{n_s} |n_s\rangle, \tag{2.142}$$

其中, g_n是本征值a_n的简并度, 也就是A的具有相同本征值a_n的所有本征矢量所张成的子空间的维数. 测量后, 系统的状态(应)属于该子空间, 且(可以假设)为以下状态:

$$\frac{1}{\sqrt{\sum_{s=1}^{g_n} |c_{n_s}|^2}} \sum_{s=1}^{g_n} c_{n_s} |n_s\rangle. \tag{2.143}$$

为得到该态, 可将$|\psi\rangle$投影到由A的本征值为a_n的所有本征矢量所张成的子空间, 然后归一化即可. 现在, 我们可以给出以下基本假设.

基本假设III　对于一个由态矢量$|\psi\rangle$所描述的系统, 如果我们测量可观测量A, 得到结果a_n, 那么, 刚刚测量之后, 系统处于下述状态:

$$\frac{P_n|\psi\rangle}{\sqrt{\langle\psi|P_n|\psi\rangle}}, \tag{2.144}$$

其中, P_n是投影到相应于a_n的子空间的投影算符.

如果波矢量$|\psi\rangle$由方程(2.142)给出,那么投影算符P_n为

$$P_n = \sum_{s=1}^{g_n} |n_s\rangle\langle n_s|. \tag{2.145}$$

由于A的本征矢量构成了系统的希尔伯特空间$\mathcal{H}_S$的一组正交归一基, 容易验证, 投影算符P_n满足完备性关系

$$\sum_n P_n = I \tag{2.146}$$

和正交条件

$$P_n P_m = \delta_{mn} P_m. \tag{2.147}$$

在没有简并的情况下, $g_n = 1$, 测量之后系统的波函数坍缩到状态

$$\frac{1}{|c_n|} c_n |n\rangle . \tag{2.148}$$

不考虑没有物理意义的整体相位的话, 系统的态其实就坍缩到对应于本征值 a_n 的本征态 $|n\rangle$.

如果系统由态矢量 (2.142) 描述, 那么, 测量可观测量 A 而得到测量结果为 a_n 的概率是

$$p_n = \langle \psi | P_n | \psi \rangle . \tag{2.149}$$

容易验证, 在非简并情形 ($g_n = 1$), p_n 的值与基本假设II中的方程 (2.126) 一致.

概率论告诉我们, 可观测量 A 的平均值是

$$\langle A \rangle = \sum_n a_n p_n , \tag{2.150}$$

因此

$$\langle A \rangle = \sum_n a_n \langle \psi | P_n | \psi \rangle = \langle \psi | \Big(\sum_n a_n P_n \Big) | \psi \rangle = \langle \psi | A | \psi \rangle , \tag{2.151}$$

其中, 我们用到了谱分解 $A = \sum_n a_n P_n$.

对于 A 的测量结果的标准偏差 ΔA 是

$$\Delta A = \sqrt{\langle (A - \langle A \rangle)^2 \rangle} = \sqrt{\langle A^2 \rangle - \langle A \rangle^2} . \tag{2.152}$$

因此, 对于大量制备在态 $|\psi\rangle$ 的系统, 测量其可观测量 A, 则得到的平均值是 $\langle A \rangle$, 标准偏差是 ΔA.

通过分析几个理想实验, 海森伯证明不可能同时准确地测定一个粒子的位置和速度. 如果我们提高测量粒子速度的精度, 那么, 同时也增加了对粒子位置的测量的不确定性, 反之亦然. 这一量子力学的内在极限, 可以用海森伯的位置-动量不确定(测不准)关系来表述

$$\Delta x \, \Delta p_x \geqslant \frac{\hbar}{2} , \quad \Delta y \, \Delta p_y \geqslant \frac{\hbar}{2} , \quad \Delta z \, \Delta p_z \geqslant \frac{\hbar}{2} , \tag{2.153}$$

其中, Δx, Δy, Δz 和 Δp_x, Δp_y, Δp_z 分别是粒子的位置和动量的不确定度. 下面是由约旦给出的海森伯不确定性原理的精确数学形式.

海森伯不确定性原理 设 A 和 B 是与可观测量相关联的两个厄米算符, $|\psi\rangle$ 是一个给定的量子态, 那么, 下列不等式成立:

$$\Delta A \, \Delta B \geqslant \frac{\left| \langle \psi | [A, B] | \psi \rangle \right|}{2} . \tag{2.154}$$

证明　考虑由 $P = A - \langle A \rangle$ 和 $Q = B - \langle B \rangle$ 所定义的算符 P 和 Q. 我们总可以把复数 $\langle \psi | PQ | \psi \rangle$ 写成 $a + ib$, 其中 a 和 b 是实数. 这样, 对易算符 $[P, Q]$ 和反对易算符 $\{P, Q\}$ 的平均值分别是 $\langle \psi | [P, Q] | \psi \rangle = 2ib$ 和 $\langle \psi | \{P, Q\} | \psi \rangle = 2a$. 这意味着

$$\left| \langle \psi | [P, Q] | \psi \rangle \right|^2 \leqslant \left| \langle \psi | [P, Q] | \psi \rangle \right|^2 + \left| \langle \psi | \{P, Q\} | \psi \rangle \right|^2 = 4(a^2 + b^2)$$
$$= 4 \left| \langle \psi | PQ | \psi \rangle \right|^2 \leqslant 4 \langle \psi | P^2 | \psi \rangle \langle \psi | Q^2 | \psi \rangle , \tag{2.155}$$

其中, 最后一个不等式是 2.3 节证明的柯西-施瓦茨不等式. 最后, 我们考虑方程 (2.155) 中的第一项和最后一项. 因为 $\langle [P, Q] \rangle = \langle [A, B] \rangle$, $\langle P^2 \rangle = (\Delta A)^2$ 和 $\langle Q^2 \rangle = (\Delta B)^2$, 我们证明了海森伯不等式 (2.154).

海森伯原理告诉我们, 给定两个不对易的可观测量 A 和 B, 对于同时测量 A 和 B 的精度而言, 存在一个内在的极限. 对其中任意一个量的测量, 必然会干扰到对另外一个量的测量. 例如, 如果系统被制备在 A 的一个本征值为 a_i 的本征态上, 那么, 对可观测量 A 的测量总是得到 a_i. 然而, 当我们测量 B 时, 系统的态矢量坍缩到 B 的本征态；如果 A 和 B 不对易, 那么, 得到的态不再是 A 的本征态. 因此, 如果我们这时再来测量 A, 就可能得到完全不同的结果, 其概率由基本假设 II 决定. 在量子力学中, 测量过程会干扰系统：如果对于可观测量 A 的测量达到某种精度 ΔA, 而可观测量 B 被干扰到一定程度 ΔB, 则 $\Delta A \Delta B$ 满足海森伯不等式 (2.154). 给定两个不对易的可观测量 A 和 B, 不可能同时以任意精度对 A 和 B 进行测量：提高对 A 的测量精度意味着减少对 B 的测量精度, 反之亦然. 经典力学中没有类似的现象. 在第 4 章我们将会看到, 量子力学的这一内在性质可以在密码学中找到应用.

习题 2.10　对于处于态 $|0\rangle$ 的系统, 我们测量可观测量 σ_x 和 σ_y. 其中, $|0\rangle$ 是 σ_z 的本征态, 相应的本征值是 $+1$. 证明: 不确定性原理意味着 $\Delta \sigma_x \Delta \sigma_y \geqslant 1$.

在 2.1 节中所描述的 Stern-Gerlach 实验是一个测量/制备态的例子. 如果仪器沿 z 轴取向, 我们就会得到两个可能的态 $|0\rangle$ 和 $|1\rangle$ 中的一个. 这两个态是泡利算符 σ_z 的、分别对应于本征值 $+1$ 和 -1 的本征矢量. 如果我们挡住态 $|1\rangle$, 那么就只剩下自旋算符 σ_z 的本征态 $|0\rangle$ (图 2.2). 如果仪器沿 x 轴取向, 我们得到的态是泡利算符 σ_x 的两个本征矢量之一, 即 $|+\rangle_x = \frac{1}{\sqrt{2}}(|0\rangle + |1\rangle)$ 或 $|-\rangle_x = \frac{1}{\sqrt{2}}(|0\rangle - |1\rangle)$, 相应的本征值分别是 $+1$ 和 -1.

在此, 对于这种系统, 最一般的态可以写成

$$|\psi\rangle = \alpha |0\rangle + \beta |1\rangle , \tag{2.156}$$

其中, $|\alpha|^2 + |\beta|^2 = 1$. 如果引入由极角 θ 和 ϕ 所标记的球坐标 (图 2.6), 该态可以等效地写成

$$|\psi\rangle = \cos \frac{\theta}{2} e^{-i\phi/2} |0\rangle + \sin \frac{\theta}{2} e^{i\phi/2} |1\rangle , \tag{2.157}$$

其中, $0 \leqslant \theta \leqslant \pi$, $0 \leqslant \phi < 2\pi$. 为得到该态, 在 Stern-Gerlach 实验中, 可以把仪器转

到单位矢量$\boldsymbol{u} = (\sin\theta\cos\phi, \sin\theta\sin\phi, \cos\theta)$的方向. 事实上, 态$|\psi\rangle$是算符

$$\sigma_{\boldsymbol{u}} = \boldsymbol{\sigma}\cdot\boldsymbol{u} = \sigma_x\sin\theta\cos\phi + \sigma_y\sin\theta\sin\phi + \sigma_z\cos\theta \tag{2.158}$$

的本征态, 其中, $\boldsymbol{\sigma} = (\sigma_x, \sigma_y, \sigma_z)$. 在$\sigma_z$的本征基矢上, 算符$\sigma_{\boldsymbol{u}}$的矩阵表示如下:

$$\sigma_{\boldsymbol{u}} = \begin{bmatrix} \cos\theta & \sin\theta\,\mathrm{e}^{-\mathrm{i}\phi} \\ \sin\theta\,\mathrm{e}^{\mathrm{i}\phi} & -\cos\theta \end{bmatrix}. \tag{2.159}$$

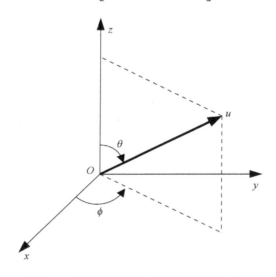

图2.6　表征单位矢量$\boldsymbol{u}$的球坐标角度θ和ϕ

容易验证, 矩阵$\sigma_{\boldsymbol{u}}$的本征矢量是

$$|+\rangle_{\boldsymbol{u}} = \cos\frac{\theta}{2}\,\mathrm{e}^{-\mathrm{i}\phi/2}\,|0\rangle + \sin\frac{\theta}{2}\,\mathrm{e}^{\mathrm{i}\phi/2}\,|1\rangle,$$

$$|-\rangle_{\boldsymbol{u}} = -\sin\frac{\theta}{2}\,\mathrm{e}^{-\mathrm{i}\phi/2}\,|0\rangle + \cos\frac{\theta}{2}\,\mathrm{e}^{\mathrm{i}\phi/2}\,|1\rangle, \tag{2.160}$$

分别对应于本征值$+1$和-1.

　　Stern-Gerlach仪器既可以用来制备也可以用来测量量子态. 在前一种情形, 我们称Stern-Gerlach仪器被用作起偏器; 而在后一种情形, 则被用作分析仪. 假设有一束自旋为$\frac{1}{2}$的原子束, 入射到沿x轴取向的Stern-Gerlach仪器. 我们在2.1节中已经看到, 有两个分量$|+\rangle_x$和$|-\rangle_x$将从仪器中射出. 如果把分量$|-\rangle_x$拦住, 那么, 我们就说制备了态$|+\rangle_x$, 且Stern-Gerlach仪器在这里被用作起偏器. 如果一束原子进入比如说取向为z的仪器, 我们测量了σ_z的值, 这时候仪器就是分析仪. 如果入射态比如说是$|\psi\rangle = |+\rangle_x = \dfrac{1}{\sqrt{2}}(|0\rangle + |1\rangle)$, 那么, 系统处于$\sigma_z$的两个本征态$|0\rangle$和$|1\rangle$的叠

加态. 基本假设II预言, 对于σ_z的测量, 以相等的概率$p_+ = p_- = \frac{1}{2}$得到σ_z的本征值+1或−1. 的确, 我们有

$$p_+ = |\langle 0|\psi\rangle|^2 = \langle\psi|P_0|\psi\rangle = \frac{1}{2},$$
$$p_- = |\langle 1|\psi\rangle|^2 = \langle\psi|P_1|\psi\rangle = \frac{1}{2}, \tag{2.161}$$

其中

$$P_0 = |0\rangle\langle 0| = \begin{bmatrix} 1 \\ 0 \end{bmatrix} \begin{bmatrix} 1 & 0 \end{bmatrix} = \begin{bmatrix} 1 & 0 \\ 0 & 0 \end{bmatrix},$$
$$P_1 = |1\rangle\langle 1| = \begin{bmatrix} 0 \\ 1 \end{bmatrix} \begin{bmatrix} 0 & 1 \end{bmatrix} = \begin{bmatrix} 0 & 0 \\ 0 & 1 \end{bmatrix} \tag{2.162}$$

分别是投影到由矢量$|0\rangle$和$|1\rangle$所张成的子空间的投影算符. 容易验证

$$P_0 + P_1 = I = \begin{bmatrix} 1 & 0 \\ 0 & 1 \end{bmatrix}, \quad P_0 P_1 = 0 = \begin{bmatrix} 0 & 0 \\ 0 & 0 \end{bmatrix}, \tag{2.163}$$

因此, 投影算子P_0和P_1既满足完备性关系(2.146), 又满足正交条件(2.147).

习题2.11   证明: 由图2.4所示的Stern-Gerlach实验的结果, 与量子力学的预测是一致的.

习题2.12   一个在磁场$\boldsymbol{H} = (H_x, H_y, H_z)$中运动的自旋1/2粒子的态矢量, 其时间演化由以下薛定谔方程给出:

$$i\hbar\frac{\mathrm{d}}{\mathrm{d}t}\begin{bmatrix} a(t) \\ b(t) \end{bmatrix} = -\mu(H_x\sigma_x + H_y\sigma_y + H_z\sigma_z)\begin{bmatrix} a(t) \\ b(t) \end{bmatrix}. \tag{2.164}$$

求解上述方程, 并计算泡利算符的平均值随时间的变化. 如果初始态矢是σ_z的本征态$|0\rangle$, 我们需要什么样的磁场和演化时间, 才可以把它演化到σ_z的另一个本征态, 也就是说$|1\rangle$?

2.5 EPR佯谬和贝尔不等式

量子力学最令人惊异也是最违反直觉的结果是在复合量子系统中所观察到的纠缠现象. 现在, 我们讨论这一问题. 与一个复合系统相关的希尔伯特空间$\mathcal{H}$, 是其子系统的希尔伯特空间$\mathcal{H}_i$的张量积. 对于最简单的两体量子系统, 我们有

$$\mathcal{H} = \mathcal{H}_1 \otimes \mathcal{H}_2. \tag{2.165}$$

由希尔伯特空间 $\mathcal{H}_1$ 和 $\mathcal{H}_2$ 中的基矢的张量积, 可以构成希尔伯特空间 $\mathcal{H}$ 的最自然的基矢. 例如, 对于两个两维的希尔伯特空间 $\mathcal{H}_1$ 和 $\mathcal{H}_2$, 如果分别用

$$\{|0\rangle_1, |1\rangle_1\} \,\text{和}\, \{|0\rangle_2, |1\rangle_2\} \tag{2.166}$$

表示其基矢, 那么, 希尔伯特空间 $\mathcal{H}$ 的基矢可以是下面的 4 个矢量:

$$\{|0\rangle_1 \otimes |0\rangle_2, |0\rangle_1 \otimes |1\rangle_2, |1\rangle_1 \otimes |0\rangle_2, |1\rangle_1 \otimes |1\rangle_2\} . \tag{2.167}$$

叠加原理告诉我们, 希尔伯特空间 $\mathcal{H}$ 中的最一般的态, 不是希尔伯特空间 $\mathcal{H}_1$ 和 $\mathcal{H}_2$ 中的态的张量积, 而是它们的可以写成如下形式的任意叠加:

$$|\psi\rangle = \sum_{i,j=0}^{1} c_{ij} |i\rangle_1 \otimes |j\rangle_2 . \tag{2.168}$$

为了简化标记, 我们也可以写成

$$|\psi\rangle = \sum_{i,j} c_{ij} |ij\rangle , \tag{2.169}$$

其中, $|ij\rangle$ 中的第 1 个字母指示希尔伯特空间 $\mathcal{H}_1$ 中的态, 而第 2 个字母指示希尔伯特空间 $\mathcal{H}_2$ 中的态. 按照定义, 在 $\mathcal{H}$ 中的一个态矢, 如果不能被简单地写成属于 $\mathcal{H}_1$ 中的 $|\alpha\rangle_1$ 和属于 $\mathcal{H}_2$ 中的 $|\beta\rangle_2$ 的张量积, 那么, 它就被称为是纠缠的, 或不可分离的. 相反, 如果态 $|\psi\rangle$ 可以写成

$$|\psi\rangle = |\alpha\rangle_1 \otimes |\beta\rangle_2 , \tag{2.170}$$

就称它是可分离的. 例如

$$|\psi_1\rangle = \frac{1}{\sqrt{2}} (|00\rangle + |11\rangle) \tag{2.171}$$

是纠缠的, 而

$$|\psi_2\rangle = \frac{1}{\sqrt{2}} (|01\rangle + |11\rangle) \tag{2.172}$$

是可分离的, 因为它可以写成

$$|\psi_2\rangle = \frac{1}{\sqrt{2}} (|0\rangle + |1\rangle) \otimes |1\rangle . \tag{2.173}$$

习题2.13 证明: 式(2.171)描述的态是纠缠态.

如果两个系统是纠缠的, 我们不可能分配单独的态矢量 $|\alpha\rangle_1$ 和 $|\beta\rangle_2$ 给它们. 爱因斯坦、Podolsky 和 Rosen (EPR) 在 1935 年很好地展示了纠缠态的一些有趣的非经典

特征. 他们证明, 如果我们承认以下两个看起来很自然的假设, 那么, 量子理论就会导致矛盾.

(1) **实在性原则**: 如果我们可以确切地预测一个物理量的值, 那么这个值具有物理现实性, 并且不依赖于观测. 例如, 如果一个系统的态$|\psi\rangle$是算符A的本征态, 也就是说

$$A|\psi\rangle = a|\psi\rangle, \tag{2.174}$$

那么, 可观测量A的值就是一个在物理上现实的元素.

(2) **局域性原则**: 如果两个系统之间不存在因果关系, 那么, 对其中一个系统的任何测量所得到的结果, 不可能影响对于第2个系统的任何测量. 根据相对论, 如果$(\Delta x)^2 > c^2(\Delta t)^2$, 那么两个测量事件是不相关的. 其中, Δx和Δt分别是在某个惯性参照系中两个事件的空间和时间间隔, c是光速(如果两个事件发生的空时坐标分别为(x_1, t_1)和(x_2, t_2), 则$\Delta x = x_2 - x_1$, $\Delta t = t_2 - t_1$).

在量子力学里, 如果算符B与算符A不对易, 那么, 相应的两个物理量就不可能同时具有实在性. 这是因为, 对于同时测量A和B所得到的结果, 我们不可能给出准确的预测. 根据海森伯原理, 对A的测量将会破坏关于B的信息.

为阐述EPR佯谬, 我们考虑下面首先由Bohm提出的简单例子. 考虑一个发射源, 它发射一对自旋为$\frac{1}{2}$的处于纠缠态的粒子

$$|\psi\rangle = \frac{1}{\sqrt{2}}\big(|01\rangle - |10\rangle\big). \tag{2.175}$$

该态被称为EPR态或贝尔态. 我们也称该系统处于一个自旋单态. 其中一个自旋为$\frac{1}{2}$的粒子被发送到一个叫做Alice的观测者, 另外一个被发送到叫做Bob的观测者(图 2.7). 注意, Alice和Bob之间的距离可以任意远, 唯一的要求是由Alice和Bob所进行的测量之间没有任何因果关系.

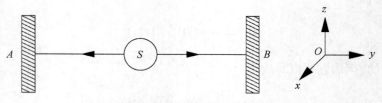

图2.7　EPR思想实验示意图

A代表Alice, B代表Bob

如果Alice在她的位置测量粒子自旋的z分量, 并得到比如$\sigma_z^{(A)} = +1$, 那么, EPR态坍缩到态$|01\rangle$ (我们要提醒读者, 态$|0\rangle$和$|1\rangle$是σ_z的本征态, 相应的本征值分别是+1

和−1). 随后, 如果Bob测量他所收到的粒子的自旋的z分量, 他获得$\sigma_z^{(B)} = -1$的概率为1. 因此, Alice和Bob的测量结果是完全反关联的. 按照直觉, 该结果一点儿也不奇怪, 因为我们很容易找到经典类比. 例如, 考虑两个球, 一个黑色, 一个白色, 其中一个被发射给Alice, 另外一个给Bob. 如果Alice发现她的球是黑色的, 那么Bob将会知道他的球肯定是白色的. 令人吃惊的是, 请注意自旋单态(2.175)也可以被写成

$$|\psi\rangle = \frac{1}{\sqrt{2}}\big(|+-\rangle - |-+\rangle\big), \tag{2.176}$$

其中, $|+\rangle = \frac{1}{\sqrt{2}}(|0\rangle + |1\rangle)$ 和$|-\rangle = \frac{1}{\sqrt{2}}(|0\rangle - |1\rangle)$ 分别是σ_x的本征态, 相应的本征值是分别为+1和−1. 如果Alice测量$\sigma_x^{(A)}$, 比如得到$\sigma_x^{(A)} = +1$, 那么EPR态就坍缩到态$|+-\rangle$, 而Bob测量$\sigma_x^{(B)}$时将肯定会得到$\sigma_x^{(B)} = -1$. 因此, 一个粒子的态依赖于对另外一个粒子所进行的测量的性质. 如果Alice测量$\sigma_z^{(A)}$, 那么Bob的粒子就坍缩到$\sigma_z^{(B)}$的本征态. 相反, 如果Alice测量$\sigma_x^{(A)}$, 那么Bob的粒子就坍缩到$\sigma_x^{(B)}$的本征态. 套用EPR的语言, 在前一种情形, 我们称我们把一个物理实在与$\sigma_z^{(B)}$联系起来; 而在后一种情况, 则把它与$\sigma_x^{(B)}$相联系. 但是, 事实上, 不可以同时把物理实在与这两个可观测量相联系, 因为它们不是对易的, $[\sigma_x^{(B)}, \sigma_z^{(B)}] \neq 0$.

要点是, Alice可以在粒子已经分开的情况下选择要测量哪一个可观测量. 按照局域性原则, Alice所做的任何测量都不能够改变Bob的粒子的状态. 这样, 如果我们接受如上所述的实在性和局域性原则, 那么量子力学将导致矛盾. EPR的结论是, 量子力学是一个不完备的理论. 后来, 有人引入所谓的隐变量, 试图以此使量子理论完备. 按照这一建议, 测量事实上是一个确定性过程; 它看起来是概率性的, 只是因为我们对有些(隐变量的)自由度的情况知道得并不确切.

要指出的是, 量子力学的标准诠释并不接受爱因斯坦的局域实在论. 波函数并不被认为是一个物理对象, 而仅仅是一个对于预测实验结果的概率很有用的数学工具.

习题2.14　证明: 自旋单态(2.175)是转动不变的, 也就是说, 对于任意方向$\boldsymbol{u}$, 它总是写成

$$|\psi\rangle = \frac{1}{\sqrt{2}}\big(|+\rangle_{\boldsymbol{u}}|-\rangle_{\boldsymbol{u}} - |-\rangle_{\boldsymbol{u}}|+\rangle_{\boldsymbol{u}}\big), \tag{2.177}$$

其中, 态$|+\rangle_{\boldsymbol{u}}$和$|-\rangle_{\boldsymbol{u}}$是$\boldsymbol{\sigma} \cdot \boldsymbol{u}$的本征态.

事实上, 该结果可以如下推知: 一个自旋单态对应于零自旋, 对于这样的一个态的自旋, 我们并不能赋予任何优先方向.

习题2.15　考虑由一对自旋$\frac{1}{2}$的粒子所组成的一个复合系统, 该系统由下列波函数来描述:

$$|\psi\rangle = \alpha|00\rangle + \beta|01\rangle + \gamma|10\rangle + \delta|11\rangle, \quad |\alpha|^2 + |\beta|^2 + |\gamma|^2 + |\delta|^2 = 1. \tag{2.178}$$

假设我们测量到第1个粒子的自旋极化σ_z（或σ_x），讨论该测量对系统波函数的影响.

在贝尔于1964年提出贝尔不等式之后，关于量子系统的物理实在性的争论成为了一个实验研究课题. 这些不等式都是在假设实在性和局域性原则成立的条件下得到的. 可以设计出一些实验，量子力学对其结果的预测不满足这些不等式. 这样，如果实验观测结果违反这些不等式，就会排除对相应自然现象给予局域实在性描述的可能性. 简言之，贝尔证明，从实在性和局域性原则可以得出一些在实验上可以检验的不等式关系，而这些关系与量子力学的预测不相符合.

维格纳给出了一个很有启发意义的方法，可以在一个简单模型中推导贝尔不等式. 这里，我们采用Sakurai(1994)的表述方法. 假设一个源发射出大量的处于单态(2.175)的自旋对. Alice和Bob各自接收到每对粒子中的一个粒子，而且，他们都能够测量粒子沿3个轴a、b和c中的任何一个的极化. 我们将粒子按下列方法分组. 比如说，如果Alice测量$\sigma_a^{(A)}$时得$+1$，测量$\sigma_b^{(A)}$时得$+1$，测量$\sigma_c^{(A)}$时得-1，那么，我们就说那个粒子属于组$(a+,b+,c-)$. 要强调的是，我们并不是说Alice同时测量$\sigma_a^{(A)}$，$\sigma_b^{(A)}$和$\sigma_c^{(A)}$. 她可能仅仅测量3个自旋分量中的一个. 例如，如果她测量$\sigma_a^{(A)}$，那么，她就既不测量$\sigma_b^{(A)}$，也不测量$\sigma_c^{(A)}$. 这里，我们暂时接受实在性原则而进行推理，因此可以给自旋沿3个轴的方向赋予确定的数值；也就是说，我们假设这些数值具有物理实在性，并不依赖于我们的观测. 要记住，对于自旋单态，Alice和Bob的测量结果必须是完全反关联的. 这样一来，如果Alice的粒子属于$(a+,b+,c-)$，那么Bob的粒子必然属于$(a-,b-,c+)$. 表2.1列出了8种互不相容的可能性.

表2.1　自旋单态被分成8个互不相容的组

分布数	Alice的粒子	Bob的粒子
N_1	$(a+,b+,c+)$	$(a-,b-,c-)$
N_2	$(a+,b+,c-)$	$(a-,b-,c+)$
N_3	$(a+,b-,c+)$	$(a-,b+,c-)$
N_4	$(a+,b-,c-)$	$(a-,b+,c+)$
N_5	$(a-,b+,c+)$	$(a+,b-,c-)$
N_6	$(a-,b+,c-)$	$(a+,b-,c+)$
N_7	$(a-,b-,c+)$	$(a+,b+,c-)$
N_8	$(a-,b-,c-)$	$(a+,b+,c+)$

我们用$p(a+,b+)$表示Alice得到$\sigma_a^{(A)}=+1$同时Bob得到$\sigma_b^{(B)}=+1$的概率. 从表2.1中容易看出

$$p(a+,b+)=\frac{N_3+N_4}{N_t}, \tag{2.179}$$

其中，$N_t \equiv \sum_{i=1}^{8} N_i$. 同样地

$$p(a+,c+)=\frac{N_2+N_4}{N_t}, \quad p(c+,b+)=\frac{N_3+N_7}{N_t}. \tag{2.180}$$

因为$N_i \geqslant 0$, 我们有$N_3 + N_4 \leqslant (N_2 + N_4) + (N_3 + N_7)$, 从而得到下列贝尔不等式:

$$p(\boldsymbol{a}+, \boldsymbol{b}+) \leqslant p(\boldsymbol{a}+, \boldsymbol{c}+) + p(\boldsymbol{c}+, \boldsymbol{b}+). \tag{2.181}$$

要指出的是, 在推导这个不等式的过程中, 我们已经假设了局域性原则. 例如, 如果一个自旋对属于组1, 并且Alice选择测量$\sigma_a^{(A)}$, 那么, 她的测量结果肯定是1, 而完全不依赖于Bob对测量轴$\boldsymbol{a}$, $\boldsymbol{b}$ 或$\boldsymbol{c}$的选择.

我们现在按照量子理论来计算在贝尔不等式(2.181)中出现的概率. 我们先计算$p(\boldsymbol{a}+, \boldsymbol{b}+)$. 如果Alice发现$\sigma_a^{(A)} = +1$, 那么, Bob的粒子的态就坍缩到$\sigma_a^{(B)}$的本征值为$-1$的本征态$|-\rangle_a$. 这样, 假若$\sigma_a^{(A)} = +1$, 容易验证, Bob将以$\left|_b\langle+|-\rangle_a\right|^2 = \sin^2(\theta_{ab}/2)$的概率得到$\sigma_b^{(B)} = +1$, 其中, θ_{ab}是轴$\boldsymbol{a}$和轴$\boldsymbol{b}$之间的夹角. 因为Alice以$\frac{1}{2}$的概率获得$\sigma_a^{(A)} = +1$, 所以有

$$p(\boldsymbol{a}+, \boldsymbol{b}+) = \frac{1}{2} \sin^2\left(\frac{\theta_{ab}}{2}\right). \tag{2.182}$$

我们可以用同样的方法计算$p(\boldsymbol{a}+, \boldsymbol{c}+)$和$p(\boldsymbol{c}+, \boldsymbol{b}+)$. 于是, 贝尔不等式(2.181)给出

$$\sin^2\left(\frac{\theta_{ab}}{2}\right) \leqslant \sin^2\left(\frac{\theta_{ac}}{2}\right) + \sin^2\left(\frac{\theta_{cb}}{2}\right). \tag{2.183}$$

如果我们选择$\boldsymbol{a}$轴, $\boldsymbol{b}$轴和$\boldsymbol{c}$轴, 使得$\theta_{ab} = 2\theta$, $\theta_{ac} = \theta_{cb} = \theta$, 那么, 对于$0 < \theta < \frac{\pi}{2}$, 这个不等式是不成立的. 因此, 从量子力学出发, 我们发现贝尔不等式是可以违背的, 而这种违背又是可以用实验来检测的.

现在, 我们给出贝尔不等式的另外一种推导. 假设存在一个隐变量λ, 使得对于λ的任意值而言, 对物理可观测量O的测量, 我们都得到一个有明确定义的(即有确定值的)结果$O(\lambda)$. 我们要求, 由变量λ的概率分布$\rho(\lambda)$所计算出的平均值, 就是量子力学所给出的平均值, 即

$$\langle O \rangle = \int O(\lambda)\, \rho(\lambda)\, \mathrm{d}\lambda. \tag{2.184}$$

考虑图2.7中所描绘的EPR理想实验, Alice和Bob分别沿方向$\boldsymbol{a}$和$\boldsymbol{b}$测量自旋极化$\boldsymbol{\sigma}^{(A)} \cdot \boldsymbol{a}$ 和$\boldsymbol{\sigma}^{(B)} \cdot \boldsymbol{b}$, 得到的(没有因果关系的)测量结果分别记为$A(\boldsymbol{a}, \lambda)$和$B(\boldsymbol{b}, \lambda)$. 假设局域性原理成立, Alice的测量结果不依赖于Bob的. 因此, 他们的极化测量之间的关联函数的平均值是

$$C(\boldsymbol{a}, \boldsymbol{b}) = \int A(\boldsymbol{a}, \lambda) B(\boldsymbol{b}, \lambda)\, \rho(\lambda)\, \mathrm{d}\lambda. \tag{2.185}$$

例如, 正如上面我们所看到的, 对于EPR态(2.175), 当$\boldsymbol{a} = \boldsymbol{b}$时量子力学预测完全的反相关, 因此

$$C(\boldsymbol{a}, \boldsymbol{a})_{\text{quantum}} = -1. \tag{2.186}$$

我们计算

$$
\begin{aligned}
C(\boldsymbol{a}, \boldsymbol{b}) - C(\boldsymbol{a}, \boldsymbol{b}') &= \int \big[A(\boldsymbol{a}, \lambda) B(\boldsymbol{b}, \lambda) - A(\boldsymbol{a}, \lambda) B(\boldsymbol{b}', \lambda) \big] \rho(\lambda)\, \mathrm{d}\lambda \\
&= \int A(\boldsymbol{a}, \lambda) B(\boldsymbol{b}, \lambda) \big[1 \pm A(\boldsymbol{a}', \lambda) B(\boldsymbol{b}', \lambda) \big] \rho(\lambda)\, \mathrm{d}\lambda \\
&\quad - \int A(\boldsymbol{a}, \lambda) B(\boldsymbol{b}', \lambda) \big[1 \pm A(\boldsymbol{a}', \lambda) B(\boldsymbol{b}, \lambda) \big] \rho(\lambda)\, \mathrm{d}\lambda .
\end{aligned} \tag{2.187}
$$

因为$A(\boldsymbol{a}, \lambda)$和$B(\boldsymbol{b}, \lambda)$是极化测量, 所以, 有

$$
|A(\boldsymbol{a}, \lambda)| = 1, \quad |B(\boldsymbol{b}, \lambda)| = 1. \tag{2.188}
$$

此外, 因为$\rho(\lambda)$是分布函数, 所以, 对于任意λ它是非负的. 这样一来, 我们有

$$
\begin{aligned}
|C(\boldsymbol{a}, \boldsymbol{b}) - C(\boldsymbol{a}, \boldsymbol{b}')| &\leqslant \int \big[1 \pm A(\boldsymbol{a}', \lambda) B(\boldsymbol{b}', \lambda) \big] \rho(\lambda)\, \mathrm{d}\lambda \\
&\quad + \int \big[1 \pm A(\boldsymbol{a}', \lambda) B(\boldsymbol{b}, \lambda) \big] \rho(\lambda)\, \mathrm{d}\lambda .
\end{aligned} \tag{2.189}
$$

这就意味着

$$
|C(\boldsymbol{a}, \boldsymbol{b}) - C(\boldsymbol{a}, \boldsymbol{b}')| \leqslant \pm \big[C(\boldsymbol{a}', \boldsymbol{b}') + C(\boldsymbol{a}', \boldsymbol{b}) \big] + 2 \int \rho(\lambda)\, \mathrm{d}\lambda \tag{2.190}
$$

因此

$$
|C(\boldsymbol{a}, \boldsymbol{b}) - C(\boldsymbol{a}, \boldsymbol{b}')| \leqslant -|C(\boldsymbol{a}', \boldsymbol{b}') + C(\boldsymbol{a}', \boldsymbol{b})| + 2 \int \rho(\lambda)\, \mathrm{d}\lambda . \tag{2.191}
$$

我们最终得到

$$
|C(\boldsymbol{a}, \boldsymbol{b}) - C(\boldsymbol{a}, \boldsymbol{b}')| + |C(\boldsymbol{a}', \boldsymbol{b}) + C(\boldsymbol{a}', \boldsymbol{b}')| \leqslant 2, \tag{2.192}
$$

其中, 我们用到了分布函数$\rho(\lambda)$的归一化性质, 也就是说, $\int \rho(\lambda)\, \mathrm{d}\lambda = 1$. 不等式(2.192)以其发现者Clauser、Horne、Shimony和Holt来命名, 被称为CHSH不等式. 它是一个更大的不等式集合, 即所谓贝尔不等式集合的一个例子. 最重要的一点是, 存在这样的方向$(\boldsymbol{a}, \boldsymbol{b}, \boldsymbol{a}', \boldsymbol{b}')$, 量子力学对于纠缠态的预言违反CHSH不等式. 例如, 我们可以考虑图2.8中所示的一组方向$\boldsymbol{a}$, $\boldsymbol{a}'$, $\boldsymbol{b}$和$\boldsymbol{b}'$. 对于自旋单态(2.175), 量子力学预言$C(\boldsymbol{a}, \boldsymbol{b}) = -\boldsymbol{a} \cdot \boldsymbol{b} = -\cos(\theta_{ab})$, 其中$\theta_{ab}$是方向$\boldsymbol{a}$和$\boldsymbol{b}$之间的夹角(参考习题2.16), 因此, 当$\phi = \dfrac{\pi}{4}$时, 有

$$
\begin{aligned}
&\Big\{ |C(\boldsymbol{a}, \boldsymbol{b}) - C(\boldsymbol{a}, \boldsymbol{b}')| + |C(\boldsymbol{a}', \boldsymbol{b}) + C(\boldsymbol{a}', \boldsymbol{b}')| \Big\}_{\text{quantum}} \\
&= \big| -\cos(\phi) + \cos(3\phi) \big| + \big| -\cos(\phi) - \cos(\phi) \big| \\
&= 2\sqrt{2} \geqslant 2.
\end{aligned} \tag{2.193}
$$

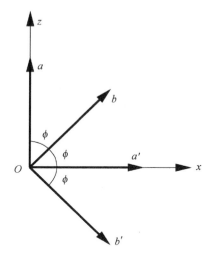

图2.8　选择这些方向, 将导致违背CHSH不等式(2.192), 其中, ϕ等于$\dfrac{\pi}{4}$

习题2.16　证明: 如果$|\psi\rangle$是EPR态(2.175), 关联函数的量子力学平均值

$$C(\boldsymbol{a}, \boldsymbol{b})_{\text{quantum}} = \langle\psi|(\boldsymbol{\sigma}^{(A)} \cdot \boldsymbol{a})(\boldsymbol{\sigma}^{(B)} \cdot \boldsymbol{b})|\psi\rangle \tag{2.194}$$

其数值为$-\boldsymbol{a} \cdot \boldsymbol{b}$.

贝尔不等式首先代表了对量子力学的一致性的实验测试. 为了验证贝尔不等式, 人们进行了很多实验, 其中最著名的是在1982年由Aspect及其合作者所完成的涉及EPR光子对的实验. 该实验明确显示了对CHSH不等式的背离, 其偏差高达数10个标准偏差, 而其结果与量子力学的预言极为吻合. 在最近的一些其他实验中, 实验条件已经很接近理想的EPR设置, 它们的结果也和量子力学的预测符合得相当好. 虽然如此, 由于这些实验中所用到的探测器的精度有限, 对于这些实验是否是决定性的这一点, 现在还没有达成共识. 从论证的角度而言, 假设现在的结果不会与将来的具备更高精度的探测器的实验结果相冲突, 那么, 我们就可以下结论说, 大自然在实验上并不支持EPR的观点. 总之, 世界不是局域而实在的.

要强调的是, 贝尔不等式和Aspect实验不仅仅是对量子力学的一致性的测试, 我们从中可以学到更多的东西. 这些深刻的结果向我们展示, 纠缠是一个可以在实验上进行控制的、超越经典物理范围的全新资源. 在下面的几章里我们将会看到, 量子信息学的主要目标, 就是要开发这一资源来进行经典力学所无法胜任的计算和通信任务.

习题2.17　对于态

$$|\psi\rangle = \alpha|00\rangle + \beta|11\rangle, \quad |\alpha|^2 + |\beta|^2 = 1, \tag{2.195}$$

其中, α和β都不是零. 证明: 我们可以选择方向a, a', b和b', 使得CHSH(2.192)不等式不成立. 因此, 违背贝尔不等式是纠缠态的典型特征.

2.6　参考资料指南

有很多关于量子力学的优秀参考书. 例如, 初级的参考书有Merzbacher(1997)出的, 而更高级的参考书有Sakurai(1994)和Cohen-Tannoudji等(1997)出的. 这些书的内容集中在原子物理方面. 与量子计算和量子信息并没有直接关系, 与量子信息比较接近的量子力学参考书是Peres(1993)出的.

适于本科程度的线性代数方面的教科书也有很多, 其中一本很有用的为Lang(1996) 出的.

EPR佯谬是爱因斯坦等(1935)提出的, 也可以参考玻尔(1935)的评论. 贝尔不等式是贝尔(1964)首次引入的. 在本章中, 我们给出了贝尔不等式的一个特例, 即以4个发明人的名字来命名的CHSH不等式(Clauser et al., 1969), Aspect等(1981)的实验明确给出了违反CHSH不等式的证据. 最近的实验已经很接近理想的EPR思想实验, 在这方面可以参考Weihs等(1998)的文章.

第3章 量子计算

本章介绍量子计算的基本原理. 我们将只讨论量子计算的线路模型, 而不讨论更抽象的图灵机模型, 因为前者更容易处理而且更接近物理实现. 事实上, 两个模型是等价的.

量子信息与量子计算的基本单元是量子比特. 一个量子比特是一个两能级的量子系统, 人们可以可控地制备、操作与测量它. 一个量子计算机可以被看成是一个由 n 个量子比特所组成的集合, 所以, 它的波函数属于一个 2^n 维的复希尔伯特空间. 只要该计算机与其环境的耦合可以忽略不计, 那么其波函数随时间的演化就是幺正(酉)的, 且由薛定谔方程所支配.

一次量子计算由3个基本步骤组成: 制备输入态、对于初态执行所期望的幺正变换以及测量输出态. 测量结果在本质上是概率性的, 不同结果出现的概率由量子力学的基本假设给出. 因此, 一般而言, 一个量子算法必须重复数次, 才能以尽可能接近于我们所要的概率得到问题的正确解. 在这个意义上, 量子算法与经典的概率算法类似. 然而, 叠加原理和量子纠缠可以为计算提供新的可能性. 由于利用了量子相干性和纠缠, 量子计算机的潜在能力远强于(不论是确定性的还是概率性的)经典计算机.

本章我们证明, 与经典计算类似, 量子计算也存在一组通用门, 即任何幺正变换都可以被分解成由这些通用门所构成的一个序列. 然后, 我们讨论在量子计算机上如何实现基本的布尔函数和算法. 接着, 我们集中探讨一些更一般的量子算法以及与实现这些算法有关的技术问题. 这些算法利用量子力学的基本性质, 包括叠加原理、纠缠, 以及相干效应, 它们可以以远比经典计算机更为有效的方式来解决一些计算问题, 其中包括计算科学中的一些基本问题. 例如, 从一个无结构的数据库中搜索一个被标记的条目(Grover算法) 以及整数的因数分解(Shor算法). Shor算法比(已知的)最佳经典算法快指数倍. 接下来, 我们讨论第3类量子算法, 即模拟物理系统. 最后, 我们简单介绍量子计算的初步实验实现及其前景, 有关这一方面的更详细的讨论将被推迟到第8章.

3.1 量子比特

一个经典比特是一个可以处于两个完全不同的状态的系统, 这两个状态可用二进制数0和1来指示. 对于这样一个系统的可能操作(门), 包括"恒等"操作$(0 \to 0,$ $1 \to 1)$ 以及"非"操作(NOT)$(0 \to 1, 1 \to 0)$. 相反, 一个量子比特是一个可以在二维复希尔伯特空间中描述的两能级量子体系. 在该希尔伯特空间中, 人们可以选择一对正交归一的量子态

$$|0\rangle \equiv \begin{bmatrix} 1 \\ 0 \end{bmatrix}, \quad |1\rangle \equiv \begin{bmatrix} 0 \\ 1 \end{bmatrix} \tag{3.1}$$

来代表对应于经典比特的0和1. 这两个态构成了计算基矢. 根据叠加原理, 量子比特的任何态都可以写成

$$|\psi\rangle = \alpha|0\rangle + \beta|1\rangle, \tag{3.2}$$

其中, 振幅α和β是复数, 服从归一化条件

$$|\alpha|^2 + |\beta|^2 = 1. \tag{3.3}$$

由于在态矢量的定义中存在一个没有物理意义的整体相位, 人们可以选择α为正定的实数(除非对基矢态$|1\rangle$, 对它而言, $\alpha = 0$, $\beta = 1$ 为实数). 这样, 一个一般的量子比特态可以写成

$$|\psi\rangle = \cos\frac{\theta}{2}|0\rangle + \mathrm{e}^{\mathrm{i}\phi}\sin\frac{\theta}{2}|1\rangle$$

$$= \begin{bmatrix} \cos\dfrac{\theta}{2} \\ \mathrm{e}^{\mathrm{i}\phi}\sin\dfrac{\theta}{2} \end{bmatrix}, \quad 0 \leqslant \theta \leqslant \pi, \ 0 \leqslant \phi < 2\pi. \tag{3.4}$$

因此, 不同于经典比特(经典比特只允许取值0或1), 量子比特属于一个由连续变量α和β (或者θ 和ϕ)所刻画的矢量空间. 这样, 我们允许连续的态. 这一点与我们的"经典"思维相抵触: 按照我们的直觉, 一个具有两个态的系统只能处于其中的一个. 然而, 更有趣的是, 正如在第2章中所见, 量子力学允许无数的其他可能性. 至此, 有人可能会说, 单个量子比特就有可能储存无限量的信息. 事实上, 为了明确给出式(3.2)中的复数α和β的值, 我们通常要用到无数个比特. 然而, 这里有一个陷阱: 为了获取这一信息, 我们必须进行测量, 而量子力学告诉我们, 测量一个量子比特的沿轴向$\boldsymbol{n}$的极化态$\sigma_{\boldsymbol{n}}$, 只能得到单个比特的信息, $\sigma_{\boldsymbol{n}} = +1$ 或$\sigma_{\boldsymbol{n}} = -1$. 为了得到$\alpha$和$\beta$, 我们需要对同样制备的单比特态做无穷次测量.

   事实上, 一个两能级的量子体系如果可以按照如下方式进行操作, 那么就可以被用作一个量子比特.

   (1) 它可以被制备在某些确定的态, 如被称为量子比特的基准态的$|0\rangle$态.

   (2) 量子比特的任一态都可以被变换到任一个另外的态. 如后面几节所示, 这种变换由幺正变换来完成.

(3) 量子比特态可以在计算基矢$\{|0\rangle, |1\rangle\}$上测量. 我们可以测量量子比特沿z轴的极化. 正如已经在 2.4 节中所看到的, 与该测量相联系的厄米算符是本征态为$|0\rangle$和$|1\rangle$ 的泡利算符σ_z. 因此, 如果量子比特由方程 (3.4)描述, 测量的结果是0或1 (也就是说, $\sigma_z = +1$ 或$\sigma_z = -1$), 其概率可由在 2.4节中所讨论过的量子力学基本假设II而算出, 分别是

$$p_0 = \left|\langle 0|\psi\rangle\right|^2 = \cos^2\frac{\theta}{2}, \qquad p_1 = \left|\langle 1|\psi\rangle\right|^2 = \sin^2\frac{\theta}{2}. \tag{3.5}$$

需要强调一点, 也将在第8章中详细讨论, 上面的要求(1)~(3)都可以在今天的实验室里实现. 例如, 下列方式可以提供量子比特的物理实现: ①在核磁共振量子处理器中的分子的核自旋; ②在空腔中的原子的态($|0\rangle$对应于原子的基态, $|1\rangle$为第一激发态); ③在两个超导结之间进行隧穿的库珀对(库珀对在其中一个结为$|0\rangle$态, 在另外一结为$|1\rangle$态). 量子比特态的幺正演化, 可以通过调节磁场或者激光场来控制, 为此, 人们已经发展了非常有效的测量仪器.

3.1.1 Bloch球

量子比特在Bloch球上的表示非常有用, 因为, 该球为量子比特以及对量子比特态所进行的变换提供了几何图像. 具体而言, 由于归一化条件(3.3), 量子比特态可以用具有单位半径的球上的一个点来表示, 这个球就叫做Bloch球. 这个球可以嵌入一个三维的笛卡儿坐标中($x = \cos\phi\sin\theta$, $y = \sin\phi\sin\theta$, $z = \cos\theta$). 这样,态(3.4)可以写成

$$|\psi\rangle = \begin{bmatrix} \sqrt{\dfrac{1+z}{2}} \\ \dfrac{x + \mathrm{i}\,y}{\sqrt{2(1+z)}} \end{bmatrix}. \tag{3.6}$$

按照定义, 一个Bloch矢量的三个分量(x, y, z)给出Bloch球上的一个点. 因此, Bloch矢量必须满足归一化条件$x^2 + y^2 + z^2 = 1$. 如图3.1所示, 我们也可以说角度θ和ϕ定义了一个Bloch矢量. 在同一个图中, 我们也给出了将Bloch球投影到一个平面的正弦投影①. 该正弦投影有助于将对量子比特态的幺正变换形象化.

投影算符$P = |\psi\rangle\langle\psi|$为态(3.4)提供了另外一个有用的表示. 投影算符P在基

---

① 在(X, Y)平面中, 量子比特态的坐标是$X = \phi\sin\theta$和$Y = -\theta + \dfrac{\pi}{2}$. 这里, 角变量$\phi$的取值范围是$[-\pi, \pi]$). 正弦投影是一个保面积变换. Bloch球上的纬线和$\phi = 0$的经线都是直线,所有其他经线都是正弦曲线.

矢$\{|0\rangle, |1\rangle\}$上的矩阵表示是

$$
\begin{aligned}
P &= \begin{bmatrix} \cos^2 \dfrac{\theta}{2} & \mathrm{e}^{-\mathrm{i}\phi} \sin \dfrac{\theta}{2} \cos \dfrac{\theta}{2} \\ \mathrm{e}^{\mathrm{i}\phi} \sin \dfrac{\theta}{2} \cos \dfrac{\theta}{2} & \sin^2 \dfrac{\theta}{2} \end{bmatrix} \\
&= \frac{1}{2} \begin{bmatrix} 1+z & x - \mathrm{i}y \\ x + \mathrm{i}y & 1-z \end{bmatrix},
\end{aligned}
\tag{3.7}
$$

其中, 矩阵元P_{ij} $(i, j = 0, 1)$定义为$\langle i | P | j \rangle$.

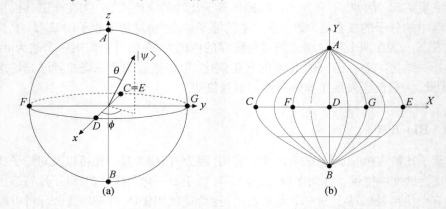

图3.1   一个量子比特的Bloch球表示(a), 以及Bloch球的正弦投影(b)

图上所标明的点与量子态的对应如下: $A = (\alpha=1, \beta=0)$, $B = (0, 1)$, $C = E = \left(\dfrac{1}{\sqrt{2}}, -\dfrac{1}{\sqrt{2}} \right)$, $D = \left(\dfrac{1}{\sqrt{2}}, \dfrac{1}{\sqrt{2}} \right)$, $F = \left(\dfrac{1}{\sqrt{2}}, -\dfrac{\mathrm{i}}{\sqrt{2}} \right)$, 和$G = \left(\dfrac{1}{\sqrt{2}}, \dfrac{\mathrm{i}}{\sqrt{2}} \right)$. 注意, A点(Bloch球的北极)和B点(南极) 分别对应态$|0\rangle$和$|1\rangle$

3.1.2 量子比特态的测量

假如我们可以任意使用大量以同样方式制备的量子比特, 那么量子比特态$|\psi\rangle = \alpha|0\rangle + \beta|1\rangle$在原则上是可以测量的. Bloch球表象为理解这一点提供了一个特别合适的框架. 下面证明, 一个量子比特在Bloch球上的坐标x, y 和z是可以测量的(正如我们已经看到的, 除了一个整体相因子, 从这些坐标我们可以确定α和β的值).

利用在计算基矢上的泡利算符

$$
\sigma_x = \begin{bmatrix} 0 & 1 \\ 1 & 0 \end{bmatrix}, \quad \sigma_y = \begin{bmatrix} 0 & -\mathrm{i} \\ \mathrm{i} & 0 \end{bmatrix}, \quad \sigma_z = \begin{bmatrix} 1 & 0 \\ 0 & -1 \end{bmatrix},
\tag{3.8}
$$

对于由式(3.4)所给出的态$|\psi\rangle$, 有

$$\sigma_x |\psi\rangle = \mathrm{e}^{\mathrm{i}\phi} \sin \frac{\theta}{2} |0\rangle + \cos \frac{\theta}{2} |1\rangle \,,$$
$$\sigma_y |\psi\rangle = -\mathrm{i}\mathrm{e}^{\mathrm{i}\phi} \sin \frac{\theta}{2} |0\rangle + \mathrm{i} \cos \frac{\theta}{2} |1\rangle \,, \tag{3.9}$$
$$\sigma_z |\psi\rangle = \cos \frac{\theta}{2} |0\rangle - \mathrm{e}^{\mathrm{i}\phi} \sin \frac{\theta}{2} |1\rangle \,.$$

由此, 我们得到如下的针对态(3.4)的期望值:

$$\langle\psi|\sigma_x|\psi\rangle = \langle\psi| \begin{bmatrix} 0 & 1 \\ 1 & 0 \end{bmatrix} |\psi\rangle = \sin\theta \cos\phi = x,$$
$$\langle\psi|\sigma_y|\psi\rangle = \langle\psi| \begin{bmatrix} 0 & -\mathrm{i} \\ \mathrm{i} & 0 \end{bmatrix} |\psi\rangle = \sin\theta \sin\phi = y, \tag{3.10}$$
$$\langle\psi|\sigma_z|\psi\rangle = \langle\psi| \begin{bmatrix} 1 & 0 \\ 0 & -1 \end{bmatrix} |\psi\rangle = \cos\theta = z.$$

对计算基矢进行标准的投影测量, 如测量σ_z, 我们可以以任意精度得到坐标(x,y,z)的值. 事实上, 从方程(3.5), 我们可得

$$p_0 - p_1 = \cos^2 \frac{\theta}{2} - \sin^2 \frac{\theta}{2} = \cos\theta = z \,. \tag{3.11}$$

于是, 测量σ_z得到0或1的概率之差, 给出坐标z的值. 如果我们可以使用任意大数目(N)的系统, 并且将它们都制备到相同的态(3.4), 则可以估计z的值为$N_0/N-N_1/N$, 其中N_0和N_1分别是输出0和1的数目. 因此, 只要测量了足够多的态, z就可以被确定到任意精度.

坐标x和y可以通过对量子比特作一个幺正变换而得到. 如果把具有如下矩阵表示

$$U_1 = \frac{1}{\sqrt{2}} \begin{bmatrix} 1 & 1 \\ -1 & 1 \end{bmatrix} \tag{3.12}$$

的幺正变换作用到态(3.4)上, 我们得$|\psi^{(1)}\rangle = U_1|\psi\rangle$. 在计算基矢上的投影测量得到输出为0和1的概率分别为$p_0^{(1)} = |\langle 0|\psi^{(1)}\rangle|^2$和$p_1^{(1)} = |\langle 1|\psi^{(1)}\rangle|^2$, 因此, 有

$$p_0^{(1)} - p_1^{(1)} = \cos\phi \sin\theta = x \,. \tag{3.13}$$

同样, 对态(3.4)进行如下矩阵变换:

$$U_2 = \frac{1}{\sqrt{2}} \begin{bmatrix} 1 & -\mathrm{i} \\ -\mathrm{i} & 1 \end{bmatrix}, \tag{3.14}$$

我们可得$|\psi^{(2)}\rangle = U_2|\psi\rangle$，由此，

$$p_0^{(2)} - p_1^{(2)} = \sin\phi\,\sin\theta = y\,, \tag{3.15}$$

其中，$p_0^{(2)} = |\langle 0|\psi^{(2)}\rangle|^2$和$p_1^{(2)} = |\langle 1|\psi^{(2)}\rangle|^2$分别是对量子比特沿$z$方向的测量得到0或1的概率.

习题3.1　两个量子态$|\psi_1\rangle$和$|\psi_2\rangle$的保真度 被定义为$F \equiv |\langle\psi_1|\psi_2\rangle|^2$. 它是两个量子态之间的距离的一种度量：$0 \leqslant F \leqslant 1$. 当$|\psi_1\rangle$ 与$|\psi_2\rangle$相等时，$F = 1$，当$|\psi_1\rangle$与$|\psi_2\rangle$正交时，$F = 0$. 证明：$F = \cos^2\dfrac{\alpha}{2}$，其中，$\alpha$是对应于量子态$|\psi_1\rangle$和$|\psi_2\rangle$的两个Bloch矢量之间的夹角.

3.2　量子计算的线路模型

在第1章中我们证明了，一个经典计算机可以很方便地用一个n比特的有限寄存器来表示. 对于"非"和"与"这类的基本操作，可以在单或多个比特上执行，而将这些基本操作按照某种规则组合起来，可以产生任意复杂的逻辑函数.

线路模型可以转移到量子计算机上. 量子计算机可以被认为是一个由n个量子比特所组成的有限集合，即尺寸为n的量子寄存器. 一个n比特的经典计算机的状态，可由一个二进制整数$i \in [0, 2^n - 1]$来表示，即

$$i = i_{n-1}2^{n-1} + \cdots + i_1 2 + i_0\,, \tag{3.16}$$

其中，$i_0, i_1, \cdots, i_{n-1} \in [0,1]$是二进制数，然而，一个$n$量子比特的量子计算机的状态是

$$\begin{aligned}|\psi\rangle &= \sum_{i=0}^{2^n-1} c_i\,|i\rangle \\ &= \sum_{i_{n-1}=0}^{1}\cdots\sum_{i_1=0}^{1}\sum_{i_0=0}^{1} c_{i_{n-1},\cdots,i_1,i_0}\,|i_{n-1}\rangle\otimes\cdots\otimes|i_1\rangle\otimes|i_0\rangle\,,\end{aligned} \tag{3.17}$$

其中，复数c_i受制于归一化条件

$$\sum_{i=0}^{2^n-1}|c_i|^2 = 1\,. \tag{3.18}$$

因此，一个n个量子比特的量子计算机的状态，对应于一个在2^n维希尔伯特空间中的态矢. 该2^n维希尔伯特空间系由n个二维希尔伯特空间的张量积所生成(每个量子比特对应于一个二维希尔伯特空间). 考虑到归一化条件(3.18)以及以下性质，即对任何量子系统的态的定义都不需要确定那个在物理上不重要的整体相位，量子计

算机的状态由 $2(2^n - 1)$ 个独立的实参数来决定. 以 $n = 2$ 的情形为例, 我们把两个量子比特的计算机的一般态写成

$$
\begin{aligned}
|\psi\rangle &= c_0|0\rangle + c_1|1\rangle + c_2|2\rangle + c_3|3\rangle \\
&= c_{00}|0\rangle \otimes |0\rangle + c_{01}|0\rangle \otimes |1\rangle + c_{10}|1\rangle \otimes |0\rangle + c_{11}|1\rangle \otimes |1\rangle \\
&= c_{00}|00\rangle + c_{01}|01\rangle + c_{10}|10\rangle + c_{11}|11\rangle,
\end{aligned}
\tag{3.19}
$$

其中, 在最后一行, 我们用到了简写 $|i_1 i_0\rangle = |i_1\rangle \otimes |i_0\rangle$. 利用该简写符号, 态(3.17)可以被写成更简单的形式

$$
|\psi\rangle = \sum_{i_{n-1}, \ldots, i_1, i_0 = 0}^{1} c_{i_{n-1} \cdots i_1 i_0} |i_{n-1} \cdots i_1 i_0\rangle.
\tag{3.20}
$$

叠加原理在方程(3.17)中是显而易见的: 尽管 n 个经典比特仅仅可以储存一个整数 i, 但是, n 个量子比特的量子寄存器不仅可以储存与计算基矢相应的态 $|i\rangle$, 还可以储存由这些态叠加而成的态. 我们要强调, 在这个叠加态中, 计算基矢的数目可以多达 2^n, 它随量子比特的数目按指数增加. 叠加原理为计算开启了崭新的未来. 当我们在经典计算机上进行运算时, 不同的输入需要进行不同的操作. 相反, 量子计算机可以在一次运行中完成相对于输入而言呈指数式(增加的)的运算. 这个巨大的并行性是量子计算的强大所在.

我们要强调, 叠加原理并非为量子特性所独有. 事实上, 也存在满足叠加原理的经典波. 比如说, 描述两端固定的弦振动的波动方程, 它的解 $|\varphi_i\rangle$ 满足叠加原理, 且类似方程 (3.17), 我们可以把弦振动的最一般的态 $|\varphi\rangle$ 写成这些解的线性叠加, 即

$$
|\varphi\rangle = \sum_{i=0}^{2^n - 1} c_i |\varphi_i\rangle.
\tag{3.21}
$$

与经典计算相比, 我们要重点指出的是纠缠对于量子计算的重要性. 为此, 我们比较为表现叠加(3.21)而在经典和量子物理中所必需的资源. 在经典世界中, 为了得到 2^n 个能级的叠加, 这些能级必须属于同一个系统. 事实上, 在经典物理中没有纠缠, 因此, 不同系统的经典态是永远不可以叠加起来的. 这样一来, 我们所需的能级数随 n 呈指数增加. 如果 Δ 是相邻能级之间的典型间隔, 那么, 为此计算所需的能量是 $2^n \Delta$. 因此, 计算所需要的物理资源随 n 按指数增加[①]. 相反, 由于有纠缠, 在量子物理中, 一个一般的 2^n 个能级的叠加可以用 n 个量子比特来表示. 这样, 所需的物理资源随 n 呈线性增加.

---

① 当然, 可以想象经典系统中的能级处在某个上界之下. 在这种情形, 所需的能量可以被认为对 n 而言是一个常数. 可是, 这样, 我们需要能够区分能级间距按指数式减小的测量仪器, 其能级间距为 $\propto 2^{-n}$. 要使这样的实验仪器得以实现, 一个合理的假设是所需的物理资源按指数式增加.

为了进行量子计算, 应该:

(1) 将量子计算机制备于一个定义好的初态 $|\psi_i\rangle$, 称为基准态, 如 $|0\cdots00\rangle$.

(2) 操控量子计算机的波函数. 也就是说, 执行给定的幺正变换 U, 得到 $|\psi_f\rangle = U|\psi_i\rangle$.

(3) 最后一步, 在计算基矢上进行标准测量, 也就是说, 测量每一个量子比特的极化 σ_z.

既然量子计算机是一个 n 体(量子比特)的量子系统, 其波函数(3.17)的时间演化由薛定谔方程所支配. 根据第2章中所讨论的量子力学的基本假设, 量子计算机波函数的演化由幺正算符来描述. 这里, 我们忽略由于量子计算机与环境的非预期耦合所引起的、非幺正[①] 的退相干效应. 该退相干效应将在第6章中考虑.

我们要强调, 一个 n 量子比特的波函数的演化由一个 $2^n \times 2^n$ 的幺正矩阵来描述, 该矩阵总可以被分解成作用于一个或两个量子比特之上的幺正运算的乘积. 这些幺正运算对应于量子计算的线路模型中的基本量子门.

最后要指出的是, 可以证明, 只要事先加上一个适当的幺正变换, 对于复杂多量子比特的任何测量, 总可以在计算基矢上进行. 3.1节中所讨论的对单量子比特的测量, 就是这种过程的一个例子: 如果在幺正变换(3.12)或(3.14)之后再做一个在标准基矢 $\{|0\rangle, |1\rangle\}$ 上的投影, 我们就可以得到Bloch球的坐标 x 或 y.

3.3　单量子比特门

对一个量子比特的运算必须满足归一化条件(3.3), 因此, 它由一个 2×2 的幺正矩阵来描述. 下面我们将介绍Hadamard门和相移门, 并且证明这两种门足以用来实施作用于单个量子比特上的任何幺正运算.

Hadamard 门的定义为

$$H = \frac{1}{\sqrt{2}} \begin{bmatrix} 1 & 1 \\ 1 & -1 \end{bmatrix}. \tag{3.22}$$

该门把计算基矢 $\{|0\rangle, |1\rangle\}$ 变成新的基矢 $\{|+\rangle, |-\rangle\}$, 后者是计算基矢的叠加态:

$$H|0\rangle = \frac{1}{\sqrt{2}}(|0\rangle + |1\rangle) \equiv |+\rangle,$$

$$H|1\rangle = \frac{1}{\sqrt{2}}(|0\rangle - |1\rangle) \equiv |-\rangle. \tag{3.23}$$

因为 $H^2 = I$, 所以, 逆变换 $H^{-1} = H$. 注意 H 是厄米的. 事实上, 从矩阵表示(3.22), 很显然有 $(H^T)^* = H$.

---

① 该非幺正性, 针对于在量子计算机的希尔伯特空间中所给出的描述. 包括环境的整个大系统的演化, 一般仍假设为幺正的. ——译者注.

相移门的定义为

$$R_z(\delta) = \begin{bmatrix} 1 & 0 \\ 0 & \mathrm{e}^{\mathrm{i}\delta} \end{bmatrix}. \tag{3.24}$$

相移门把 $|0\rangle$ 变成 $|0\rangle$, 把 $|1\rangle$ 变成 $\mathrm{e}^{\mathrm{i}\delta}|1\rangle$. 因为整体相位没有任何物理意义, 计算基矢所对应的态 $|0\rangle$ 和 $|1\rangle$ 并没有改变. 然而, 相移门作用于一个一般的单量子比特态 $|\psi\rangle$ (见方程(3.4)), 会给出

$$R_z(\delta)\,|\psi\rangle = \begin{bmatrix} 1 & 0 \\ 0 & \mathrm{e}^{\mathrm{i}\delta} \end{bmatrix} \begin{bmatrix} \cos\frac{\theta}{2} \\ \mathrm{e}^{\mathrm{i}\phi}\sin\frac{\theta}{2} \end{bmatrix} = \begin{bmatrix} \cos\frac{\theta}{2} \\ \mathrm{e}^{\mathrm{i}(\phi+\delta)}\sin\frac{\theta}{2} \end{bmatrix}. \tag{3.25}$$

正如在 2.4 节中所讨论的, 相对相位可以观测, 因此, 一个一般的量子比特态在相移门作用之下会发生变化. 从方程 (3.25) 容易看出, 相移门的效果是在 Bloch 球面上绕 z 轴逆时针旋转角度 δ (图3.1).

任何作用于单量子比特的幺正运算, 都可以利用 Hadamard 门和相移门来实现. 事实上, 一个幺正变换对于一个量子比特的态的作用, 是将 Bloch 球面上的一点移动到另外一点, 而这一移动完全可以利用这两个量子门来实现. 尤其是, 一般的态 (3.4) 可以从 $|0\rangle$ 出发通过以下方式得到:

$$R_z\left(\frac{\pi}{2}+\phi\right) H\, R_z(\theta)\, H\, |0\rangle = \mathrm{e}^{\mathrm{i}\frac{\theta}{2}} \left(\cos\frac{\theta}{2}\,|0\rangle + \mathrm{e}^{\mathrm{i}\phi}\sin\frac{\theta}{2}\,|1\rangle \right). \tag{3.26}$$

习题3.2 证明: 在 Bloch 球面上把态从 (θ_1, ϕ_1) 移动到 (θ_2, ϕ_2) 的幺正运算是

$$R_z\left(\frac{\pi}{2}+\phi_2\right) H\, R_z(\theta_2-\theta_1)\, H\, R_z\left(-\frac{\pi}{2}-\phi_1\right). \tag{3.27}$$

现在, 我们来考虑一类有用的幺正变换, 即将 Bloch 球绕任意一个轴旋转. 首先, 我们需要下面的结果: 设算符 O 满足 $O^2 = I$, 对于偶数 k, $O^k = I$; 对于奇数 k, $O^k = O$. 于是, 算符 O 的指数函数的泰勒展开为

$$\mathrm{e}^{-\mathrm{i}\alpha O} = \left[1 - \frac{1}{2!}\alpha^2 + \cdots, \right] I - \mathrm{i}\left[\alpha - \frac{1}{3!}\alpha^3 + \cdots\right] O$$
$$= \cos(\alpha)\, I - \mathrm{i}\sin(\alpha)\, O. \tag{3.28}$$

因为泡利算符满足条件 $\sigma_x^2 = \sigma_y^2 = \sigma_z^2 = I$, 我们可以将方程(3.28)应用到 σ_x, σ_y 和 σ_z 的指数式. 对于 σ_z, 有

$$\mathrm{e}^{-\mathrm{i}\frac{\delta}{2}\sigma_z} = \cos\frac{\delta}{2} I - \mathrm{i}\sin\frac{\delta}{2}\sigma_z$$
$$= \mathrm{e}^{-\mathrm{i}\frac{\delta}{2}} \begin{bmatrix} 1 & 0 \\ 0 & \mathrm{e}^{\mathrm{i}\delta} \end{bmatrix} \equiv R_z(\delta). \tag{3.29}$$

我们注意到, 上面关于$R_z(\delta)$的定义与(3.25)只相差一个没有物理意义的(整体)相因子. 如果把相移门运用到由方程 (3.4)给出的一般矢量$|\psi\rangle$, 如方程(3.25)所示, 我们可以得到态

$$R_z(\delta)|\psi\rangle = \cos\frac{\theta}{2}|0\rangle + \mathrm{e}^{\mathrm{i}(\phi+\delta)}\sin\frac{\theta}{2}|1\rangle. \tag{3.30}$$

这样, 如果用(x,y,z)表示矢量$|\psi\rangle$所对应的笛卡儿坐标, 而(x',y',z') 为$R_z(\delta)|\psi\rangle$所对应的坐标(如 3.1节中所解释的, 这些坐标可以从Bloch球面坐标而得到), 我们得到以下变换:

$$\begin{cases} x' = x\cos\delta - y\sin\delta\,, \\ y' = x\sin\delta + y\cos\delta\,, \\ z' = z\,. \end{cases} \tag{3.31}$$

因此, $R_z(\delta)$对应于绕z轴沿逆时针旋转角度δ. 当然, 我们可以等效地说, 矢量$|\psi\rangle$逆时针旋转角度δ, 或者Bloch球本身顺时针旋转δ角. 在第一种图像中, 我们想象一个矢量在一个固定的Bloch球上运动；而在后一种图像中, 矢量是固定的而坐标轴运动. 类似地, 我们也可以得到绕x轴作逆时针旋转所对应的幺正矩阵

$$\mathrm{e}^{-\mathrm{i}\frac{\delta}{2}\sigma_x} = \begin{bmatrix} \cos\dfrac{\delta}{2} & -\mathrm{i}\sin\dfrac{\delta}{2} \\ -\mathrm{i}\sin\dfrac{\delta}{2} & \cos\dfrac{\delta}{2} \end{bmatrix} \equiv R_x(\delta) \tag{3.32}$$

以及对应于y轴的幺正矩阵

$$\mathrm{e}^{-\mathrm{i}\frac{\delta}{2}\sigma_y} = \begin{bmatrix} \cos\dfrac{\delta}{2} & -\sin\dfrac{\delta}{2} \\ \sin\dfrac{\delta}{2} & \cos\dfrac{\delta}{2} \end{bmatrix} \equiv R_y(\delta)\,. \tag{3.33}$$

习题3.3 验证Bloch球坐标变换$R_x(\delta)$和$R_y(\delta)$分别对应于绕x和y轴做逆时针旋转δ角度.

绕一个一般的轴所做的旋转, 可以通过以下性质得到: 无穷小旋转可以像矢量那样组合. 事实上, 绕一个沿单位矢量$\boldsymbol{n} = (n_x, n_y, n_z)$的轴旋转角度$\epsilon(\epsilon \ll 1)$所对应的算符是

$$R_{\boldsymbol{n}}(\epsilon) \approx R_x(n_x\epsilon)\,R_y(n_y\epsilon)\,R_z(n_z\epsilon)\,. \tag{3.34}$$

对于$\epsilon \ll 1$, 方程(3.28)的泰勒展开给出

$$R_i(n_i\epsilon) \approx I - \mathrm{i}\frac{\epsilon}{2}n_i\sigma_i\,, \tag{3.35}$$

我们得到

$$R_{\boldsymbol{n}}(\epsilon) \approx I - \mathrm{i}\frac{\epsilon}{2}(\boldsymbol{n}\cdot\boldsymbol{\sigma})\,, \tag{3.36}$$

其中$\boldsymbol{\sigma} = (\sigma_x, \sigma_y, \sigma_z)$. 对于产生$\delta$角度的旋转, 可以将其分解为$k$个无穷小角度$\epsilon = \delta/k$的旋转

$$R_{\boldsymbol{n}}(\delta) = \lim_{k \to \infty} \left[I - \mathrm{i}\frac{\delta}{2\,k}\left(\boldsymbol{n}\cdot\boldsymbol{\sigma}\right) \right]^k = \exp\left[-\mathrm{i}\frac{\delta}{2}\left(\boldsymbol{n}\cdot\boldsymbol{\sigma}\right) \right]. \tag{3.37}$$

因为$(\boldsymbol{n}\cdot\boldsymbol{\sigma})^2 = n_x^2\sigma_x^2 + n_y^2\sigma_y^2 + n_z^2\sigma_z^2 = (n_x^2 + n_y^2 + n_z^2)I = I$, 所以方程 (3.28)适用, 于是有

$$R_{\boldsymbol{n}}(\delta) = \cos\frac{\delta}{2} I - \mathrm{i}\sin\frac{\delta}{2}\left(\boldsymbol{n}\cdot\boldsymbol{\sigma}\right). \tag{3.38}$$

从这一方程, 我们可以清楚地看到, Hadamard门是一个绕轴$\tilde{\boldsymbol{n}} = \left(\dfrac{1}{\sqrt{2}}, 0, \dfrac{1}{\sqrt{2}} \right)$做角度为$\delta = \pi$的旋转. 事实上

$$H = \frac{1}{\sqrt{2}}\left(\sigma_z + \sigma_x\right) \tag{3.39}$$

与$R_{\tilde{\boldsymbol{n}}}(\pi)$仅相差一个整体相位. 该变换将$x$轴变成$z$轴, 反之亦然.

习题3.4 证明: 方程 (3.12) 和(3.14) 中的U_1和U_2矩阵, 分别对应于$R_y\left(-\dfrac{\pi}{2}\right)$和$R_x\left(\dfrac{\pi}{2}\right)$.

习题3.5 利用以下性质, 即一个一般的2×2幺正矩阵U可以被看成是一个绕Bloch球的某个轴做角度δ的旋转(仅相差一个整体相位), 计算$\sqrt{U}$.

习题3.6 证明$(\boldsymbol{a}\cdot\boldsymbol{\sigma})(\boldsymbol{b}\cdot\boldsymbol{\sigma}) = (\boldsymbol{a}\cdot\boldsymbol{b})I + \mathrm{i}\boldsymbol{\sigma}\cdot(\boldsymbol{a}\times\boldsymbol{b})$.

3.4 受控门和纠缠的产生

在两个量子比特之间可以出现的纠缠, 是量子力学中最令人感性趣的特征. 实际上, 两个量子比特的一般态在计算基矢上可以写成

$$|\psi\rangle = \alpha\,|00\rangle + \beta\,|01\rangle + \gamma\,|10\rangle + \delta\,|11\rangle, \tag{3.40}$$

其中, α, β, γ和δ是复系数. 考虑到归一化条件, $|\alpha|^2 + |\beta|^2 + |\gamma|^2 + |\delta|^2 = 1$, 以及态仅能被定义到相差一个整体位相这样一个事实, 我们还剩下6个自由度. 因此, 一般而言, 态(3.40)是不可分离的. 事实上, 正如我们在 2.5节中所讨论过的那样, 一个双粒子量子系统的态$|\psi\rangle$被称为是可分离的, 仅当它可以被写成$|\psi\rangle = |\psi_1\rangle \otimes |\psi_0\rangle$, 其中$|\psi_1\rangle$和$|\psi_0\rangle$是两个子系统的波函数. 因此, 一个可分离的双量子比特态仅具有4个自由度. 例如, 对应于每个量子比特, 我们可以取其Bloch球上的两个参数. 当量子比特的数目增加时, 情况会变得更加复杂. 可以说, 纠缠的复杂性随着量子比特的数目而呈指数增长: 尽管一个可分离的n个量子比特的态仅仅依赖于$2n$个实参数, 但是, 最普遍的纠缠态具有$2(2^n - 1)$个自由度.

很明显，单量子比特门在一个 n 量子比特体系中不能产生纠缠. 事实上，从一个可分离的态 $|\psi\rangle = |\psi_{n-1}\rangle \otimes |\psi_{n-2}\rangle \otimes \cdots \otimes |\psi_0\rangle$ 出发，我们可以在 Bloch 球上随意地移动任何量子比特，从而得到 $|\psi'\rangle = |\psi'_{n-1}\rangle \otimes |\psi'_{n-2}\rangle \otimes \cdots \otimes |\psi'_0\rangle$. 对于任选的第 i 个量子比特的态 $|\psi_i\rangle$，可以利用单量子比特门使之处于在其自己的基 $|0\rangle$ 和 $|1\rangle$ 上的任意叠加态，然而，该 n 量子比特态仍然是可分离的.

为了制备一个纠缠态，人们需要量子比特之间的相互作用，如双量子比特门. 能够产生纠缠的典型双量子比特门是受控非门 (CNOT). 它对计算基矢 $\{|i_1 i_0\rangle = |00\rangle, |01\rangle, |10\rangle, |11\rangle\}$ 的作用，就像经典计算中的异或门那样，$\mathrm{CNOT}(|x\rangle|y\rangle) = |x\rangle|x \oplus y\rangle$ $(x, y = 0, 1)$，其中，$\oplus$ 表示以 2 为模的加法. 在受控非门中的第 1 个量子比特起控制作用，而第 2 个为目标量子比特. 如果控制量子比特处于态 $|1\rangle$，受控非门将目标量子比特翻转，而如果控制量子比特处于态 $|0\rangle$，受控非门就不进行任何操作. 我们注意到，正如在 2.3 节中所讨论过的，计算基矢可以用下面的列矢量来表示：

$$|0\rangle = |00\rangle = \begin{bmatrix} 1 \\ 0 \\ 0 \\ 0 \end{bmatrix}, \quad |1\rangle = |01\rangle = \begin{bmatrix} 0 \\ 1 \\ 0 \\ 0 \end{bmatrix},$$

$$|2\rangle = |10\rangle = \begin{bmatrix} 0 \\ 0 \\ 1 \\ 0 \end{bmatrix}, \quad |3\rangle = |11\rangle = \begin{bmatrix} 0 \\ 0 \\ 0 \\ 1 \end{bmatrix}, \tag{3.41}$$

其中，矢量 $|i\rangle$ 的第 i 个分量为 1，而所有其他分量为零. 用二进制标记，$|i\rangle = |i_1 i_0\rangle$，$|j\rangle = |j_1 j_0\rangle$. 因此，我们可以用以下矩阵来表示受控非门：

$$\mathrm{CNOT} = \begin{bmatrix} 1 & 0 & 0 & 0 \\ 0 & 1 & 0 & 0 \\ 0 & 0 & 0 & 1 \\ 0 & 0 & 1 & 0 \end{bmatrix}, \tag{3.42}$$

其中，该矩阵的分量 $(\mathrm{CNOT})_{ij}$ 为 $\langle i|\mathrm{CNOT}|j\rangle$ (注意 $i, j = 0, \cdots, 3$). 例如，

$$(\mathrm{CNOT})_{23} = \langle 2|\mathrm{CNOT}|3\rangle = \langle 10|\mathrm{CNOT}|11\rangle = 1. \tag{3.43}$$

当然，与经典异或门不同的是，受控非门也可以应用到计算基矢的任意叠加态. 注意，由于 $(\mathrm{CNOT})^2 = I$，受控非门是自反的.

容易看出，受控非门可以产生纠缠态. 例如，只要 $\alpha, \beta \neq 0$，态

$$\mathrm{CNOT}(\alpha|0\rangle + \beta|1\rangle)|0\rangle = \alpha|00\rangle + \beta|11\rangle \tag{3.44}$$

是不可分离的.

习题3.7 最为一般的、可分离的双量子比特态可以写成(相差一个整体相位)

$$|\psi\rangle = a\left\{|0\rangle + b_1 e^{i\phi_1}|1\rangle\right\} \otimes \left\{|0\rangle + b_0 e^{i\phi_0}|1\rangle\right\}, \tag{3.45}$$

其中, a 由波函数的归一化条件确定. 实数 b_0, b_1, ϕ_0 和 ϕ_1 要满足什么条件, 才能使态 $\mathrm{CNOT}|\psi\rangle$ 为纠缠态?

我们可以定义广义受控非门, 对它而言, 控制量子比特可以是第1、也可以是第2个量子比特, 而该逻辑门可以在控制量子比特为 $|0\rangle$、也可以在其为 $|1\rangle$ 时实施平庸操作(逻辑门的平庸操作指的是恒等操作). 相应地, 我们有下列4个矩阵:

$$A = \begin{bmatrix} 1 & 0 & 0 & 0 \\ 0 & 1 & 0 & 0 \\ 0 & 0 & 0 & 1 \\ 0 & 0 & 1 & 0 \end{bmatrix}, \quad B = \begin{bmatrix} 0 & 1 & 0 & 0 \\ 1 & 0 & 0 & 0 \\ 0 & 0 & 1 & 0 \\ 0 & 0 & 0 & 1 \end{bmatrix},$$

$$C = \begin{bmatrix} 1 & 0 & 0 & 0 \\ 0 & 0 & 0 & 1 \\ 0 & 0 & 1 & 0 \\ 0 & 1 & 0 & 0 \end{bmatrix}, \quad D = \begin{bmatrix} 0 & 0 & 1 & 0 \\ 0 & 1 & 0 & 0 \\ 1 & 0 & 0 & 0 \\ 0 & 0 & 0 & 1 \end{bmatrix}. \tag{3.46}$$

第1个矩阵(A)是标准的受控非门(3.42);如果第1个量子比特为 $|0\rangle$, B 将第2个量子比特翻转;如果第2个量子比特是 $|1\rangle$, C 将第1个量子比特翻转;而如果第2个量子比特是 $|0\rangle$, D 将第1个量子比特翻转. 图3.2给出了广义受控非门的线路表示. 和通常的图形表示类似, 在这些图中, 每条线代表1个量子比特;任何逻辑门系列都必须从左边(输入)向右边(输出)读;从底部向上面移动, 量子比特所代表的数的重要性从最小(按照二进制(3.16)符号记为 i_0)变到最大(i_{n-1}). 这里,重要性的含义如下:翻转一个量子比特, 会使得整个 n 量子比特的态所对应的整数发生变化, 变化越大, 则称该量子比特越重要.

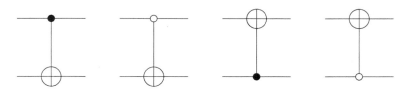

图3.2 广义受控非门的线路表示

从左边到右边为 A, B, C, D. 注意, 在控制量子比特中, 如果当控制比特为 $|1\rangle$ 时目标量子比特被翻转, 我们就画一个实心圆, 而如果当控制比特为 $|0\rangle$ 时目标量子比特被翻转, 我们就画一个空心圆

习题3.8 证明: 所有4个广义受控非门, 都可以只用一个标准的受控非门和单量子比特门来构造. 特别地, 验证: 图 3.3中所示的线路交换了控制和目标量子比特.

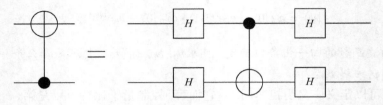

图3.3 广义受控非门 C, 可以被分解成一个标准的受控非门和4个Hadamard门

习题3.9 证明: 双量子比特的基矢态的所有 $4! = 24$ 种置换, 都可以利用广义受控非门得到, 并画出相应的线路图. 尤其验证: 可以通过线路图 3.4来交换两个量子比特.

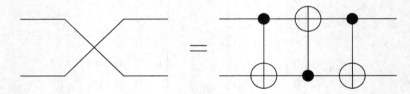

图3.4 交换(SWAP)门的线路图

与受控非门不同的是, 存在没有经典类比的双量子比特门, 如受控相移门

$$\text{CPHASE}(\delta) = \begin{bmatrix} 1 & 0 & 0 & 0 \\ 0 & 1 & 0 & 0 \\ 0 & 0 & 1 & 0 \\ 0 & 0 & 0 & e^{i\delta} \end{bmatrix}, \tag{3.47}$$

只有当控制和目标量子比特都为态 $|1\rangle$ 时, 才对目标量子比特做一个相位移动, $\text{CPHASE}|11\rangle = e^{i\delta}|11\rangle$. 图 3.5显示, 一个受控相移门可以通过受控非门和单量子比特相移门来实现.

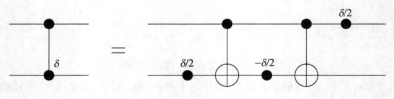

图3.5 受控相移门的线路实现

习题3.10 CMINUS门定义为CMINUS=CPHASE(π), 也就是

$$CMINUS = \begin{bmatrix} 1 & 0 & 0 & 0 \\ 0 & 1 & 0 & 0 \\ 0 & 0 & 1 & 0 \\ 0 & 0 & 0 & -1 \end{bmatrix}. \tag{3.48}$$

这是个重要的逻辑门, 因为在有些实际情况中, 执行CMINUS操作比执行受控非门容易. 请检验图3.6中所示的受控非门和CMINUS门的关系.

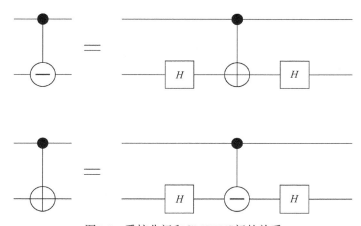

图3.6 受控非门和CMINUS门的关系

上图中等号左边的符号代表CMINUS门

习题3.11 反向符号传播. 我们定义如下两个误差算符, 即振幅误差和相位误差: 给定一个任意量子比特态$|\psi\rangle = \alpha|0\rangle + \beta|1\rangle$, 振幅误差实施变换

$$|\psi\rangle \to |\psi_a\rangle = \beta|0\rangle + \alpha|1\rangle, \tag{3.49}$$

而相位误差的效果是

$$|\psi\rangle \to |\psi_p\rangle = \alpha|0\rangle - \beta|1\rangle. \tag{3.50}$$

对于受控非门, 请分别讨论振幅误差和相位误差作用于控制量子比特以及目标量子比特的效果. 特别是, 考虑初态

$$(\alpha|0\rangle + \beta|1\rangle) \otimes \frac{1}{\sqrt{2}}(|0\rangle + |1\rangle), \tag{3.51}$$

并且证明: 在实施受控非门之后, 作用于目标量子比特的相位误差,被变换到控制量子比特之上. 在本章的后面我们将会看到, 这一反向符号传播是一些量子算法(如Deutsch 算法和Grover 算法)的关键组成部分.

习题3.12 可以证明: 4×4厄米矩阵构成一个线性矢量空间, 而张量积$\sigma_i \otimes \sigma_j$是该线性空间的基矢. 这里$\sigma_0 \equiv I$, $\sigma_1 \equiv \sigma_x$, $\sigma_2 \equiv \sigma_y$ $\sigma_3 \equiv \sigma_z$. 因此, 所有与双量子比特的可观测量相关的算符, 都可以在该基矢上展开. 请在计算基矢上计算$\sigma_i \otimes \sigma_j$的矩阵表示.

习题3.13 计算算符$\sigma_i \otimes \sigma_j$在以下态矢量上的期望值:

$$|\psi\rangle = c|00\rangle + \alpha|01\rangle + \beta|10\rangle + \gamma|11\rangle, \tag{3.52}$$

其中$|\psi\rangle$的整体相位因子被选择使c是实数(α, β和γ仍可为复数).

3.4.1 贝尔基矢

正如我们已经证明的, 受控非门可以产生纠缠. 特别地, 从计算基矢出发, 利用图 3.7所示的线路图, 可以得到如下定义的所谓贝尔基矢:

$$|\phi^+\rangle = \frac{1}{\sqrt{2}}\big(|00\rangle + |11\rangle\big), \tag{3.53a}$$

$$|\phi^-\rangle = \frac{1}{\sqrt{2}}\big(|00\rangle - |11\rangle\big), \tag{3.53b}$$

$$|\psi^+\rangle = \frac{1}{\sqrt{2}}\big(|01\rangle + |10\rangle\big), \tag{3.53c}$$

$$|\psi^-\rangle = \frac{1}{\sqrt{2}}\big(|01\rangle - |10\rangle\big). \tag{3.53d}$$

这些贝尔基矢是纠缠的. 容易验证, 该线路产生如下变换:

$$|00\rangle \to |\phi^+\rangle, \quad |01\rangle \to |\psi^+\rangle,$$
$$|10\rangle \to |\phi^-\rangle, \quad |11\rangle \to |\psi^-\rangle. \tag{3.54}$$

我们注意到, 只要简单地将图3.7中的线路按照从右向左的顺序运行, 就可以得到其逆变换. 这是因为, 受控非门和Hadamard门都是自逆的. 其结果是, 每个贝尔基矢都可以被变换到一个可分离的态. 这之所以可能, 是因为我们已经用到了双量子比特门. 利用这一点, 通过对计算基矢的标准测量, 就可以确定在开始时出现的是4个贝尔态中的哪一个.

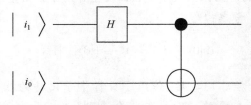

图3.7 将计算基矢态$|i_1 i_0\rangle$变换到贝尔态的线路图

3.5 通用量子门

线路模型在经典计算中的价值在于, 存在一组基本操作, 如与非门和复制门, 人们可以利用它们进行任意复杂的计算. 本节我们将证明, 量子计算也有类似的性质. 也就是说, 在 n 个量子比特的希尔伯特空间中的任意幺正变换, 都可以被分解成单与双量子比特门. 下面我们将给出这一重要结果的详细证明, 它有助于读者熟悉量子逻辑门的运算.

首先我们定义受控 U 运算. 对于作用于单量子比特的任意幺正变换 U, 受控 U 运算意味着仅当控制量子比特为 $|1\rangle$ 时 U 才作用于目标量子比特,

$$|i_1\rangle|i_0\rangle \rightarrow |i_1\rangle \, U^{\,i_1}|i_0\rangle \,. \tag{3.55}$$

我们现在证明, 受控 U 门可以利用单量子比特门和受控非门来实现. 因为当且仅当一个矩阵 U 的行和列是正交归一的, 它才是幺正的, 任何 2×2 的幺正矩阵可以写成

$$U = \begin{bmatrix} \mathrm{e}^{\mathrm{i}(\delta-\alpha/2-\beta/2)} \cos\dfrac{\theta}{2} & -\mathrm{e}^{\mathrm{i}(\delta-\alpha/2+\beta/2)} \sin\dfrac{\theta}{2} \\ \mathrm{e}^{\mathrm{i}(\delta+\alpha/2-\beta/2)} \sin\dfrac{\theta}{2} & \mathrm{e}^{\mathrm{i}(\delta+\alpha/2+\beta/2)} \cos\dfrac{\theta}{2} \end{bmatrix}, \tag{3.56}$$

其中, δ, α, β 和 θ 是实参数. 因此, 可以把 U 分解成:

$$U = \Phi(\delta) \, R_z(\alpha) \, R_y(\theta) \, R_z(\beta) \,, \tag{3.57}$$

其中

$$\Phi(\delta) = \begin{bmatrix} \mathrm{e}^{\mathrm{i}\delta} & 0 \\ 0 & \mathrm{e}^{\mathrm{i}\delta} \end{bmatrix} \tag{3.58}$$

而 R_y 和 R_z 分别是在方程 (3.33) 和方程 (3.29) 中定义为、绕 y 和 z 轴的旋转矩阵. 事实上, 对于任意写成方程 (3.56) 的 U 矩阵, 存在三个幺正矩阵 A, B 和 C:

$$A = R_z(\alpha) \, R_y\left(\frac{\theta}{2}\right), \tag{3.59a}$$

$$B = R_y\left(-\frac{\theta}{2}\right) R_z\left(-\frac{\alpha+\beta}{2}\right), \tag{3.59b}$$

$$C = R_z\left(\frac{\beta-\alpha}{2}\right), \tag{3.59c}$$

使得

$$ABC = I \quad 且 \quad \Phi(\delta) \, A \, \sigma_x \, B \, \sigma_x \, C = U \,. \tag{3.60}$$

方程 (3.60)中的第一个等式是平凡的, 第二个可以很容易地利用以下性质来验证, 即利用$\sigma_x^2 = I$, $\sigma_x R_y(\xi) \sigma_x = R_y(-\xi)$以及$\sigma_x R_z(\xi) \sigma_x = R_z(-\xi)$.

受控U运算可以按如图 3.8中所示线路来实现. 事实上, 如果控制量子比特的值为0, 那么, $ABC = I$被作用于目标量子比特; 而如果控制量子比特的值为1, 那么, $A \sigma_x B \sigma_x C = \Phi(-\delta) U$ 就被作用到目标量子比特. 这样, 我们离实现受控U变换已经不远了, 只是当控制量子比特的值为1时, 出现相因子$\Phi(-\delta) = \mathrm{e}^{-\mathrm{i}\delta} I$. 图 3.8所示的线路中的最后一个逻辑门, 拿走了这个不受欢迎的相因子. 该门只是非平凡地作用于控制量子比特之上, 并且具有下面的矩阵表示:

$$R_z(\delta) \otimes I = \begin{bmatrix} 1 & 0 \\ 0 & \mathrm{e}^{\mathrm{i}\delta} \end{bmatrix} \otimes I = \begin{bmatrix} 1 \cdot I & 0 \cdot I \\ 0 \cdot I & \mathrm{e}^{\mathrm{i}\delta} \cdot I \end{bmatrix} = \begin{bmatrix} 1 & 0 & 0 & 0 \\ 0 & 1 & 0 & 0 \\ 0 & 0 & \mathrm{e}^{\mathrm{i}\delta} & 0 \\ 0 & 0 & 0 & \mathrm{e}^{\mathrm{i}\delta} \end{bmatrix}, \tag{3.61}$$

其中, 我们已经按照 2.3节中所说明的方式计算了矩阵的张量积. 该逻辑门与受控$-\Phi(\delta)$门等价, 因此, 它可以将不受欢迎的相位因子$\Phi(-\delta)$拿掉(我们已经看到, 这个相位因子只有当控制量子比特为1时才出现). 这就证明了, 图3.8中的线路实施受控U运算.

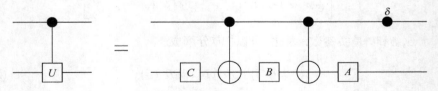

图3.8　实施受控U门的线路图

现在, 我们来考虑逻辑门$C^k\text{-}U$. 当所有的k个控制量子比特都为1时, 它将幺正变换U作用于目标量子比特. 我们将证明, 这些逻辑门可以通过基本逻辑门, 即单量子比特门和受控非门来实现.

我们特别感兴趣的是C^2-非门, 也称Toffoli 门, 仅当两个控制量子比特都为1时, 它将非门作用于目标量子比特. Toffoli门的构造如图3.9所示, 其中V是矩阵

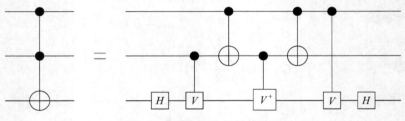

图3.9　实施Toffoli门的线路图

$$V = \begin{bmatrix} 1 & 0 \\ 0 & i \end{bmatrix}. \tag{3.62}$$

可以看出V和$V^\dagger$是幺正的. 从上面的讨论可知, 受控V和受控$V^\dagger$运算可以利用单量子比特门和受控非门来实现, 因此, 这些基本逻辑门可以是Toffoli门的构件. 这一结果特别重要, 理由如下:

(1) 因为Toffoli门在经典计算中(参见第 1 章)是通用的, 所以, 以单量子比特门和受控非门为基本构件的量子线路可以进行经典计算;

(2) 与量子计算不同的是, 在经典计算中, 单比特和双比特可逆门不能构成通用门集合.

习题3.14 对于任何2×2的幺正矩阵U, 验证逻辑门C^2-U可以利用图3.10中的线路来模拟, 其中$V^2 = U$.

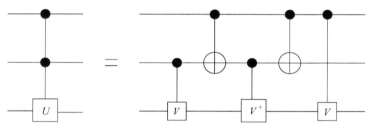

图3.10 实施C^2-U门的线路图

Toffoli门对于构造C^k-U门也特别有用. 对于$k = 4$的情况, 图3.11给出了一个实施该逻辑门的简单线路图. 它需要$k - 1$个辅助量子比特(工作间), 它们在初始时被置为$|0\rangle$态. 前面的$k - 1$个Toffoli门把最下面的辅助量子比特变到$|j\rangle$, 这里, j为乘积$i_{k-1}i_{k-2}i_1i_0$. 当且仅当所有控制量子比特为$|1\rangle$时, $|j\rangle$才等于$|1\rangle$. 然后, 以最下面的辅助量子比特作为控制量子比特, 它所实施的受控U运算可以完成所需的C^k-U运算. 后面的$k - 1$个Toffoli门将辅助量子比特更新成其初始态$|0\rangle$.

可以证明, 不用辅助量子比特, 也可以实现C^k-U运算. 这可以通过推广图 3.10中所示的线路而做到(Barenco等1995). 但是, 为此需付出一定的代价, 即所需的基本逻辑门的数目是$O(k^2)$, 而不是线路图 3.11中所用的$O(k)$.

为证明单量子比特门和受控非门是通用的, 在最后一步, 我们需要用到下面的分解公式(Barenco等1995):

$$U^{(n)} = \prod_{i=1}^{2^n-1} \prod_{j=0}^{i-1} V_{ij}, \tag{3.63}$$

其中, $U^{(n)}$是作用于n个量子比特的2^n维希尔伯特空间的一个幺正算符, 而V_{ij}使得态$|i\rangle$和$|j\rangle$按照一个2×2幺正矩阵进行旋转. 当作用于一个一般的态矢量时, V_{ij}仅仅

非平庸地作用于它在$|i\rangle$和$|j\rangle$上的两个分量. 在量子计算机上实现V_{ij}的基本思路是, 将对轴$|i\rangle$和$|j\rangle$的旋转简化为对一个单量子比特的受控旋转. 为此, 我们写出一个连接i和j的Gray码, 即一个由二进制数所组成的序列, 它以i为起始, 以j为结尾, 其中相邻的数之间只相差一个比特. 例如, 对于$i = 00111010$, $j = 00100111$, 一个可能的Gray码是

$$
\begin{aligned}
i &= 0\,0\,1\,1\,1\,0\,1\,0 \\
&\,0\,0\,1\,1\,1\,0\,1\,1 \\
&\,0\,0\,1\,1\,1\,1\,1\,1 \\
&\,0\,0\,1\,1\,0\,1\,1\,1 \\
j &= 0\,0\,1\,0\,0\,1\,1\,1
\end{aligned}
\tag{3.64}
$$

Gray码的每一步都可以通过一个广义的C^{n-1}-非门在量子计算机上执行. 按照定义, 对于一个广义的C^{n-1}-非门, 当且仅当$n-1$个控制量子比特处于一个确定的态 $|i_{n-2}\cdots i_1 i_0\rangle$ 时, 才将目标量子比特翻转. 与标准的C^{n-1}-非门不同的是, 态 $|i_{n-2}\cdots i_1 i_0\rangle$ 未必对应于$|1\cdots 11\rangle$. 比如, 考虑Gray 码(3.64) 的第一步, 把$i = 00111010$ 变成$i' \equiv 00111011$, 它可以在量子计算机上通过一个将态$|i\rangle$ 和$|i'\rangle$ 进行交换的逻辑门来实现. 具体而言, 一个广义C^7-非门可以完成这个任务, 即仅当前7个量子比特为$|0011101\rangle$ 时, 才将最后一个量子比特的态翻转.

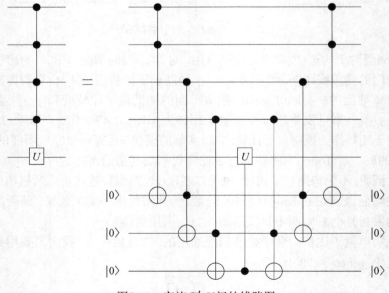

图3.11 实施C^4-U门的线路图

Gray码(3.64)的倒数第2行与最后一行的j只差一个比特, 因此, 矩阵V_{ij}现在可以通过一个对于相应的量子比特的旋转来实现, 该旋转受控于其他的量子比特. 最

后, 可以反过来执行上述程序, 以消除置换的效果. 这样, 当整个过程结束时, 我们只是对$|i\rangle$态和$|j\rangle$态进行了操作, 而未改变其他的态. 图 3.12中给出了对$|i\rangle$和$|j\rangle$态实施矩阵V_{ij}旋转的量子线路. 该线路的作用可以概述如下: 为了对两个一般的态$|i\rangle$和$|j\rangle$实施旋转V_{ij}, 我们进行一系列的态置换($|i\rangle = |00111010\rangle \leftrightarrow |i'\rangle = |00111011\rangle$等等), 一直到最后的态($|i_f\rangle = |00110111\rangle$) 与$|j\rangle$仅仅相差一个比特为止. 然后, 在态$|i_f\rangle$和$|j\rangle$上做旋转$V_{ij}$. 最后, 消除置换的效应, 使态$|i_f\rangle$回到态$|i\rangle$.

这样, 我们就证明了, 单量子比特门加上双量子比特的受控非门是量子计算的通用门. 让我们回忆一下证明的主要步骤:

(1) 对于单量子比特的任意旋转U, 受控U门运算可以被分解成单量子比特门和受控非门.

(2) C^2-非门(Toffoli门) 可以利用受控非门、受控U门和Hadamard门来实施.

(3) 任何C^k-U门($k > 2$)都可以被分解成Toffoli门和受控U门.

(4) 一个作用于n个量子比特的希尔伯特空间的普通幺正矩阵$U^{(n)}$, 可以用C^k-U门来分解.

习题3.15 证明: 一个广义的C^{n-1}-非门, 可以通过标准C^{n-1}-非门加上单量子比特门来实现.

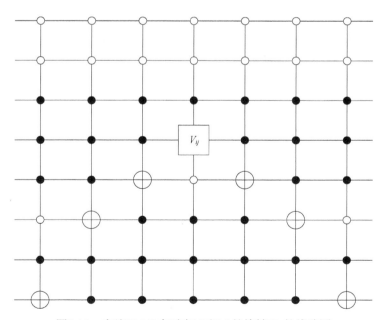

图3.12 实施(3.64)中对态$|i\rangle$和$|j\rangle$的旋转V_{ij}的线路图

该线路用了6个广义C^7-非门和一个广义C^7-V_{ij}门. 空心和实心园分别代表当控制量子比特的值分别为0和1时对目标量子比特的非或旋转V_{ij}运算. 注意, 控制量子比特可以在目标量子比特的上面, 也可以在其下面

实施式(3.63)中的分解，所需要的基本逻辑门的数目是$O(n^2 4^n)$，这是因为，在该乘积中有$O(2^n \times 2^n = 4^n)$个V项，而每一项需要$O(n^2)$个基本逻辑门. 事实上，除了一个C^{n-1}-V_{ij}门外，每一个V项最多包含$2n$个置换(Gray码的元素加上其反转). 假如拥有$n-1$个可供支配的辅助量子比特的话，(每次可以刷新和再利用)，那么每个受控运算需要$O(n)$个基本逻辑门.

我们要强调，上面描述的分解方法一般而言效率并不高，因为它所需要的基本运算的数目随量子比特的数目呈指数增加. 也容易看出，因为U由$O(4^n)$个实参数决定，为了执行一个一般的、包含n个量子比特的幺正变换U，所需的基本逻辑门的数目随n呈指数增加. 量子计算中的一个基本而仍悬而未决的问题是，对于哪一类特殊的幺正变换，在用量子线路模型来计算时，所需的基本逻辑门数可以按多项式规律增加.

有趣的是，可以用另一种方法将一个一般的$2^n \times 2^n$的幺正矩阵分解成一系列的基本运算(Tucci, 1999). 该方法利用了CS分解(C和S分别代表余弦和正弦). 给定一个$N \times N$的幺正矩阵U，其中N是偶数，CS分解定理告诉我们，U总可以写成

$$U = \begin{bmatrix} L_0 & 0 \\ 0 & L_1 \end{bmatrix} D \begin{bmatrix} R_0 & 0 \\ 0 & R_1 \end{bmatrix}, \tag{3.65}$$

其中，矩阵L_0, L_1, R_0和R_1是$(N/2) \times (N/2)$的幺正矩阵，而

$$D = \begin{bmatrix} D_C & -D_S \\ D_S & D_C \end{bmatrix}. \tag{3.66}$$

其中，D_C和D_S是具有如下形式以及适当角度ϕ_i的对角矩阵：

$$
\begin{aligned}
D_C &= \mathrm{diag}(\cos\phi_1, \cos\phi_2, \cdots, \cos\phi_{N/2}), \\
D_S &= \mathrm{diag}(\sin\phi_1, \sin\phi_2, \cdots, \sin\phi_{N/2}).
\end{aligned} \tag{3.67}
$$

方程 (3.65)给出

$$U = \begin{bmatrix} L_0 D_C R_0 & -L_0 D_S R_1 \\ L_1 D_S R_0 & L_1 D_C R_1 \end{bmatrix}. \tag{3.68}$$

如果$N = 2^n$，其中n是量子比特的数目，则上面的分解可以一直重复，得到愈来愈小的矩阵. 这样，可以将U化成一系列的基本运算. 注意，这种分解一般来讲效率不高，因为最终它将生成$O(2^n)$个(受控)2×2矩阵.

做为一个简单例子，我们考虑一个4×4幺正矩阵U. 对于这一特殊情况，图3.13给出了实施方程 (3.65)的量子线路. 习题3.16讨论了一个将矩阵D分解成基本逻辑门的方案.

习题3.16 证明: 对于一个4×4矩阵D, 图 3.14中的量子线路实施了幺正矩阵(3.66).

最后, 我们要注意, 这里所介绍的基本逻辑门的集合是连续的, 这一点与经典计算不同. 这些逻辑门包括受控非门、Hadamard门和单量子比特相移门$R_z(\delta)$. 因为δ是实的, 相移门构成了一个连续集合. 我们很容易使自己相信, 基本逻辑门的集合必须是连续的, 因为n个量子比特的希尔伯特空间中的幺正变换集是连续的. 不过, 任何一个这种变换, 总可以用一组离散的量子逻辑门来近似, 并且可以达到任意高的精度ϵ. 比如说, 利用Hadamard门, $R_z(\frac{\pi}{4})$门和受控非门即可做到这一点. 事实上, 可以证明, 利用这一集合中的前两种门, 通过$O(\log_c (1/\varepsilon))$步, 可以以精度$\epsilon$近似做到任意单量子比特旋转, 这里常数$c \sim 2$ (Nielsen 和Chuang (2000)). 在任何情况下, 不管选用的基本逻辑门是离散的还是连续的, 利用一个具有有限资源的计算机, 对一个一般的单量子比特的旋转, 都只能进行有限精度的模拟. 例如, 为了准确无误地确定相移门$R_z(\delta)$中的实参数δ, 我们需要无限多的资源. 这就很自然地提出了不完善的幺正运算所带来的量子计算的稳定性这一问题, 对于这一点, 将在3.6节中讨论.

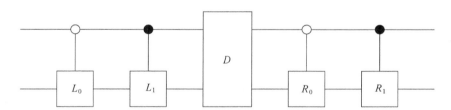

图3.13 将一个4×4的矩阵按(3.65)分解成4个受控操作和一个矩阵D的量子线路图

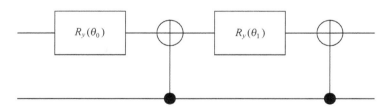

图3.14 实施方程(3.66)中的矩阵D的量子线路图

旋转矩阵$R_y(\theta_i)$由方程(3.33)给出

3.5.1* 初态制备

本节我们讨论如何制备量子计算机的一般的态. 我们将发现, 一般而言, 制备量子态所需要的逻辑门的数目随着量子比特的数目呈指数式增加, 因此, 不可能是

有效的. 假设量子计算机开始时处于其基准态$|0\rangle$, 而我们希望制备态

$$|\psi\rangle = \sum_{i=0}^{7} a_i\,|i\rangle,\qquad\qquad(3.69)$$

其中, 为简明起见, 我们考虑量子比特数$n=3$的特殊情况.

我们先来设置振幅$|a_i|$ ($a_i = |a_i|\mathrm{e}^{\mathrm{i}\gamma_i}$). 容易验证, 为实现这一目的, 可以将线路图3.15实施于态$|000\rangle$. 事实上, 该图的第一个逻辑门($R_y(-2\theta_1)$)[①] 把态$|000\rangle$变成

$$\big(\cos\theta_1\,|0\rangle + \sin\theta_1\,|1\rangle\big)|00\rangle.\qquad\qquad(3.70)$$

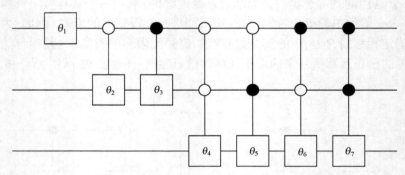

图3.15　设定一个一般的三量子比特态的振幅的线路图

符号θ_i代表由方程 (3.33)定义的旋转矩阵$R_y(-2\theta_i)$

然后, 两个广义逻辑门$C\text{-}R_y$把它变成

$$
\begin{aligned}
\big(&\cos\theta_1\cos\theta_2|00\rangle + \cos\theta_1\sin\theta_2|01\rangle \\
&+ \sin\theta_1\cos\theta_3|10\rangle + \sin\theta_1\sin\theta_3|11\rangle\big)|0\rangle.
\end{aligned}
\qquad(3.71)
$$

最后, 4个广义逻辑门$C^2\text{-}R_y$产生态

$$
\begin{aligned}
&\cos\theta_1\cos\theta_2\cos\theta_4\,|000\rangle + \cos\theta_1\cos\theta_2\sin\theta_4\,|001\rangle \\
&+ \cos\theta_1\sin\theta_2\cos\theta_5\,|010\rangle + \cos\theta_1\sin\theta_2\sin\theta_5\,|011\rangle \\
&+ \sin\theta_1\cos\theta_3\cos\theta_6\,|100\rangle + \sin\theta_1\cos\theta_3\sin\theta_6\,|101\rangle \\
&+ \sin\theta_1\sin\theta_3\cos\theta_7\,|110\rangle + \sin\theta_1\sin\theta_3\sin\theta_7\,|111\rangle.
\end{aligned}
\qquad(3.72)
$$

---

　　① 提醒: 算符R_y由方程(3.33)定义, 而$R_y(-2\theta)$对应于一个在Bloch球面上绕y轴作2θ角度的逆时针旋转.

只要按照以下方式选取角度θ_i, 上面的态就可以重现式(3.69)中的振幅$|a_i|$:

$$|a_0| = \cos\theta_1 \cos\theta_2 \cos\theta_4\,, \quad |a_1| = \cos\theta_1 \cos\theta_2 \sin\theta_4\,,$$
$$|a_2| = \cos\theta_1 \sin\theta_2 \cos\theta_5\,, \quad |a_3| = \cos\theta_1 \sin\theta_2 \sin\theta_5\,,$$
$$|a_4| = \sin\theta_1 \cos\theta_3 \cos\theta_6\,, \quad |a_5| = \sin\theta_1 \cos\theta_3 \sin\theta_6\,,$$
$$|a_6| = \sin\theta_1 \sin\theta_3 \cos\theta_7\,, \quad |a_7| = \sin\theta_1 \sin\theta_3 \sin\theta_7\,. \tag{3.73}$$

这样, 角度θ_i由振幅$|a_i|$来确定, 其范围为$[0, \frac{\pi}{2}]$.

要注意, 图 3.15中的线路需要$2^n - 1 = 7$个绕y轴的、(受控)单量子比特旋转. 这与以下事实一致: 因为有归一化条件, 所以, 对于2^n个波函数的振幅, 自由度数为$2^n - 1$.

现在来确定相位γ_i. 为此, 我们需要作一个幺正变换U_D. 在计算基矢$\{|000\rangle, |001\rangle, |010\rangle, |011\rangle, |100\rangle, |101\rangle, |110\rangle, |111\rangle\}$上, U_D的矩阵表示是对角的

$$U_D = \mathrm{diag}[\mathrm{e}^{\mathrm{i}\gamma_0}, \mathrm{e}^{\mathrm{i}\gamma_1}, \mathrm{e}^{\mathrm{i}\gamma_2}, \mathrm{e}^{\mathrm{i}\gamma_3}, \mathrm{e}^{\mathrm{i}\gamma_4}, \mathrm{e}^{\mathrm{i}\gamma_5}, \mathrm{e}^{\mathrm{i}\gamma_6}, \mathrm{e}^{\mathrm{i}\gamma_7}]\,. \tag{3.74}$$

容易验证, 图 3.16给出了一个构造U_D的具体方案, 其中用到$2^n/2$个受控运算. 在这些运算中, Γ_k 是一个单量子比特门, 它在计算基矢$\{|0\rangle, |1\rangle\}$上的矩阵表示是

$$\Gamma_k = \begin{bmatrix} \mathrm{e}^{\mathrm{i}\gamma_{2k}} & 0 \\ 0 & \mathrm{e}^{\mathrm{i}\gamma_{2k+1}} \end{bmatrix}\,. \tag{3.75}$$

我们需要$2^N/2$个逻辑门Γ_k, 其中, k的取值从0到$2^n/2 - 1$. 从图3.16中可以看出, 只有在前两个量子比特处于态$|00\rangle$时, Γ_0才起作用, 因此, 它给基矢$|000\rangle$和$|001\rangle$分别设定了相位$\mathrm{e}^{\mathrm{i}\gamma_0}$ 和$\mathrm{e}^{\mathrm{i}\gamma_1}$. 类似地, 仅在前两个量子比特处于$|01\rangle$态时, Γ_1 给基矢$|010\rangle$和$|011\rangle$ 分别设定相位$\mathrm{e}^{\mathrm{i}\gamma_2}$和$\mathrm{e}^{\mathrm{i}\gamma_3}$, 并以此类推.

尽管一般而言, 与经典计算类似, 量子计算机的态的制备所需要的运算数目也是呈指数式增长的, 但是, 在内存的需求量方面, 量子计算机具有指数式的优势: 装载于n个量子比特的一个波矢由2^n个复数(其在计算基矢上的展开系数)来确定. 然而, 经典计算机则需要用$O(2^n)$个比特来装载2^n个复数, 更准确地讲, 我们需要$m \times 2^n$个比特, 其中, m是为了存储一个给定精度的复数所需的比特数目. 量子计算机的巨大存储能力是很显然的, 因为它只需要n个量子比特.

特别请注意, 在某些特殊情况下, 可以有效地制备一个给定的波函数. 我们称量子计算机中的一个运算可以有效实施, 是指该运算所需的基本逻辑门的数目与量子比特的数目是多项式关系. 例如, 为了得到所有计算基矢的等权叠加态

$$|\psi\rangle = \sum_{i=0}^{2^n-1} \frac{1}{\sqrt{2^n}}|i\rangle\,, \tag{3.76}$$

可以将n个Hadamard门(一个量子比特用一个)应用到态$|0\rangle$上.

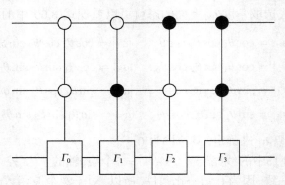

图3.16   设置一个普通的3量子比特态的相位的线路图

3.6 幺正误差

任何量子计算都是将一系列的量子门应用到某个初态

$$|\psi_n\rangle = \prod_{i=1}^{n} U_i |\psi_0\rangle. \tag{3.77}$$

因为幺正运算形成一个连续集, 所以, 任何实际运作都会涉及某些误差. 我们暂时假设误差是幺正的. 与环境的不可避免的耦合, 会造成非幺正误差, 对此的讨论将推迟到第6章. 考虑与U_i相差很小的幺正算符V_i. 我们记$|\psi_i\rangle$为经过i步之后所希望得到的理想态

$$|\psi_i\rangle = U_i |\psi_{i-1}\rangle. \tag{3.78}$$

在实际操作中, 我们实际上实施的是V_i, 并且得到

$$V_i |\psi_{i-1}\rangle = |\psi_i\rangle + |E_i\rangle, \tag{3.79}$$

其中

$$|E_i\rangle = (V_i - U_i) |\psi_{i-1}\rangle. \tag{3.80}$$

如果用$|\tilde{\psi}_i\rangle$表示通过i个不完善的幺正变换所得到的量子计算机波函数, 那么有

$$\begin{aligned} |\tilde{\psi}_1\rangle &= |\psi_1\rangle + |E_1\rangle, \\ |\tilde{\psi}_2\rangle &= V_2|\tilde{\psi}_1\rangle = |\psi_2\rangle + |E_2\rangle + V_2|E_1\rangle, \end{aligned} \tag{3.81}$$

等等. 因此, 经过n次迭代之后, 有

$$\begin{aligned} |\tilde{\psi}_n\rangle &= |\psi_n\rangle + |E_n\rangle + V_n|E_{n-1}\rangle \\ &\quad + V_n V_{n-1} |E_{n-2}\rangle + \cdots + V_n V_{n-1} \cdots V_2 |E_1\rangle. \end{aligned} \tag{3.82}$$

在最坏的情况下, 误差呈线性累加. 作为三角不等式的简单推论, 这给出以下误差范围:

$$\left\| |\tilde{\psi}_n\rangle - |\psi_n\rangle \right\| \leqslant \left\| |E_n\rangle \right\| + \left\| |E_{n-1}\rangle \right\| + \cdots + \left\| |E_1\rangle \right\|, \tag{3.83}$$

其中, 我们已经用到了时间演化是幺正的这一假设,

$$\left\| V_i |E_{i-1}\rangle \right\| = \left\| |E_{i-1}\rangle \right\|. \tag{3.84}$$

误差矢量$|E_i\rangle$的欧几里得模有如下限制:

$$\left\| |E_i\rangle \right\| = \left\| (V_i - U_i) |\psi_{i-1}\rangle \right\| \leqslant \left\| V_i - U_i \right\|_{\text{sup}}, \tag{3.85}$$

其中, $\left\| V_i - U_i \right\|_{\text{sup}}$是算符$V_i - U_i$的上界, 也就是其本征值的模的最大值. 假设每一步误差都是一致有界的

$$\left\| V_i - U_i \right\|_{\text{sup}} < \epsilon, \tag{3.86}$$

通过应用n次不完善的运算, 有

$$\left\| |\tilde{\psi}_n\rangle - |\psi_n\rangle \right\| < n\epsilon. \tag{3.87}$$

因此, 幺正误差的累积最多随量子计算的长度呈线性增加. 当系统的所有误差都按同一方式发生时, 这种线性增长才会发生. 对于在各个方向上随机发生的随机误差, 增加为$\sqrt{n}$式的.

我们要指出, 如果一次量子计算需要用到n个基本逻辑门(单量子比特门和受控非门), 那么, 我们可以利用$O(n\log_c(1/(\epsilon/n)))$个在3.5节介绍的离散逻辑门以精度$\epsilon$近似实现(用Hadamard门, 相移门$R_z(\frac{\pi}{4})$和受控非门). 事实上, 在3.5节我们已经讲过, 任何单量子比特旋转, 都可以用$O(\log_c(1/(\epsilon/n)))$个离散的逻辑门以精度$\epsilon/n$来近似实现, 其误差上限由方程 (3.87)给出. 这意味着, 我们只要使得逻辑门的精度随量子计算的长度n线性提高就足够了.

将量子计算机的波函数的精度, 即$\left\| |\tilde{\psi}_n\rangle - |\psi_n\rangle \right\|$, 与量子计算的结果的精度联系起来是很重要的. 量子计算都是以一个在计算基矢上的投影测量来结束的, 其输出结果为i的概率为$p_i = |\langle i|\psi_n\rangle|^2$. 如果存在幺正误差, 则真实的概率变成$\tilde{p}_i = |\langle i|\tilde{\psi}_n\rangle|^2$. 可以证明$\sum_i |p_i - \tilde{p}_i| \leqslant 2\left\| |\tilde{\psi}_n\rangle - |\psi_n\rangle \right\|$ (Preskill, 1998).

最后, 我们注意到,利用本节所给出的论据, 并不足以确定误差随量子计算机的比特数目变化的方式.

3.7 函数赋值

经典计算机的基本任务是为二进制(逻辑)函数 赋值, 即对n比特的输入给出一

个比特的输出

$$f:\{0,1\}^n \to \{0,1\}. \tag{3.88}$$

也就是说，f读入一个二进位数字分别是$x_{n-1}, \cdots, x_1, x_0$的输入$(x_{n-1}, \cdots, x_1, x_0)$，给出一个为0或1的输出$f(x_{n-1}, \cdots, x_1, x_0)$. 计算机可以通过组合这类二进制函数来计算任何复杂的函数(见第 1章). 本节我们讨论量子计算机是如何计算这些函数的.

首先，我们讨论$n = 2$比特的二进制函数. 表 3.1列出了所有可能的$2^{2^n} = 16$个逻辑函数. 这些函数一般是不可逆的. 例如，$f_1(x_1, x_0) = x_1 \wedge x_0$ ($\wedge$表示逻辑与门)对于3个不同的输入都等于零. 我们在第 1章中已经看到，可逆计算机如果再加上一个辅助比特，就可以计算这些函数. 在量子计算机上使用一个辅助量子比特$|y\rangle$来计算函数f的幺正变换是

$$\begin{aligned} &U_f|x_{n-1}, x_{n-2}, \cdots, x_0\rangle|y\rangle \\ &= |x_{n-1}, x_{n-2}, \cdots, x_0\rangle|y \oplus f(x_{n-1}, x_{n-2}, \cdots, x_0)\rangle, \end{aligned} \tag{3.89}$$

在这个变换中，对于一个特定的输出，输入是唯一的.

习题3.17　证明：变换(3.89)是幺正的.

图3.17中的量子线路，给出了构造表3.1中的二进制函数的一个具体方法. 因为

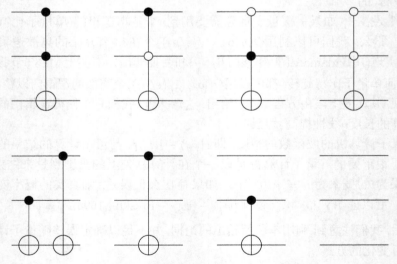

图3.17　实现2比特二进制函数的量子线路

在每一个线路中，从上到下的3条线分别表示最重要的、次重要的和辅助量子比特. 输入为态$|0\rangle$. 上面的4个图，从左到右分别是$f_1 = x_1 \wedge x_0$, $f_2 = x_1 \wedge \bar{x}_0$, $f_4 = \bar{x}_1 \wedge x_0$, $f_8 = \bar{x}_1 \wedge \bar{x}_0$；下面的4个，从左到右分别是$f_6 = x_1 \oplus x_0$, $f_3 = x_1$, $f_5 = x_0$ 和$f_0 = 0$

$f_{15-i} = \bar{f}_i$(式中一横表示非), 只要简单地将一个非门(σ_x) 作用到辅助量子比特上, 就可以从f_{15-i}得到f_i. 因此,这里我们只给出了8个函数. 应该注意, 函数$f_6 = x_1 \oplus x_0$ 可以由一个受控非门的反转来实现, 并不需要任何辅助量子比特. $f_3 = x_1$和$f_5 = x_0$分别对应于输入比特的一个值, 类似地, 也不需要辅助量子比特; 而$f_0 = 0$是一个完全简并的常数函数.

表3.1　2比特逻辑函数

x_1	x_0	f_0	f_1	f_2	f_3	f_4	f_5	f_6	f_7	f_8	f_9	f_{10}	f_{11}	f_{12}	f_{13}	f_{14}	f_{15}
0	0	0	0	0	0	0	0	0	0	1	1	1	1	1	1	1	1
0	1	0	0	0	0	1	1	1	1	0	0	0	0	1	1	1	1
1	0	0	0	1	1	0	0	1	1	0	0	1	1	0	0	1	1
1	1	0	1	0	1	0	1	0	1	0	1	0	1	0	1	0	1

现在我们来考虑一个其输入比特的数目为n的二进制函数. 如在第1章中所见, 表达一个二进制函数$f(x)$ $(x = (x_{n-1}, x_{n-2}, \cdots, x_1, x_0))$的方法之一, 是考虑它的小项函数. 对于每一个满足$f(x^{(a)}) = 1$的$x^{(a)}$, 可以定义一个小项函数$f^{(a)}(x)$,

$$f^{(a)}(x) = \begin{cases} 1, & \text{如果 } x = x^{(a)}, \\ 0, & \text{如果 } x \neq x^{(a)}. \end{cases} \tag{3.90}$$

函数$f(x)$可以写成

$$f(x) = f^{(1)}(x) \vee f^{(2)}(x) \vee \cdots \vee f^{(m)}(x), \tag{3.91}$$

即f是所有$m(0 \leqslant m \leqslant 2^n)$个小项的逻辑$\vee$(或). 注意, 在方程 (3.91)中, 对于每一个x值, 为使得$f(x) = 1$, 我们只要有一个相应的小项为1即可. 为了求$f(x)$, 计算小项就足够了.

在量子计算机中, 一个小项可以通过一个广义C^n-非门来执行. 值得注意的是, 对于一个普通的无结构函数, 小项的数目m随n呈指数式增长, 并且我们无法有效地计算f, 也就是说, 小项的数目不可能与基本逻辑门的数目呈多项式关系.

现在, 我们给出一个函数赋值的例子, 即对由真值表3.2定义的二进制函数$f(x_2, x_1, x_0)$赋值. 这里有3个小项: $x^{(1)} = (0,0,1)$, $x^{(2)} = (1,0,0)$和$x^{(3)} = (1,0,1)$. 图3.18给出了对函数f赋值的量子线路. 在这个线路中, 每个广义C^3-非门对应于一个小项. 因为小项$x^{(2)}$和$x^{(3)}$的唯一差别在于其第三个比特的值x_0, 所以, 可以简化图3.18中的线路, 只用一个由x_2和x_1控制的广义C^2-非门, 而不是由x_2, x_1和x_0控制的两个广义C^3-非门. 这反映了逻辑恒定式$x_0 + \bar{x}_0 = 1$. 要指出的是, 最优化线路设计是计算科学中的一个基本问题. 文献(Lee等1999)给出了量子逻辑线路的简化规则.

我们再考虑另一个例子, 对于一个2量子比特的输入, 计算函数x^2. 一般而言, 如果要用$n = \log_2 N$个量子比特来储存一个整数$x \in [1, N]$, 那么, 储存$x^2 \in [1, N^2]$就需要$2n = \log_2 N^2$个量子比特. 因此, 对于$n = 2$的情况, 我们需要$2n = 4$个量子比特来储存输出. 这对应于4 个二进制函数值, 它们可以利用4个辅助量子比特而可逆地求得. 表3.3是该二进制函数x^2的真值表, 相应的量子线路则在图 3.19中给出. 要注意的是, 在这个线路中, 有一个辅助量子比特从没有被处理过,因为它给出二进制常函数$f_0 = 0$.

表3.2   二进制函数真值表的一个例子

x_2	x_1	x_0	f
0	0	0	0
0	0	1	1
0	1	0	0
0	1	1	0
1	0	0	1
1	0	1	1
1	1	0	0
1	1	1	0

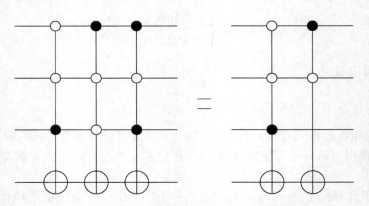

图3.18   实现表3.2中定义的二进制函数f的量子线路图

左边把f分解成小项, 而右边是简化的线路图. 4个量子比特的输入(从上到下)是$|x_2\rangle$, $|x_1\rangle$, $|x_0\rangle$ 和$|0\rangle$

表3.3   输入为2个比特的函数$f(x) = x^2$的真值表

x_1	x_0	x	x^2	x^2
0	0	0	0	0000
0	1	1	1	0001
1	0	2	4	0100
1	1	3	9	1001

最后, 要强调的是, 计算基矢态的数目随量子比特数呈指数式增加, 而我们有时会处理由计算基矢态叠加而成的态. 我们之所以对量子函数赋值有兴趣, 原因之

一在于它对这种态的作用会给出有趣的结果. 事实上, 由量子力学的线性性质得知

$$U_f \sum_{x=1}^{2^n-1} c_x |x\rangle |y\rangle = \sum_{x=1}^{2^n-1} c_x |x\rangle |y \oplus f(x)\rangle, \tag{3.92}$$

它运行一次, 就对所有x生成$f(x)$. 例如, 如果我们考虑函数$f(x) = x^2$和输入

$$\frac{1}{2}(|0\rangle + |1\rangle + |2\rangle + |3\rangle)|0\rangle, \tag{3.93}$$

图3.19中的线路运行一次, 可得到下列输出:

$$\frac{1}{2}(|0\rangle|0\rangle + |1\rangle|1\rangle + |2\rangle|4\rangle + |3\rangle|9\rangle). \tag{3.94}$$

这样, 对于$x = 0, 1, 2$ 和3, 我们并行地计算了$f(x) = x^2$. 这种效果远远超出了经典计算机的能力范围. 经典计算机运算一次, 只能接收一个给定的x值作为输入, 而不能把许多x值的叠加作为输入. 量子计算机的这一独特性质, 被称为量子并行性.

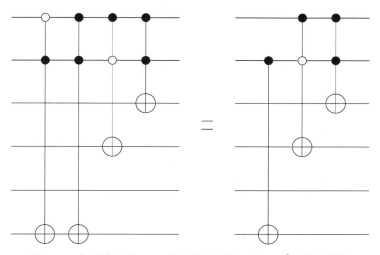

图3.19　实现输入为$n = 2$个比特的函数$f(x) = x^2$的量子线路

左边把f分解成小项, 右边是简化的线路图. 最上面的两条线表示输入x, 下面的4条线是辅助量子比特, 它们的输入态为$|0000\rangle$, 其输出为x^2

然而, 从叠加态(3.92)中提取有用信息, 并非易事. 问题在于, 从某种意义上讲, 信息是隐蔽着的. 如果人们对第1个寄存器在其计算基矢上进行投影测量并得到数x', 其后, 对于第2个寄存器的测量将必然得到输出$f(x')$(这里, 投影测量意味着对该寄存器中的所有量子比特、测量其沿z轴的极化). 例如, 如果我们对(3.94)中所描述的系统测量其第一个寄存器, 那么, 会以相同的概率$p_0 = p_1 = p_2 = p_3 = \frac{1}{4}$得到4种可能输出0, 1, 2, 3中的一个. 假如输出是$x' = 2$, 那么量子态(3.94)就坍缩到

态 $|2\rangle|4\rangle$. 于是, 对第2个寄存器的测量必然得到 $f(x') = 4$. 这样, 我们最后其实计算的是单一 x 值的函数 $f(x)$, 这与经典计算机完全一样. 不过, 在接下来的几节里, 我们要来讨论量子算法, 这些算法可以利用量子相干性从叠加态(3.92)中有效地提取信息, 而非仅仅计算函数 f 的某个数值.

3.8   量子加法器

与经典计算类似, 重要的是能够构造执行基本运算的量子线路. Vedral等(1996)的书中给出了一些构造这类线路的方法, 包括简单加法、模加法(modular addition)以及模式求幂(modular exponentiation). 这里, 我们只讨论两个 n 比特整数 a 和 b 的简单加法(在二进制表示中, $a = a_{n-1}2^{n-1} + a_{n-2}2^{n-2} + \cdots + a_0 \equiv a_{n-1}a_{n-2}\cdots a_0$, 类似地, $b \equiv b_{n-1}b_{n-2}\cdots b_0$). 我们可以按照3.7节的方法, 利用 $n+1$ 个辅助量子比特, 进行可逆计算

$$|a, b, 0\rangle \rightarrow |a, b, a+b\rangle. \tag{3.95}$$

我们有一个 $2n$ 个量子比特的输入(编码 a 和 b), 而为了避免溢出, 输出 $a+b$ 需要 $n+1$ 个比特来编码, 这样, 我们必须对 $2n$ 个比特的输入计算 $n+1$ 个比特的二进制函数. 然而, 这一计算方法并不方便. 更方便的是逐个比特地计算下面的式子:

$$|a, b\rangle \rightarrow |a, a+b\rangle. \tag{3.96}$$

因为输入可以利用输出重构, 该计算是可逆的.

求和运算一般从最不重要的量子比特开始, 这也是在经典加法计算中的习惯做法. 对于第 i 个量子比特, 给定 a_i, b_i 和进位 c_i, 我们需要计算和 $s_i = a_i \oplus b_i \oplus c_i$, 以及新的进位 c_{i+1}. 因此, 我们需要计算两个输入为3比特的二进制函数, 其中一个叫做SUM, 它计算 s_i, 另一个叫做CARRY, 计算 c_{i+1}. 表 3.4给出相应的真值表. 函数 $\mathrm{SUM}(a_i, b_i, c_i)$ 为

$$s_i = a_i \oplus b_i \oplus c_i, \tag{3.97}$$

容易验证, $\mathrm{CARRY}(a_i, b_i, c_i)$ 是

$$c_{i+1} = (a_i \wedge b_i) \vee (c_i \wedge a_i) \vee (c_i \wedge b_i). \tag{3.98}$$

这样, 当输入比特 a_i, b_i, c_i 中至少有两个为一时, $c_{i+1} = 1$. 函数SUM可以用两个受控非门直接从表达式(3.97)计算. 函数CARRY则不同, 涉及两个不可逆逻辑函数(与, 或), 所以需要一个辅助量子比特. 图 3.20给出实现SUM和CARRY的量子线路.

实现SUM和CARRY的线路, 是实现如图3.21所示的简单加法器线路的基本构件, 后者可以用来计算 $a+b$. 我们需要3个寄存器: 第1个有 n 个量子比特, 其输入和输

出都是 $|a_{n-1}, a_{n-2}, \cdots, a_1, a_0\rangle$；第2个有 $n+1$ 个量子比特，其输入为 $|0, b_{n-1}, b_{n-2}, \cdots,$ $b_1, b_0\rangle$，输出为 $|(a+b)_n, (a+b)_{n-1}, (a+b)_{n-2}, \cdots, (a+b)_1, (a+b)_0\rangle$；第3个由 n 个量子比特组成，初始态为 $|0\rangle$，被用来记录进位，并在结束时重置 $|0\rangle$．线路中的最初 n 个CARRY，每个都将 $|c_i, a_i, b_i, 0\rangle$ 变成 $|c_i, a_i, a_i \oplus b_i, c_{i+1}\rangle$．最后的进位给出求和结果中的最重要数字，即 $(a+b)_n$．然后，用一个单一受控非门把 $(a_{n-1}, a_{n-1} \oplus b_{n-1})$ 变成 (a_{n-1}, b_{n-1})，再用一次SUM操作把 $(c_{n-1}, a_{n-1}, b_{n-1})$ 变成 $(c_{n-1}, a_{n-1}, (a+b)_{n-1})$．之后，我们执行 $n-1$ 次CARRY 和SUM．其结果，对于每个量子比特 i 都进行了求和 $a_i + b_i$，而每个辅助量子比特都恢复到其初态 $|0\rangle$．后一点很重要，因为这样我们就可以再次利用这些辅助量子比特做其他计算．

表3.4　函数SUM和CARRY的真值表

c_i	a_i	b_i	s_i	c_{i+1}
0	0	0	0	0
0	0	1	1	0
0	1	0	1	0
0	1	1	0	1
1	0	0	1	0
1	0	1	0	1
1	1	0	0	1
1	1	1	1	1

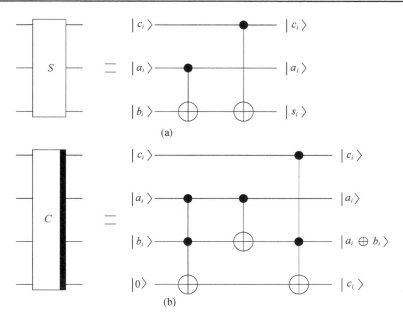

图3.20　实现函数SUM(a)和CARRY(b)的量子线路图

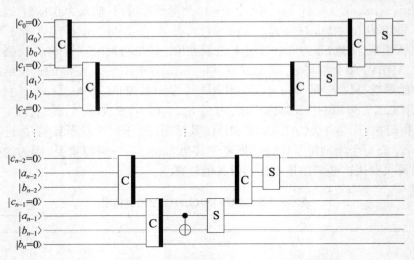

图3.21　实现两个n比特整数a和b的加法的量子线路

请注意CARRY线路中黑粗线条的位置. 黑粗线条在左边的CARRY, 其基本逻辑门的序列与黑粗线条在右边的CARRY的序列是相反的

3.9　Deutsch 算法

　　Deutsch算法显示了量子相干性的强大计算能力. 考虑一个黑匣子, 我们把它叫做谕示(oracle), 它可以计算一个比特的布尔函数$f : \{0,1\} \to \{0,1\}$, 每做一次计算, 我们称对谕示做一次查询. 存在4个这样的函数, 见表 3.5. f_0和f_3是常数的, 它们与其余两个(f_1和f_2)具有不同的整体性质, 对于f_1和f_2, 我们称它们是平衡的(balanced). 所要解决的问题是, 对于一个给定的函数, 确定它是常数还是平衡的. 要得到该问题的答案, 经典计算机需要对谕示做两次查询. 本节我们将证明, 量子计算机只需要做一次查询就可以解决这个问题.

表3.5　　单比特逻辑函数

x	f_0	f_1	f_2	f_3
0	0	0	1	1
1	0	1	0	1

　　图3.22给出了实现Deutsch算法的量子线路. 对函数$f(x)$的计算是可逆的, 并且利用了一个辅助量子比特$|y\rangle$. 幺正变换U_f把$|x\rangle|y\rangle$ 变成$|x\rangle|y \oplus f(x)\rangle$；也就是说, 只有当$f(x) = 1$时, 它才翻转第二个量子比特. 量子比特的初态取为$|x\rangle|y\rangle = |0\rangle|1\rangle$. 然后, 用Hadamard门将第1个比特制备为叠加态$(|0\rangle + |1\rangle)/\sqrt{2}$. 下面我们会证明, 这样

得到的态允许量子计算机在一次运算中同时计算$f(0)$和$f(1)$. 这种可能性超出了经典计算机的能力范围. 我们还需要另外一个Hadamard 门, 把辅助量子比特制备在态$(|0\rangle - |1\rangle)/\sqrt{2}$. 这是关键的一步, 因为, 这样一来, 对于每一个$x \in \{0,1\}$

$$U_f|x\rangle \frac{1}{\sqrt{2}}(|0\rangle - |1\rangle) = (-1)^{f(x)}|x\rangle \frac{1}{\sqrt{2}}(|0\rangle - |1\rangle), \tag{3.99}$$

也就是说, U_f在左边第1个量子比特前产生一个相因子$(-1)^{f(x)}$, 有时, 人们称该相因子是向后传播(向后踢)的. 这样, 完成函数计算之后, 量子计算机的态是

$$\frac{1}{\sqrt{2}}\left[(-1)^{f(0)}|0\rangle + (-1)^{f(1)}|1\rangle\right] \frac{1}{\sqrt{2}}(|0\rangle - |1\rangle). \tag{3.100}$$

第2个量子比特不再有用, 从此可以忽略. 最后的Hadamard门使第1个量子比特进入状态

$$\frac{1}{2}\left\{\left[(-)^{f(0)} + (-)^{f(1)}\right]|0\rangle + \left[(-)^{f(0)} - (-)^{f(1)}\right]|1\rangle\right\}. \tag{3.101}$$

如果$f(0) = f(1)$, 该态为$|0\rangle = |f(0) \oplus f(1)\rangle$. 而如果$f(0) \neq f(1)$, 它为$|1\rangle = |f(0) \oplus f(1)\rangle$ (这两种情况, 都只是准确到一个没有物理意义的相因子). 这样, 第1个量子比特的终态可以统一地写成

$$|f(0) \oplus f(1)\rangle. \tag{3.102}$$

于是, 如果函数是常数的, 对于第1个量子比特的测量会百分之百地得到0; 而如果函数是平衡的, 那么测量结果肯定是1. 因此, 在仅仅调用函数$f(x)$一次之后, 其整体性质就被编码在一个单量子比特之中. 这是因为量子计算机可以同时计算$f(0)$和$f(1)$. 关键在于, 两个可供选择的"路径"被最后一个Hadamard门组合起来, 从而产生了所需的干涉效果. 对于输出$f(0) \oplus f(1) = 0$, 干涉是相干的, 而对于相反的输出, 干涉是相消的.

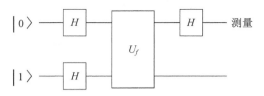

图3.22 实现Deutsch算法的量子线路图

3.9.1 Deutsch-Jozsa 问题

现在来考虑Deutsch问题的某些推广. Deutsch-Jozsa 算法通过对谕示做一次询问, 可以解决以下问题: 对于一个或者为常数的或者是平衡(平衡的意思是它具有同样数目的0和1)的n比特二进制函数$f: \{0,1\}^n \to \{0,1\}$, 确定它为两者中的哪一个. 解决该问题的量子线路与Deutsch算法的线路相同(图3.22), 除了这里是用n个量子

比特来储存输入 $x = (x_{n-1}, x_{n-2}, \cdots, x_0)$. Hadamard门被并行地作用于所有 n 个量子比特

$$H^{\otimes n} = H \otimes H \otimes \cdots \otimes H. \tag{3.103}$$

容易验证, $H^{\otimes n}$ 作用于计算基矢态 $|x\rangle$ 给出

$$H^{\otimes n}|x\rangle = \prod_{i=0}^{n-1}\left(\frac{1}{\sqrt{2}}\sum_{y_i=0}^{1}(-1)^{x_i y_i}|y_i\rangle\right) = \frac{1}{2^{n/2}}\sum_{y=0}^{2^n-1}(-1)^{x \cdot y}|y\rangle, \tag{3.104}$$

其中, $x \cdot y$ 表示 x 和 y 的、取模2的内积, 即

$$x \cdot y = x_{n-1}y_{n-1} \oplus x_{n-2}y_{n-2} \oplus \cdots \oplus x_0 y_0. \tag{3.105}$$

将图 3.22推广到 n 个量子比特, 意味着将变换

$$(H^{\otimes n} \otimes I)\, U_f\, (H^{\otimes n} \otimes H) \tag{3.106}$$

作用于输入 $|00\cdots0\rangle|1\rangle$, 并且产生输出

$$\left(\frac{1}{2^n}\sum_{x,y=0}^{2^n-1}(-1)^{f(x)+x \cdot y}|y\rangle\right)\frac{1}{\sqrt{2}}(|0\rangle - |1\rangle). \tag{3.107}$$

对于该输出态, 我们测量这 n 个量子比特在计算基矢上的情况. 如果 f 为常数的, 则测量会以百分之百的概率得到态 $|00\cdots0\rangle$; 而如果 f 是平衡的, 那么测到这个态的概率为零. 这样, 单单运行一次该算法, 对函数 $f(x)$ 仅查询一次, 即可以确定 f 是常数的还是平衡的. 这的确给人以深刻印象, 因为在经典计算机中, 只有经过 $2^n/2 + 1$ 次查询之后, 才能确切知道函数 $f(x)$ 是否是平衡的. 不过, 因此而宣称在该算法中量子计算机获得了指数式的增益, 也是不公平的. 事实上, 对于一个平衡的 f, 进行 k 次查询, 每次都得到同样的响应的概率是 $1/2^{k-1}$, 随 k 按指数下降. 因此, 如果真的进行 k 次查询, 每次查询都得到同样的响应, 则猜测 f 为常数而出错的概率随 k 按指数下降. 这样, 正如我们在 1.3节中所讨论的, 经典算法可以通过 $k = O(\log(1/\epsilon))$ 次查询而把出错的概率减少到低于 ϵ. 我们也要注意到, 从物理的角度来说, 要求量子计算机给出一个绝对确定的答案是不合理的, 因为一定量的误差总是不可避免的(参见 3.6节和第6章).

3.9.2* Deutsch算法的推广

作为一个练习, 现在来考虑Deutsch算法的进一步的推广. 可以证明, 一个已知函数的一些其他整体性质也可以用量子计算机来确定. 为了简单起见, 我们考虑 $n = 2$ 个量子比特的情况. Deutsch-Jozsa线路末端的双量子比特态, 在计算基矢上可以写成 $|\psi_f\rangle = c_0|00\rangle + c_1|01\rangle + c_2|10\rangle + c_3|11\rangle$. 对于表 3.1中的16个双量子比特逻辑函数, 振幅 c_i 由表 3.6给出(为简化书写, 我们忽略了归一化常数).

表3.6 Deutsch-Jozsa线路末端的双量子比特态

	f_0	f_1	f_2	f_3	f_4	f_5	f_6	f_7	f_8	f_9	f_{10}	f_{11}	f_{12}	f_{13}	f_{14}	f_{15}
c_0	4	2	2	0	2	0	0	-2	2	0	0	-2	0	-2	-2	-4
c_1	0	2	-2	0	2	4	0	2	-2	0	-4	-2	0	2	-2	0
c_2	0	2	2	4	-2	0	0	2	-2	0	0	2	-4	-2	-2	0
c_3	0	-2	2	0	2	0	4	2	-2	-4	0	-2	0	-2	2	0

如果测量这两个量子比特, 则对于常数函数f_0和f_{15}, 会以单位概率得到结果00. 而对于平衡函数$f_3, f_5, f_6, f_9, f_{10}$和$f_{12}$, 得到结果为00的概率为零. 进一步, 如果函数是平衡的, 测量结果还可以区分以下3类子集, 即f_5和f_{10} (如果结果是01), f_3和f_{12} (如果结果是10), 与f_6和f_9 (如果结果是11). 注意, 因为波函数的整体符号不可测量, 所以f_i与f_{15-i}是不可分辨的. 对于剩下的8个双量子比特逻辑函数($f_1, f_2, f_4, f_7, f_8,$ f_{11}, f_{13}, f_{14}), Deutsch-Jozsa 线路不可能给出任何信息, 因为对于它们而言、每种测量结果出现的概率是相等的.

为了区分双量子比特二进制函数f_i的其他整体性质, 可以考虑对变换(3.106)稍加修改而得到的以下变换:

$$\left(H^{\otimes 2} A_j \otimes I\right) U_f \left(H^{\otimes 2} \otimes H\right), \tag{3.108}$$

利用它在f_i之间进行置换即可, 其中, $\boldsymbol{A}_j$是对角元为±1的幺正对角矩阵. 共有$2^{2^n} = 16$个这种矩阵, 它们都可以像布尔函数f_i那样编码, 为

$$A_0 \equiv \mathrm{diag}\{1,1,1,1\}, \quad A_1 \equiv \mathrm{diag}\{1,1,1,-1\}, \quad \cdots \tag{3.109}$$

容易验证, 每一个幺正变换A_j将式(3.107)中的输出波函数里的$f(x)$按以下方式变换: $f(x) \to f(x) \oplus (A_j)_{xx}$, 其中$(A_j)_{xx} = \langle x|A_j|x\rangle$为$A_j$的对角元. 这样, 每一个幺正变换$A_j$给出函数$f_i$的一个置换. 例如, 标准Deutsch-Jozsa 线路(即$A_j = I = A_0$)可以区分以下函数:

$$\{(f_0, f_{15}), (f_3, f_{12}), (f_5, f_{10}), (f_6, f_9)\}, \tag{3.110}$$

而利用A_1, 可以区分

$$\{(f_1, f_{14}), (f_2, f_{13}), (f_4, f_{11}), (f_7, f_8)\} \tag{3.111}$$

等.

3.10 量子搜索

本节我们证明量子计算机有助于解决以下问题: 在有$N = 2^n$个条目的无结构数据库中, 搜索一个被贴了标签的条目. 举个简单的例子, 假设我们有一本(随机编

撰的)电话簿和一个已知的号码, 希望从中找出相应的姓名. 经典计算机最多只能从头去找, 直至找到所要的姓名为止. 因此, 尽管问题的解容易识别, 却很难被找到. 这是(计算类)NP问题的特征, 在很多情况下, 解决这类问题的最佳经典算法就是穷尽所有可能的解. 下面我们证明, 量子计算机可以显著地提高这类搜索的速度.

搜索问题可以被表述为一个谕示问题: 以$\{0, 1, \cdots, N - 1\}$标记数据库中的条目, 记x_0为那个被贴了标签的未知条目. 谕示的功能为计算一个n比特二进制函数

$$f : \{0, 1\}^n \rightarrow \{0, 1\}, \tag{3.112}$$

其定义为

$$f(x) = \begin{cases} 1, & \text{如果} x = x_0, \\ 0, & \text{其他情况.} \end{cases} \tag{3.113}$$

这里的问题是, 如何利用对谕示的最少次数询问来找到x_0. 根据初等概率理论, 如果向谕示f查询k次, 那么找到x_0的概率是k/N. 因此, 要以成功率p找到x_0, 一个经典算法必须对谕示询问$pN = O(N)$次. Grover证明, 量子计算机可以只用$O(\sqrt{N})$次询问解决同样的问题. 这样, 量子计算机所取得的增速是平方式的. 尽管增速不是指数式的、没有改变问题的计算类型, 改进仍然是显著的. 为了让读者对于平方增速有个概念, 我们可以考虑经典计算中的快速傅里叶变换算法. 事实上, 快速傅里叶变换比标准傅里叶变换快二次方倍, 这一增速已足以对信号处理以及其他应用产生重大影响.

3.10.1　从4个条目中寻找一个

先分析一个简单例子是有益的, 即从4个条目中找出其中之一($N = 4$, 涉及两个量子比特). 图 3.23给出了计算该情况的Grover算法的量子线路. 开始时, 我们把两个量子比特制备在态$|00\rangle$, 而所需的辅助量子比特处于态$|y\rangle = |1\rangle$. 在第一阶段, Hadamard门将两个量子比特制备在等权叠加态上, 而将辅助量子比特制备于态$\frac{1}{\sqrt{2}}(|0\rangle - |1\rangle)$. 于是, 量子计算机的波函数变成

$$\frac{1}{2}\big(|00\rangle + |01\rangle + |10\rangle + |11\rangle\big) \frac{1}{\sqrt{2}}\big(|0\rangle - |1\rangle\big). \tag{3.114}$$

然后, 我们询问谕示并计算函数$f(x)$. 事实上, 询问过谕示之后, 我们有$|x\rangle|y\rangle \rightarrow |x\rangle|y \oplus f(x)\rangle$. 这意味着, 由谕示提供的值$f(x)$被置于辅助量子比特之中. 由于辅助量子比特已经被制备在态$\frac{1}{\sqrt{2}}(|0\rangle - |1\rangle)$, 如果$f(x) = 0$, 它的态保持不变, 而如果$f(x) = 1$, 其状态改变符号. 下面我们来考虑一个特殊情况, 即只有当$x = x_0 = (1, 0)$时, 谕示才给出$f(x) = 1$. 这样做并不失一般性, 因为可以同样处理x_0的其他可能的值. 图 3.23所给的线路图, 对于x_0的所有4种可能值都适用.

询问谕示一次之后, 量子计算机的波函数是

$$\frac{1}{2}\big(|00\rangle + |01\rangle - |10\rangle + |11\rangle\big)\frac{1}{\sqrt{2}}\big(|0\rangle - |1\rangle\big)\,, \tag{3.115}$$

该波函数与态(3.114)的不同之处, 在于被贴标签的态的系数具有不同的符号. 注意, 与Deutsch算法相似, 寄存器$|x\rangle$前的符号已被恢复. 第2个寄存器不再发生变化, 因此, 不必再考虑它.

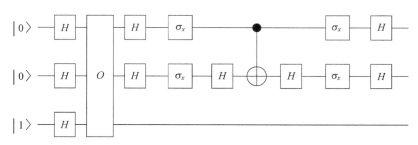

图3.23　实现$N = 4$个条目的Grover算法的量子线路

泡利矩阵σ_x进行非门操作. 中间有字母O的长方形代表谕示查询

对谕示询问之后,如果立即测量$|x\rangle$寄存器, 由于不同计算基矢前面的系数的大小都一样, 测量得到各个计算基矢的几率是一样的, 因此, 这样并不能够挑出$|10\rangle$. Grover算法的关键是, 将式(3.115)中$|10\rangle$分量前面的相位差别变成振幅差别. 这可以由以下幺正变换来实现:

$$D_{ij} = -\delta_{ij} + \frac{2}{2^n}\,. \tag{3.116}$$

在目前的$n = 2$的情况, 矩阵D是

$$D = \frac{1}{2}\begin{bmatrix} -1 & 1 & 1 & 1 \\ 1 & -1 & 1 & 1 \\ 1 & 1 & -1 & 1 \\ 1 & 1 & 1 & -1 \end{bmatrix}\,. \tag{3.117}$$

幺正变换D可以利用图 3.23中的谕示询问之后的线路来实现. 事实上, 该变换可以分解如下:

$$D = H^{\otimes 2}\, D'\, H^{\otimes 2}\,, \tag{3.118}$$

其中, D'是对角矩阵

$$D' = \begin{bmatrix} 1 & 0 & 0 & 0 \\ 0 & -1 & 0 & 0 \\ 0 & 0 & -1 & 0 \\ 0 & 0 & 0 & -1 \end{bmatrix}\,, \tag{3.119}$$

它对基元$|00\rangle$前面的系数给出一个角度为π的受控相移(负号). 矩阵D'可以进一步分解如下(精确到一个整体相位):

$$D' = \sigma_x^{\otimes 2}\,(I \otimes H)\,\mathrm{CNOT}\,(I \otimes H)\,\sigma_x^{\otimes 2}, \tag{3.120}$$

其中, $\sigma_x^{\otimes 2} = \sigma_x \otimes \sigma_x$, 而$(I \otimes H)\,\mathrm{CNOT}\,(I \otimes H) = \mathrm{CMINUS}$ (见习题3.10). 另外, 正如一个标准受控相移门的情况, 非门$\sigma_x^{\otimes 2}$允许将相位因子放在$|00\rangle$而不是态$|11\rangle$之前.

将变换D作用于态 (3.115), 我们得到

$$\mathrm{D}\,\frac{1}{2}\begin{bmatrix} 1 \\ 1 \\ -1 \\ 1 \end{bmatrix} = \frac{1}{4}\begin{bmatrix} -1 & 1 & 1 & 1 \\ 1 & -1 & 1 & 1 \\ 1 & 1 & -1 & 1 \\ 1 & 1 & 1 & -1 \end{bmatrix}\begin{bmatrix} 1 \\ 1 \\ -1 \\ 1 \end{bmatrix} = \begin{bmatrix} 0 \\ 0 \\ 1 \\ 0 \end{bmatrix}. \tag{3.121}$$

于是, 对这两个量子比特的标准测量的结果肯定是10. 这样, 对于函数f的一次询问即可以解决该问题, 而对于一个经典计算机而言, 所需询问次数的平均值是$N_c = 2.25$. (被贴标签的条目可以在第1、2或3次询问之后找到, 每次的概率是$\frac{1}{4}$; 在第3次询问之后, 无论如何都不需要第4次询问了, 因为只有一个被贴标签的条目, 因此, $N_c = \frac{1}{4}\times 1 + \frac{1}{4}\times 2 + \frac{1}{2}\times 3 = 2.25$.)

3.10.2 从N个条目中找出一个

现在, 我们给出对于一个较一般的数目$N = 2^n$的Grover算法. 我们仍然需要一个辅助量子比特$|y\rangle$, 并将量子计算机的波函数预备在状态$|x\rangle|y\rangle = |00\cdots 0\rangle|1\rangle$. 然后, 我们对$n + 1$个量子比特中的每一个实施Hadamard门, 使得寄存器$|x\rangle$处于所有基矢态的无差别叠加态, 而辅助量子比特处于态$\frac{1}{\sqrt{2}}(|0\rangle - |1\rangle)$. 再后, 我们计算谕示函数$|x\rangle|y\rangle \rightarrow |x\rangle|y \oplus f(x)\rangle$. 与$n = 2$的情形类似, 该函数的赋值过程将符号置回寄存器$|x\rangle$的前面, 即

$$\frac{1}{\sqrt{2^n}}\sum_{x=0}^{2^n-1}|x\rangle\frac{1}{\sqrt{2}}(|0\rangle - |1\rangle)$$

$$\rightarrow \frac{1}{\sqrt{2^n}}\sum_{x=0}^{2^n-1}|x\rangle\frac{1}{\sqrt{2}}\big(|0 \oplus f(x)\rangle - |1 \oplus f(x)\rangle\big)$$

$$= \frac{1}{\sqrt{2^n}}\sum_{x=0}^{2^n-1}|x\rangle\frac{1}{\sqrt{2}}(-1)^{f(x)}(|0\rangle - |1\rangle)$$

$$= \frac{1}{\sqrt{2^n}}\sum_{x=0}^{2^n-1}(-1)^{f(x)}|x\rangle\frac{1}{\sqrt{2}}(|0\rangle - |1\rangle). \tag{3.122}$$

然而, 与前面$n = 2$的简单情况不同的是, 对于函数$f(x)$的一次赋值, 不足以找到被贴标签的条目x_0. 我们必须多次重复询问谕示, 并计算函数$f(x)$. 确切而言, 我们不得不重复所谓的Grover迭代G, 其定义为$G = DO$, 其中O表示谕示询问, 而

$$D = H^{\otimes n}\big(-I + 2\,|0\rangle\langle 0|\big)H^{\otimes n}. \tag{3.123}$$

在式(3.123)中, 介于两个n量子比特Hadamard门之间的变换, 是一个有条件相移, 它将-1置于除$|00\cdots 0\rangle$之外的所有计算基矢之前. 量子搜索算法就是反复应用G, 直至寄存器$|x\rangle$处于这样一个态, 对它的标准测量会以很高的概率给出x_0.

3.10.3　几何图像

有一个简单的几何图像, 有助于理解所需的Grover迭代的次数. 为此, 我们可以忽略辅助量子比特, 它的态总可以分解出来且从不变化.

首先, 方程 (3.122)显示, 谕示O作用于n量子比特态矢量$|x\rangle$给出

$$O: |x\rangle \to (-)^{f(x)}|x\rangle. \tag{3.124}$$

因此, O可以写为

$$O = I - 2|x_0\rangle\langle x_0| \equiv R_{|0\rangle}, \tag{3.125}$$

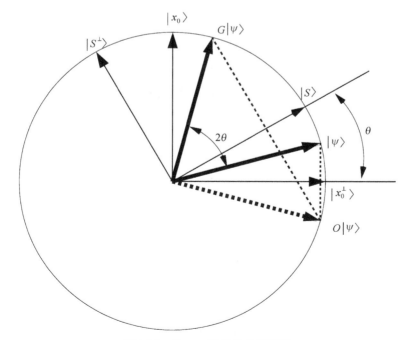

图3.24　Grover迭代的几何图像

即相对于一个垂直于$|x_0\rangle$的超平面所作的镜向反射. 举例而言, 考虑一个由矢量$\{|x_0\rangle,$ $|x_0^\perp\rangle\}$所张成的两维空间, 对于其中任意矢量$|\psi\rangle = \alpha|x_0\rangle + \beta|x_0^\perp\rangle$, 有$O|\psi\rangle = -\alpha|x_0\rangle +$ $\beta|x_0^\perp\rangle$. 图 3.24很清楚地显示, 对于矢量$|\psi\rangle$, O实施了一次相对于轴$|x_0^\perp\rangle$ (即垂直于$|x_0\rangle$的超平面)的镜向反射.

下面, 考虑变换D. 我们注意到

$$(H^{\otimes n})^\dagger\left(-I + 2|0\rangle\langle 0|\right)H^{\otimes n} = -I + 2|S\rangle\langle S|, \tag{3.126}$$

其中, 我们用到了性质$(H^{\otimes n})^\dagger = H^{\otimes n}$、并且$|S\rangle$是等权叠加态

$$|S\rangle \equiv H^{\otimes n}|0\rangle = \frac{1}{\sqrt{2^n}}\sum_{x=0}^{2^n-1}|x\rangle. \tag{3.127}$$

于是, 方程(3.123)相当于相对于垂直于$|S\rangle$的超平面所作的镜向反射再取负值:

$$D = -(I - 2|S\rangle\langle S|) \equiv -R_{|S\rangle}. \tag{3.128}$$

因此,

$$G = DO = -R_{|S\rangle}R_{|0\rangle}. \tag{3.129}$$

我们现在来考虑由$\{|x_0\rangle, |S\rangle\}$所张成的两维平面, 并在该平面上画出相应的垂直单位矢量$\{|x_0^\perp\rangle, |S^\perp\rangle\}$ (图 3.24). 容易证明[1]

$$G = -R_{|S\rangle}R_{|0\rangle} = R_{|S^\perp\rangle}R_{|0\rangle}. \tag{3.130}$$

这样, 如果矢量$|x_0^\perp\rangle$和$|S\rangle$之间的夹角为θ, 那么, G将该平面上的一般矢量$|\psi\rangle$旋转2θ角度(图. 3.24). 因为在第1次谕示询问之前, n量子比特处于如下状态:

$$|\psi_0\rangle \equiv |S\rangle = \sin\theta|x_0\rangle + \cos\theta|x_0^\perp\rangle, \tag{3.131}$$

而G将上述平面(即由$\{|x_0\rangle, |S\rangle\}$所张成的平面)中的任意矢量旋转$2\theta$角度, 所以, 经过$j$步Grover迭代之后, n量子比特的态是

$$|\psi_j\rangle \equiv G^j|\psi_0\rangle = \sin\left((2j+1)\theta\right)|x_0\rangle + \cos\left((2j+1)\theta\right)|x_0^\perp\rangle. \tag{3.132}$$

注意, 该态总是处于图3.24中所示的平面之内. 如果迭代k步之后, $|\psi_k\rangle$非常接近被贴标签的态$|x_0\rangle$, 即$|\sin(2k+1)\theta| \approx 1$, 则迭代过程必须停止. 满足该条件的最小整数$k$由下列关系确定:

$$(2k+1)\theta \approx \frac{\pi}{2}, \tag{3.133}$$

[1] 为了证明$R_{|S\rangle} = -R_{|S^\perp\rangle}$, 我们考虑在$\{|S\rangle, |S^\perp\rangle\}$所张成的平面内的一个一般矢量$|u\rangle = \mu|S\rangle + \nu|S^\perp\rangle$. 我们发现$R_{|S\rangle}|u\rangle = -\mu|S\rangle + \nu|S^\perp\rangle$, 因而, $R_{|S^\perp\rangle}|u\rangle = \mu|S\rangle - \nu|S^\perp\rangle = -R_{|S\rangle}|u\rangle$.

这意味着

$$k = \mathrm{round}\left(\frac{\pi}{4\theta} - \frac{1}{2}\right),\tag{3.134}$$

其中, round表示最接近的整数. 因为我们是从等权叠加态出发

$$\sin\theta = \langle x_0|\psi_0\rangle = \frac{1}{\sqrt{N}}\,,\tag{3.135}$$

所以, 对于较大的N, $\theta \approx \frac{1}{\sqrt{N}}$. 这样, 在Grover算法中所需要的迭代数目为

$$k = \mathrm{round}\left(\frac{\pi}{4}\sqrt{N} - \frac{1}{2}\right) = O(\sqrt{N})\,.\tag{3.136}$$

算法的最后一步是在计算基矢上进行标准测量, 给出结果$x = \bar{x}$. 然后, 像其他概率算法一样, 我们利用谕示检验所得到的解是否正确. 如果$f(\bar{x}) = 1$, 则检验通过, $\bar{x} = x_0$; 如果$f(\bar{x}) = 0$, 则$\bar{x} \neq x_0$, 我们需要从头开始重复量子计算. 因此, 与$N = 4$的特殊情况不同的是, 一般而言, Grover算法成功的概率不是百分之百, 但是, 却可以非常接近百分之百(见习题3.18).

我们注意到, Grover算法的上述几何诠释与$N = 4$的特殊情况是一致的, 即若取$\theta = \frac{\pi}{6}$, 则在$k = 1$步迭代之后条件(3.133)得到满足.

习题3.18 证明Grover算法失败(即测量不给出被贴标签的条目x_0)的概率以$1/N$方式衰减.

习题3.19 估计实施一步Grover迭代所需的基本逻辑门的数目.

需要指出的是, Grover算法已被推广到多种情况, 包括搜索多个条目, 被贴标签的条目的数目事先未知等. 不幸的是, 可以证明, Grover算法是最优化的, 即任何其他在无结构数据库中进行搜索的量子算法同样至少需要$O(\sqrt{N})$次谕示询问.

3.11 量子傅里叶变换

对于一个分量为复数$\{f(0), f(1), \cdots, f(N-1)\}$的矢量, 其离散傅里叶变换给出下述新复矢量$\{\tilde{f}(0), \tilde{f}(1), \cdots, \tilde{f}(N-1)\}$,

$$\tilde{f}(k) = \frac{1}{\sqrt{N}} \sum_{j=0}^{N-1} \mathrm{e}^{2\pi\mathrm{i}\frac{jk}{N}} f(j)\,.\tag{3.137}$$

量子傅里叶变换做同样的事情, 它被定义为一个作用于n量子比特($N = 2^n$)寄存器上的幺正算符F. 在计算基矢上, $\boldsymbol{F}$的作用是

$$F(|j\rangle) = \frac{1}{\sqrt{2^n}} \sum_{k=0}^{2^n-1} \mathrm{e}^{2\pi\mathrm{i}\frac{jk}{2^n}} |k\rangle\,.\tag{3.138}$$

这样, 它将一个任意态 $|\psi\rangle = \sum_j f(j)|j\rangle$ 变成

$$|\tilde{\psi}\rangle = F|\psi\rangle = \sum_{k=0}^{2^n-1} \tilde{f}(k)|k\rangle, \tag{3.139}$$

其中, 系数 $\{\tilde{f}(k)\}$ 是 $\{f(j)\}$ 的由关系式(3.137)给出的离散傅里叶变换.

现在我们来构造计算量子傅里叶变换的量子线路. 为方便起见, 我们用以下方式标记二进制数 j:

$$j = j_{n-1} j_{n-2} \cdots j_0 = j_{n-1} 2^{n-1} + j_{n-2} 2^{n-2} + \cdots + j_0 2^0 \tag{3.140}$$

以及二进制分数

$$0.j_l j_{l+1} \cdots j_m = \frac{1}{2} j_l + \frac{1}{4} j_{l+1} + \cdots + \frac{1}{2^{m-l+1}} j_m. \tag{3.141}$$

经过几步运算, 我们得到下面的傅里叶变换的乘积表示:

$$
\begin{aligned}
F(|j\rangle) &= \frac{1}{\sqrt{2^n}} \sum_{k=0}^{2^n-1} \exp\left(\frac{2\pi \mathrm{i} jk}{2^n}\right) |k\rangle \\
&= \frac{1}{\sqrt{2^n}} \sum_{k_{n-1}=0}^{1} \cdots \sum_{k_0=0}^{1} \exp\left(2\pi \mathrm{i} j \sum_{l=1}^{n} \frac{k_{n-l}}{2^l}\right) |k_{n-1} \cdots k_0\rangle \\
&= \frac{1}{\sqrt{2^n}} \sum_{k_{n-1}=0}^{1} \cdots \sum_{k_0=0}^{1} \otimes_{l=1}^{n} \exp\left(2\pi \mathrm{i} j \frac{k_{n-l}}{2^l}\right) |k_{n-l}\rangle \\
&= \frac{1}{\sqrt{2^n}} \otimes_{l=1}^{n} \left[\sum_{k_{n-l}=0}^{1} \exp\left(2\pi \mathrm{i} j \frac{k_{n-l}}{2^l}\right) |k_{n-l}\rangle \right] \\
&= \frac{1}{\sqrt{2^n}} \otimes_{l=1}^{n} \left[|0\rangle + \exp\left(2\pi \mathrm{i} j \frac{1}{2^l}\right) |1\rangle \right] \\
&= \frac{1}{\sqrt{2^n}} \left(|0\rangle + \mathrm{e}^{2\pi \mathrm{i}\, 0.j_0} |1\rangle\right) \left(|0\rangle + \mathrm{e}^{2\pi \mathrm{i}\, 0.j_1 j_0} |1\rangle\right) \\
&\quad \cdots \left(|0\rangle + \mathrm{e}^{2\pi \mathrm{i}\, 0.j_{n-1} j_{n-2} \cdots j_0} |1\rangle\right).
\end{aligned}
\tag{3.142}
$$

有趣的是, 该乘积表示为已分解的, 这说明相应的量子态是非纠缠的.

有了乘积表示(3.142), 就可以轻易地构造出能够有效地实施量子傅里叶变换的量子线路. 图 3.25中给出了一个这样的量子线路, 其中 R_k 代表算符

$$R_k = \begin{bmatrix} 1 & 0 \\ 0 & \exp\left(\dfrac{2\pi \mathrm{i}}{2^k}\right) \end{bmatrix}. \tag{3.143}$$

考虑将该线路作用于计算基矢态 $|j\rangle = |j_{n-1}j_{n-2}\cdots j_0\rangle$（对于一个一般的态 $|\psi\rangle = \sum_j c_j|j\rangle$，只要记住傅里叶变换的线性性质就够了）. 第一个Hadamard门作用于最重要的量子比特之上，产生下面的态

$$\frac{1}{\sqrt{2}}\left(|0\rangle + \mathrm{e}^{2\pi\mathrm{i}\,0.j_{n-1}}|1\rangle\right)|j_{n-2}\cdots j_0\rangle. \tag{3.144}$$

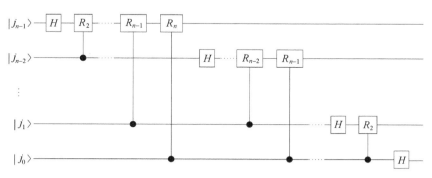

图3.25　实施量子傅里叶变换的线路图

输出结果为 (3.146)

接下来是一些受控相位转动，从受控 R_2 到受控 R_n；在相应的控制量子比特值为1的情况下，它们分别添加相位$\pi/2$直至$\pi/2^{n-1}$. 通过这$n-1$个双量子比特门之后，量子计算机的态为

$$\frac{1}{\sqrt{2}}\left(|0\rangle + \mathrm{e}^{2\pi\mathrm{i}\,0.j_{n-1}j_{n-2}\cdots j_0}|1\rangle\right)|j_{n-2}\cdots j_0\rangle. \tag{3.145}$$

对于其他量子比特，重复类似的步骤之后，图 3.25中的量子线路产生如下输出：

$$\frac{1}{\sqrt{2^n}}\left(|0\rangle + \mathrm{e}^{2\pi\mathrm{i}\,0.j_{n-1}j_{n-2}\cdots j_0}|1\rangle\right)\left(|0\rangle + \mathrm{e}^{2\pi\mathrm{i}\,0.j_{n-2}\cdots j_0}|1\rangle\right)\cdots\left(|0\rangle + \mathrm{e}^{2\pi\mathrm{i}\,0.j_0}|1\rangle\right). \tag{3.146}$$

除了量子比特的顺序被颠倒之外，该态与乘积表示(3.142)完全相同. 利用$O(n)$个交换门可以得到正确的顺序(图3.4)，或者，给量子比特重新标号亦可. 图 3.25中的量子线路说明，在n个量子比特的量子寄存器上，利用n个Hadamard门和$n(n-1)/2$个受控相移门，可以有效地对一个有$N = 2^n$个分量的复矢量实施离散傅里叶变换. 因此，计算一次量子傅里叶变换需要$O(n^2)$个基本量子逻辑门，而最有效的经典算法，即快速傅里叶变换，需要$O(2^n n)$个基本逻辑门操作来进行一次离散傅里叶变换.

　　然而，必须强调的是，还不能真的说我们已经将傅里叶变换的计算速度提高了指数倍. 其原因是，我们并不能有效地制备一个一般的态 $|\psi\rangle = \sum_j f(j)|j\rangle$（见3.5节结尾的讨论），而且，一般而言，末态$|\tilde{\psi}\rangle = \sum_k \tilde{f}(k)|k\rangle$并不容易被测到. 事实上，一次

标准测量只是简单地以概率 $|\tilde{f}(\bar{k})|^2$ 给出 $\bar{k}$. 问题在于, 量子傅里叶变换是对不可直接测量的波函数的振幅所进行的. 只有重复运行多次之后, 这些波函数的振幅才能够以一定的精度被重构出来(每次运行都计算态 $|\psi\rangle$ 的傅里叶变换, 然后以一个标准的投影测量结束). 记 N 为运行的次数, 则 $|\tilde{f}(k)|^2$ 的估计值为 N_k/N, 这里 N_k 是测量给出结果 k 的次数. 在3.7节中讨论函数赋值时, 我们已经碰到过这类问题, 它其实是量子计算的一个典型难题. 量子算法就是寻找从量子计算机的波函数中提取有用信息的有效方法. 我们将在下面几节中看到, 量子傅里叶变换是量子算法的指数式效率的关键所在.

习题3.20 估计幺正误差对量子傅里叶变换的稳定性的影响.

习题3.21 构造一个实施以下傅里叶逆变换的量子线路:

$$F^{-1}(|j\rangle) = \frac{1}{\sqrt{2^n}} \sum_{k=0}^{2^n-1} \mathrm{e}^{-2\pi\mathrm{i}\frac{j\,k}{2^n}} |k\rangle . \tag{3.147}$$

3.12 量子相位估计

作为量子傅里叶变换的第1个应用, 我们考虑下面的问题: 一个幺正算符 U, 它的本征矢量为 $|u\rangle$, 相应的本征值为 $(\mathrm{e}^{\mathrm{i}\phi})$ $(0 \leqslant \phi < 2\pi)$. 假设我们能够制备态 $|u\rangle$, 而且有一个黑匣子程序可以实施受控 U^{2^j} 操作 $(C\text{-}U^{2^j})$, 其中, j 是非负整数. 我们希望得到对于相位 ϕ 的最佳 n 比特估计.

解决这一问题的量子线路在图 3.26中给出. 图中的第1个寄存器包含 n 个量子比特, 这里, n 的值依赖于对 ϕ 的精度的要求. 第2个寄存器包含足以存储 $|u\rangle$ 的 m 个量子比特. 逻辑门 $C\text{-}U^{2^j}$ 对态 $\frac{1}{\sqrt{2}}(|0\rangle + |1\rangle)|u\rangle$ 的作用如下:

$$\begin{aligned}
C\text{-}U^{2^j} \frac{1}{\sqrt{2}}(|0\rangle + |1\rangle)|u\rangle &= \frac{1}{\sqrt{2}}\left(|0\rangle|u\rangle + |1\rangle\, U^{2^j}|u\rangle\right) \\
&= \frac{1}{\sqrt{2}}\left(|0\rangle|u\rangle + |1\rangle \mathrm{e}^{\mathrm{i}2^j\phi}|u\rangle\right) \\
&= \frac{1}{\sqrt{2}}\left(|0\rangle + \mathrm{e}^{\mathrm{i}2^j\phi}|1\rangle\right)|u\rangle .
\end{aligned} \tag{3.148}$$

利用这一结果, 容易验证, 线路图(图3.26)的输出是

$$\begin{aligned}
&\frac{1}{\sqrt{2^n}}\left(|0\rangle + \mathrm{e}^{\mathrm{i}2^{n-1}\phi}|1\rangle\right) \cdots \left(|0\rangle + \mathrm{e}^{\mathrm{i}2\phi}|1\rangle\right)\left(|0\rangle + \mathrm{e}^{\mathrm{i}\phi}|1\rangle\right)|u\rangle \\
&= \frac{1}{\sqrt{2^n}} \sum_{y=0}^{2^n-1} \mathrm{e}^{\mathrm{i}\phi y}|y\rangle|u\rangle .
\end{aligned} \tag{3.149}$$

与Deutsch算法和Grover算法的情况类似, 关键之处在于, 将储存$|u\rangle$的量子寄存器制备在算符U, U^2, U^4, $\cdots$ 的本征态上. 其结果是, 该寄存器的态永远不变, 而在控制寄存器中、相位因子$e^{i\phi}$, $e^{2i\phi}$, $e^{4i\phi}$, $\cdots$ 向后传播.

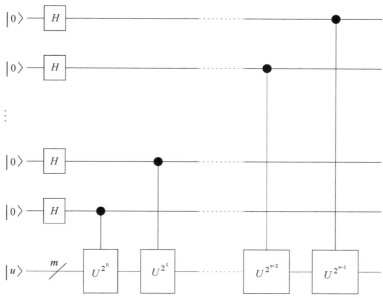

图3.26　在相位估计问题中, 用来获得态(3.149)的量子线路

有斜杠的线表示由m量子比特所组成的集合

从现在起, 我们只考虑控制寄存器, 并且证明其量子傅里叶变换可以以很高的概率对ϕ给出最佳n量子比特估计. 为方便起见, 我们将ϕ写成

$$\phi = 2\pi \left(\frac{a}{2^n} + \delta \right), \tag{3.150}$$

其中, $a = a_{n-1}a_{n-2}\cdots a_1 a_0$ (二进制表示), 且$2\pi a/2^n$是ϕ的最佳n比特近似, 因此, $0 \leqslant |\delta| \leqslant 1/2^{n+1}$. 可以验证, 对于第一个寄存器的反量子傅里叶变换(由方程(3.147)定义), 如果作用到态(3.149)上, 则给出

$$\frac{1}{2^n} \sum_{x=0}^{2^n-1} \sum_{y=0}^{2^n-1} e^{2\pi i(a-x)y/2^n} e^{2\pi i\delta y} |x\rangle . \tag{3.151}$$

现在对第一个寄存器($|x\rangle$)进行标准测量. 如果$\delta = 0$, 波矢(3.151)变成$|a\rangle$. 在这种情况下, 对于第1个寄存器的标准测量肯定会给出结果a, 从而相位因子ϕ可被精确确定. 在一般情况下, $\delta \neq 0$, 对ϕ的最佳n比特估计为a, 可以通过对第1个寄存器的标准测量而得到, 其概率为$p_a = |c_a|^2$. 其中, c_a表示波函数(3.151)在态$|a\rangle$上的投

影, 由式(3.152)给出:

$$c_a = \frac{1}{2^n} \sum_{y=0}^{2^n-1} \left(e^{2\pi i \delta} \right)^y = \frac{1}{2^n} \sum_{y=0}^{2^n-1} \alpha^y, \quad \alpha \equiv e^{2\pi i \delta}. \tag{3.152}$$

该有限几何级数求和之后, 得

$$c_a = \frac{1}{2^n} \left(\frac{1 - \alpha^{2^n}}{1 - \alpha} \right). \tag{3.153}$$

因为对于任何 $z \in [0, \frac{1}{2}]$, 有 $2z \leqslant \sin(\pi z) \leqslant \pi z$, 我们得到

$$\left| 1 - e^{2\pi i \delta 2^n} \right| = 2 \left| \sin(\pi \delta 2^n) \right| \geqslant 4 \left| \delta \right| 2^n,$$

$$\left| 1 - e^{2\pi i \delta} \right| = 2 \left| \sin(\pi \delta) \right| \leqslant 2\pi \left| \delta \right|. \tag{3.154}$$

把这两个不等式代入(3.153), 得

$$|c_a|^2 \geqslant \frac{4}{\pi^2} \approx 0.405. \tag{3.155}$$

因此, 我们可以以很高的概率$|c_a|^2$得到ϕ的最佳n比特估计.

要指出的是, 只要量子比特数n足够大, 我们就可以以任意接近于1的概率获得相因子ϕ的最佳l比特近似. 更准确地说, 如果图 3.26线路中的第1个寄存器包含$n = l + O(\log(1/\epsilon))$ 个量子比特, 那么获得相因子ϕ的最佳l比特近似的概率大于$1 - \epsilon$ (Cleve等(1998)). 因此, 增加数目n, 不仅可以提高相位估计的准确率, 而且也会增加算法的成功率.

总之, 量子相位估计算法利用了量子傅里叶逆变换, 将态(3.149)变换到态(3.151). 如上所述, 如果测量后一个态, 就会以很高的概率得到对相位ϕ的很好估计. 我们要强调, 只要幺正算符U可以在量子计算机上被有效地分解成基本逻辑门(即计算$U|u\rangle$所需的量子基本逻辑门的数目是储存$|u\rangle$所必需的量子比特数m的多项式), 与任何已知的解决相位估计问题的经典算法相比, 这一算法在效率上的提高是指数式的.

3.13* 本征值与本征函数求解

本节, 我们给出计算已知幺正算符U的本征值和本征矢量的量子算法. 具体而言, 我们考虑由不依赖于时间的哈密顿量H所给出的演化算子:

$$U(\bar{t}) = \exp(-i H \bar{t}/\hbar). \tag{3.156}$$

相应的薛定谔方程是

$$i\hbar \frac{\partial}{\partial t} \psi(x, t) = H(x) \psi(x, t), \tag{3.157}$$

这里, 为简单起见, 我们只考虑一维情况(对于高维的推广容易做到). 请注意, H 的本征值为 E_α 的本征矢 $\phi_\alpha(x)$ (即 $H\phi_\alpha(x) = E_\alpha\phi_\alpha(x)$), 也是 $U(\bar{t})$ 的本征矢, 相应的本征值为 $\mathrm{e}^{-\mathrm{i}E_\alpha\bar{t}/\hbar}$.

经典计算机可以利用以下方法来计算哈密顿算符 H 的本征值和本征矢. 考虑如下初态:

$$\psi_0(x) \equiv \psi(x, t=0) \tag{3.158}$$

的演化, 可以得到 $\psi(x,\bar{t}) = U(x,\bar{t})\psi_0(x)$. 如果将 $\psi_0(x)$ 在 H 的本征函数上展开

$$\psi_0(x) = \sum_\alpha a_\alpha\, \phi_\alpha(x), \tag{3.159}$$

可以得到

$$\psi(x,t) = \sum_\alpha a_\alpha\, \mathrm{e}^{-\mathrm{i}\omega_\alpha t}\, \phi_\alpha(x), \quad \omega_\alpha \equiv \frac{E_\alpha}{\hbar}. \tag{3.160}$$

然后, 我们计算某 $x = x_0$ 的傅里叶变换

$$\tilde{\psi}(x_0, \omega) = F\left[\psi(x_0, t)\right]. \tag{3.161}$$

从式(3.160)可以看出, 傅里叶变换 $\tilde{\psi}$ 在运动频率 ω_α 处给出突峰. 如果所计算的演化时间 $\bar{t}$ 远大于所感兴趣的频率的倒数, 那么, 所对应的峰值就可以明确地分辨出来. 如果对于不同的 x_0 值重复进行傅里叶变换 $\tilde{\psi}$, 则会发现, 对应于同一频率 ω_α, 不同的 x_0 给出不同高度的尖峰. 从这些尖峰的相对幅度就可以获得本征函数 $\phi_\alpha(x)$. 要看出这一点, 可以注意到式(3.160)意味着

$$\frac{\tilde{\psi}(x_1, \omega_\alpha)}{\tilde{\psi}(x_2, \omega_\alpha)} = \frac{\phi_\alpha(x_1)}{\phi_\alpha(x_2)}. \tag{3.162}$$

现在, 我们在量子计算机上重复同样的过程. 假设我们只感兴趣于某个区间 $x \in [-L, L]$, 并在该区间中取 2^n 个格点, 两个格点的间距为 $\Delta x = 2L/(2^n - 1)$, 然后将波函数按如下方式在该区间编码:

$$|\psi\rangle = \sum_{i=0}^{2^n-1} \psi(i)\, |i\rangle, \tag{3.163}$$

其中, $\psi(i) = \psi(-L+i\Delta x)$. 注意, 只需要 n 个量子比特, 即可储存波函数(3.163)的 2^n 个复系数, 因此, 量子计算机在内存上有指数式的优势. 在 Δt 时间内的演化由下面的幺正算符给出:

$$U = \exp(-\mathrm{i}\, H\, \Delta t/\hbar). \tag{3.164}$$

对于很大一类在物理上重要的哈密顿量而言, 该演化可以在量子计算机上有效地模拟(Lloyd, 1996). 我们在讨论相位估计问题时所介绍的图 3.26, 也适合于计算算

符U的本征值和本征矢, 其中, 第2个具有n个量子比特的(目标)寄存器, 用来储存被制备为$|\psi_0\rangle = \sum_i \psi_0(i)|i\rangle$的初态. 对于一些特殊情况, 该制备可以有效地完成, 如局域于一点的波函数, 即$|\psi_0\rangle = |\bar{i}\rangle$. 我们注意到, 选择该$|\psi_0\rangle$, 就足以找到那些在该$|\psi_0\rangle$上有非零投影, 即有非零分量$\phi_\alpha(\bar{i})$的本征态$|\phi_\alpha\rangle = \sum_i \phi_\alpha(i)|i\rangle$(包括相应的本征值). 具有$l$个量子比特的控制寄存器, 被制备于等权叠加态$\sum_j |j\rangle / \sqrt{2^l}$, 并且必需能够同时存储不同时刻$0$, Δt, $2\Delta t$, $3\Delta t$, $\cdots$, $2^{l-1}\Delta t$的波函数. 在受控-U^{2^0}、受控-U^{2^1}、$\cdots$、受控-$U^{2^{l-1}}$ (图 3.26)等逻辑门作用之后, 量子计算机的态是

$$|\Psi\rangle = \frac{1}{\sqrt{2^l}} \sum_{j=0}^{2^l-1} |j\rangle\, U^j\, |\psi_0\rangle, \tag{3.165}$$

其中, 我们用到

$$|\psi(j\Delta t)\rangle = U^j\, |\psi_0\rangle. \tag{3.166}$$

利用展开式(3.159), 我们可以将$|\Psi\rangle$写成

$$|\Psi\rangle = \frac{1}{\sqrt{2^l}} \sum_j |j\rangle \sum_{\alpha=0}^{2^n-1} a_\alpha\, \mathrm{e}^{-\mathrm{i}\omega_\alpha\, j\Delta t}\, |\phi_\alpha\rangle. \tag{3.167}$$

可以证明, 态$|\Psi\rangle$的相对于寄存器$|j\rangle$的傅里叶变换, 在频率ω_α处出现峰值. 如果让计算机运算足够多次数, 并且随后对寄存器$|j\rangle$做标准测量, 则可以得到哈密顿算符的频谱. 可以验证, 每次进行这种测量之后, 另一个量子寄存器坍缩到一个本征态$|\phi_{\bar{\alpha}}\rangle$上. 原则上, 可以通过对该寄存器的标准测量, 来重构本征态.

上述方法的局限性在于, 计算机的每次运算以概率$|a_\alpha|^2$挑出不同的本征值ω_α. 如果能以多项式的运算次数得到所要的本征值和本征矢量, 则相对于上面提到的经典算法, 这里的量子方案有指数式的优势. 例如, 如果初态$|\psi_0\rangle$在所要的本征态上的投影不是以指数形式减小(典型的复杂系统基态即为这种情况(Abrams and Lloyd, 1999), 则量子计算的优势为指数式的.

3.14   周期求解与Shor算法

量子计算的最重大发现是Shor算法, 它有效地解决了素数因子分解问题. 该问题是, 对于一个可分解的正奇数N, 求它的素数因子. 这是计算机科学的核心问题之一. 人们猜测, 尽管还没有证明, 该问题在经典计算中属于NP类, 但不属于P类. 也就是说, 容易验证一个给定的数是否是分解因子, 但是很难求出这些因子. 现今, 很多被广泛应用的密码系统(如RSA, 见第4章)就是基于这一猜想. 事实上, 几个世纪以来、尽管人们努力去寻找一种可以利用多项式式的时间来进行分解因子

的算法, 但是, 迄今为止, 最好的经典算法——数域过滤(number field sieve)法, 也需要$\exp(O(n^{1/3}(\log n)^{2/3}))$次操作, 它对于输入数目$n = \log N$而言是超多项式式的. Shor发现了一个量子算法, 只需要$O(n^2 \log n \log \log n)$个基本逻辑门即可完成上述任务. 也就是说, 该算法的运算次数是输入大小的一个多项式, 与任何已知的经典算法相比, 其速度的提高是指数式的.

上述分解问题可以被约化为求以N为模的函数$f(x) = a^x$的周期. 这里, N是要分解因子的数, a是随机选取的一个小于N的数. 约化该问题的步骤可以在经典计算机上有效地完成, 这里就不讨论了(Shor,1997).

下面, 我们来讨论求函数$f(x)$的周期r, 即$f(x + r) = f(x)$. 为简化讨论, 我们考虑一种特殊情况, 即r精确地整除$N(N/r = m, m$是整数), 其中$N = 2^n$为可以给$f(x)$赋值的点数[1]. 对于更一般的情况的处理, 要困难一些, 但是, 思路大体类似. 我们需要两个寄存器, 第1个制备为等权叠加态, 第2个用来储存函数$f(x)$. 构造的整体态为

$$\frac{1}{\sqrt{2^n}} \sum_{x=0}^{2^n-1} |x\rangle |f(x)\rangle . \tag{3.168}$$

我们提请注意, 在Shor算法中所需要的取幂求模函数$f(x)$, 在量子与经典计算机上都可以有效地计算(对于量子情况,参见Barenco等, 1995;Miquel等, 1996). 不过, 量子并行性允许在一次运算中计算所有x的函数$f(x)$. 我们也注意到, 在完成函数计算之后, 两个寄存器是纠缠的. 遗憾的是, 我们不可能直接获取所有$f(x)$的值. 相反, 在对第2个寄存器进行一次测量后, 它会坍缩到一个确定的态$|f(x_0)\rangle$. 于是, 量子计算机的波函数变成

$$\frac{1}{\sqrt{m}} \sum_{j=0}^{m-1} |x_0 + jr\rangle |f(x_0)\rangle , \quad 0 \leqslant x_0 < r - 1, \tag{3.169}$$

其中, $m = N/r$是使得$f(x) = f(x_0)$的x的数目. 因为r是函数$f(x)$的周期, $f(x_0) = f(x_0 + r) = f(x_0 + 2r) = \cdots = f(x_0 + (m-1)r)$. 现在我们可以忽略第2个寄存器, 因为它与第1个寄存器的态是分离的. 可以验证, 对于第1个寄存器作量子傅里叶变换, 得到态

$$\frac{1}{\sqrt{r}} \sum_{k=0}^{r-1} \exp\left(\frac{2\pi \mathrm{i}\, x_0\, k}{r}\right) \left| k\, \frac{N}{r} \right\rangle . \tag{3.170}$$

这样, 量子相干性选择了一些特定的频率. 事实上, 对波函数(3.170)的量子测量, 将以同样的概率给出r个可能结果中的一个, $kN/r\ (k = 0, 1, \cdots, r-1)$. 如果我们用$c$来表示测到的值, 则$c/N = \lambda/r$, 其中$\lambda$是一个未知整数. 如果$\lambda$和$r$没有公因子, 那么把$c/N$简化成一个不可约分数, 就可以得到$\lambda$和$r$. 数论告诉我们, 这种情况发生的

---

① 这里, 为了简化讨论, N取2^n, 而非一个一般的要分解因子的数. ——译者注.

概率至少是$1/\log\log r$. 如果λ和r有公因子, 则计算失败, 而必须重新计算. 可以证明, 在运算$O(\log\log r)$次后, 算法成功的概率可以任意接近于1 (Shor,1997).

作为一个简单例子, 我们求函数$f(x) = \frac{1}{2}(\cos(\pi x)+1)$的周期, 其中, x为可以储存于3个量子比特的寄存器中的整数, 这里$N = 2^3 = 8$. 该函数$f(x)$可以等于0或者1, 因此, 可以把它储存在一个单量子比特的寄存器中. 因为当x为偶数时$f(x) = 1$, 而为奇数时$f(x) = 0$, 周期应该为$r = 2$. 我们的任务是用周期搜索算法来确定这一周期. 为此, 我们从基准态$|000\rangle|0\rangle$出发, 构造态(3.168), 即

$$\frac{1}{\sqrt{8}}\Big(|0\rangle\,|f(0)\rangle + |1\rangle\,|f(1)\rangle + |2\rangle\,|f(2)\rangle + |3\rangle\,|f(3)\rangle$$
$$+|4\rangle\,|f(4)\rangle + |5\rangle\,|f(5)\rangle + |6\rangle\,|f(6)\rangle + |7\rangle\,|f(7)\rangle\Big). \tag{3.171}$$

然后, 我们测量第2个寄存器, 比如说得到结果0. 于是, 整个波函数坍缩到态

$$\frac{1}{2}\left(|1\rangle + |3\rangle + |5\rangle + |7\rangle\right)|0\rangle, \tag{3.172}$$

其中, $x = 1, 3, 5, 7$是使得函数$f(x) = 0$的值. 从现在起, 我们不再用第2个寄存器, 并且忽略掉它. 接着, 利用在3.11节中所讨论过的量子傅里叶变换, 将之应用到第1个寄存器上, 得到以下变换:

$$|x\rangle \to \frac{1}{\sqrt{8}}\sum_{k=0}^{7} e^{2\pi i kx/8}|k\rangle. \tag{3.173}$$

结果, 得到波函数

$$|\psi\rangle = \frac{1}{2\sqrt{8}}\left(|0\rangle + e^{i\pi/4}|1\rangle + e^{i2\pi/4}|2\rangle + \cdots + e^{i7\pi/4}|7\rangle\right)$$
$$+ \frac{1}{2\sqrt{8}}\left(|0\rangle + e^{i3\pi/4}|1\rangle + e^{i6\pi/4}|2\rangle + \cdots + e^{i21\pi/4}|7\rangle\right)$$
$$+ \frac{1}{2\sqrt{8}}\left(|0\rangle + e^{i5\pi/4}|1\rangle + e^{i10\pi/4}|2\rangle + \cdots + e^{i35\pi/4}|7\rangle\right)$$
$$+ \frac{1}{2\sqrt{8}}\left(|0\rangle + e^{i7\pi/4}|1\rangle + e^{i14\pi/4}|2\rangle + \cdots + e^{i49\pi/4}|7\rangle\right). \tag{3.174}$$

容易验证, 在态$|1\rangle$, $|2\rangle$, $|3\rangle$, $|5\rangle$, $|6\rangle$和$|7\rangle$前面的复振幅相互抵消. 增强性相干只发生于态$|0\rangle$和$|4\rangle$的振幅. 这样, 我们可以把波函数$|\psi\rangle$写成

$$|\psi\rangle = \frac{1}{\sqrt{2}}\left(|0\rangle - |4\rangle\right). \tag{3.175}$$

该表示式与普遍公式(3.170)是相符的. 最后, 对第1个寄存器进行测量, 我们以同样的概率得到结果0或4. 在第1种情况下, 没有办法找到函数$f(x)$的周期r, 必须重复

计算. 而在第2种情况下, $c/N = \lambda/r$, 其中$c = 4$是测量值. 最后, 我们把$c/N = 4/8$简化为不可约分数, $c/N = \lambda/r = 1/2$, 得到周期$r = 2$.

回过头来, 我们讨论量子计算机的效能. 很自然会问以下问题: 为什么量子计算在因子分解问题上(相比于任何已知的经典算法)能够取得指数式增速, 而对于搜索问题增速只是二次方的? 为了帮助理解这一点, 我们在此给出一个直观的论证. 搜索问题是一个典型的无结构问题, 因为我们是在一个没有任何结构的数据库中寻找一个条目. 幸运的是, 量子力学对于该搜索有所帮助, 对搜索速度给出了重要的二次方提速. 而不幸的是, 这已经是最大增速了. 另外, Shor算法利用了一个隐藏在因子分解问题中的特殊结构, 该结构允许把整数因子分解问题约化为求一个特定函数周期的问题. 求函数周期的一个自然办法, 是计算它的傅里叶变换, 而正如我们已经见到的, 傅里叶变换可以在量子计算机上有效地完成. 然而, 我们并不知道下述基本问题的答案, 即量子计算机可以有效地模拟哪一类问题? 除了那些基于量子傅里叶变换的问题之外, 量子计算机还可以对其他问题的求解给出指数式增速吗?

3.15　动力学系统的量子计算

本节我们讨论利用量子计算机来模拟量子系统的动力学演化. 由于希尔伯特空间的维数随着粒子数的增加而呈指数式增加, 在经典计算机上模拟一个量子多体问题, 是一项很困难的任务. 例如, 如果我们要模拟一个由n个自旋为$\frac{1}{2}$的粒子所组成的链, 其希尔伯特空间的维数是2^n. 也就是说, 该系统的态由2^n个复数来确定. 正如费恩曼在20世纪80年代所注意到的(Feynman, 1982), 由于量子计算机本身也是个量子多体系统, 对其内存的需求量呈线性增加. 例如, 要模拟n个自旋$\frac{1}{2}$的粒子, 我们只需要n个量子比特. 就这一点而言, 一台只有几十个量子比特的量子计算机, 就可以超出一台经典计算机. 当然, 只有当我们能够找到一个有效的量子算法, 并且可以有效地从量子计算机中提取有用的信息, 这才能实现这一预期. 在本节稍后的部分, 我们将针对一个特定的量子算法来讨论这一问题.

3.15.1　薛定谔方程的量子模拟

为具体起见, 我们考虑一个粒子的一维量子运动(对于更高维的推广是直截了当的). 该运动由薛定谔方程描述:

$$i\hbar \frac{\partial}{\partial t} \psi(x,t) = H\psi(x,t), \tag{3.176}$$

其中, 哈密顿量H是

$$H = H_0 + V(x) = -\frac{\hbar^2}{2m} \frac{\mathrm{d}^2}{\mathrm{d}x^2} + V(x). \tag{3.177}$$

哈密顿量 $H_0 = -(\hbar^2/2m)\,d^2/dx^2$ 决定粒子的自由运动, 而 $V(x)$ 是一个一维势. 要在拥有有限资源的量子计算机上(有限个量子比特以及有限的量子逻辑门序列)求解该方程, 首先需要将连续变量 x 和 t 离散化. 如果运动局限于一个有限区域内, 比如说 $-d \leqslant x \leqslant d$, 可以将该区域分成 2^n 份长度为 $\Delta = 2d/2^n$ 的区间, 并用拥有 n 个量子比特的寄存器的希尔伯特空间来表示这些区间(这意味着, 离散步长随着量子比特的数目的增加呈指数式减少). 这样, 波函数 $|\psi(t)\rangle$ 近似为

$$|\tilde{\psi}(t)\rangle = \sum_{i=0}^{2^n-1} c_i(t)\,|i\rangle = \frac{1}{\mathcal{N}} \sum_{i=0}^{2^n-1} \psi(x_i, t)\,|i\rangle, \tag{3.178}$$

其中

$$x_i \equiv -d + \left(i + \frac{1}{2}\right)\Delta, \tag{3.179}$$

$|i\rangle = |i_{n-1}\rangle \otimes |i_{n-2}\rangle \otimes \cdots \otimes |i_0\rangle$ 是 n 个量子比特寄存器的计算基矢态,

$$\mathcal{N} \equiv \sqrt{\sum_{i=0}^{2^n-1} |\psi(x_i, t)|^2} \tag{3.180}$$

是波函数的归一化系数. 直观上可以看出, 当离散步长小于系统运动的最小尺度时, $|\tilde{\psi}\rangle$ 是 $|\psi\rangle$ 的一个好的近似.

我们在2.4节中看到, 薛定谔方程可以按如下方法进行积分, 即对每个时间步长 ϵ 使初始波函数 $\psi(x, 0)$ 作如下演化:

$$\psi(x, t+\epsilon) = e^{-\frac{i}{\hbar}[H_0+V(x)]\epsilon}\,\psi(x, t). \tag{3.181}$$

如果时间步长 ϵ 足够小, 以至于 ϵ^2 项可以忽略, 则

$$e^{-\frac{i}{\hbar}[H_0+V(x)]\epsilon} \approx e^{-\frac{i}{\hbar}H_0\epsilon}e^{-\frac{i}{\hbar}V(x)\epsilon}. \tag{3.182}$$

上述方程称为Trotter分解. 因为算符 H_0 和 V 不对易, 该方程只精确到 ϵ 项. 方程(3.182)右边的算符仍然是幺正的, 但是比方程左边的要简单得多, 而且在很多有意思的物理问题中它可以在量子计算机上有效地实现. 我们需要利用在 3.11节中得到的一个结果, 即傅里叶变换可以在量子计算机上有效地进行. 我们记 k 为变量 x 的共轭变量, 即 $-i(d/dx) = F^{-1}kF$, 其中 F 是傅里叶变换. 这样, 我们可以把方程(3.182)右边的第1个算符写成

$$e^{-\frac{i}{\hbar}H_0\epsilon} = F^{-1}e^{+\frac{i}{\hbar}\left(\frac{\hbar^2 k^2}{2m}\right)\epsilon}F. \tag{3.183}$$

在这个表达式中, 利用傅里叶变换 F, 我们从 x 表象过渡到 k 表象. 在 k 表象中, 该算符是对角的. 然后, 利用逆傅里叶变换 F^{-1} 回到 x 表象. 在 x 表象中, 算符 $\exp(-iV(x)\epsilon/\hbar)$

是对角的. 为了从初始波函数 $\psi(x,0)$ 得到 $t = l\epsilon$ 时刻的波函数 $\psi(x,t)$, 可以应用 l 次下述幺正算符:

$$F^{-1}\,\mathrm{e}^{+\frac{\mathrm{i}}{\hbar}\left(\frac{\hbar^2 k^2}{2m}\right)\epsilon}\,F\,\mathrm{e}^{-\frac{\mathrm{i}}{\hbar}V(x)\epsilon}. \tag{3.184}$$

因此, 模拟薛定谔方程的演化, 可以被简化为实施傅里叶变换以及下面形式的对角变换:

$$|x\rangle \to \mathrm{e}^{\mathrm{i}cf(x)}|x\rangle, \tag{3.185}$$

其中, c 是某实常数. 请注意, 形式为(3.185)的算符既出现在对 $\exp(-\mathrm{i}V(x)\epsilon/\hbar)$ 的计算中, 也出现于在 k 表象中对算符 $\exp(-\mathrm{i}H_0\epsilon/\hbar)$ 的计算中. 傅里叶变换的构造在3.11节中讨论过, 它需要 $O(n^2)$ 个基本量子逻辑门(Hadamard门和受控相移门). 可以利用一个辅助量子寄存器 $|y\rangle_a$, 通过下列步骤来进行(3.185)的量子计算:

$$|0\rangle_a \otimes |x\rangle \to |f(x)\rangle_a \otimes |x\rangle \to \mathrm{e}^{\mathrm{i}cf(x)}|f(x)\rangle_a \otimes |x\rangle$$
$$\to \mathrm{e}^{\mathrm{i}cf(x)}|0\rangle_a \otimes |x\rangle = |0\rangle_a \otimes \mathrm{e}^{\mathrm{i}cf(x)}|x\rangle. \tag{3.186}$$

其中, 第1步是一个标准函数计算, 如我们在3.7节中所讨论过的, 它可以通过 $O(2^n)$ 个广义 C^n-非门来实现. 如果函数 $f(x)$ 有某种结构, 那么, 还可能以更有效的方式(如 n 的多项式)来实现此计算. 对于量子力学问题里经常考虑的势 $V(x)$, 情况就是这样. 式(3.186)中的第2步是变换 $|y\rangle_a \to \mathrm{e}^{\mathrm{i}cy}|y\rangle_a$, 可以在 m 个单量子比特相移门上实现, 其中 m 是辅助寄存器中量子比特的数目. 事实上, 对于整数 $y \in [0, 2^m - 1]$, 我们可以将 y 的二进制分解写成 $y = \sum_{j=0}^{m-1} y_j 2^j$, 其中 $y_j \in \{0,1\}$. 这样,

$$\exp(\mathrm{i}y) = \exp\left(\sum_{j=0}^{m-1} \mathrm{i}cy_j 2^j\right) = \prod_{j=0}^{m-1} \exp(\mathrm{i}cy_j 2^j), \tag{3.187}$$

即为 m 个单量子比特门的乘积, 其中每个门只对一个量子比特有实质的作用. 具体而言, 第 j 个门实施变换 $|y_j\rangle_a \to \exp(\mathrm{i}cy_j 2^j)|y_j\rangle_a$, 其中, $|y_j\rangle_a \in \{|0\rangle, |1\rangle\}$ 是第 j 个辅助量子比特的计算基矢. 该相移门的矩阵表示是

$$R_z(c\,2^j) = \begin{bmatrix} 1 & 0 \\ 0 & \exp(\mathrm{i}c\,2^j) \end{bmatrix}. \tag{3.188}$$

式(3.186)中的第3步只是第1步的反演, 可以利用与第1步相同的逻辑门序列来实现, 只需要把次序颠倒一下即可. 第3步之后, 辅助量子比特回到它们原来的标准配置 $|0\rangle_a$, 这样, 同样的辅助量子比特可以在各步重复使用.

要注意, 辅助量子比特的数目 m 决定了计算对角算符(3.185)的精度. 事实上, 式(3.185)中的函数 $f(x)$ 被离散化了, 可以取 2^m 个不同的值. 已经证明(Strini,2002),

对于标准的量子力学问题(如一维简谐与非简谐振子, 高斯波包在不同势垒上的透射和反射等)进行足够精度的模拟, 只需要用少量的量子比特($n \approx 10$)将坐标x离散化再加上少量的辅助量子比特($m \approx 10$)即可.

在3.15.2节和3.15.3节, 我们讨论两个有趣的动力学体系, 即面包师映射和锯齿映射. 在量子计算机上对它们进行模拟, 不需要辅助量子比特. 在这两个模型中, 用$3 \sim 10$个量子比特和几十至几百个量子逻辑门, 就可以研究有趣的物理现象[①].

3.15.2* 量子面包师映射

本节我们证明, 量子面包师映射可以在量子计算机上以一种特别简单且有效的方法来模拟. 用Schack提出的量子算法来计算量子面包师映射的动力学演化, 比任何已知的经典算法要快指数倍.

经典面包师映射按下述方式将单位正方形$0 \leqslant q, p < 1$映射到它自己:

$$(q, p) \to (\bar{q}, \bar{p}) = \begin{cases} (2q, \frac{1}{2}p), & \text{如果} \quad 0 \leqslant q \leqslant \frac{1}{2}, \\ (2q - 1, \frac{1}{2}p + \frac{1}{2}), & \text{如果} \quad \frac{1}{2} < q < 1. \end{cases} \quad (3.189)$$

这相当于把正方形在p方向压缩、在q方向拉伸, 然后, 沿p方向切开, 最后, 把一块垛在另一块的上面, 就像面包师揉生面团一样. 请注意, 映射(3.189)是保面积的. 面包师映射是经典混沌的一个典型模型. 确实, 面包师映射具有对初始条件的敏感性这一经典混沌的特点, 即对初条件的任何微小偏离都会被指数式放大. 换句话说, 两条相邻的轨道按指数式分开, 其分离速度由最大李雅普诺夫(Lyapunov)指数 λ 给出, 这里, 李雅普诺夫指数的定义为

$$\lambda = \lim_{|t| \to \infty} \lim_{\delta(0) \to 0} \frac{1}{t} \ln \left(\frac{\delta(t)}{\delta(0)} \right), \quad (3.190)$$

其中, 离散时间t由映射迭代的次数给出, 而$\delta(t) = \sqrt{(\delta q(t))^2 + (\delta p(t))^2}$. 为了计算$\delta q(t)$ 和$\delta p(t)$, 我们对映射(3.189)取微分, 得

$$\begin{bmatrix} \delta \bar{q} \\ \delta \bar{p} \end{bmatrix} = M \begin{bmatrix} \delta q \\ \delta p \end{bmatrix} = \begin{bmatrix} 2 & 0 \\ 0 & \frac{1}{2} \end{bmatrix} \begin{bmatrix} \delta q \\ \delta p \end{bmatrix}. \quad (3.191)$$

$\delta q(t)$和$\delta p(t)$由映射(3.191)迭代给出, 是$\delta q(0)$和$\delta p(0)$的函数. 矩阵M称作稳定性矩阵, 其本征值为$\mu_1 = 2$和$\mu_2 = \frac{1}{2}$, 不依赖于坐标q和p. 在这种情况下, 最大李雅普诺夫指数为$\lambda = \ln \mu_1 = \ln 2$. 其动力学不稳定性在各处是均匀的, 在$p$方向导致压缩而在$q$方向引起拉伸.

---

① 有趣的是, 如在 3.10节中所看到的, Grover的搜索算法包含了一个幺正算符的迭代. 该迭代的每一步将量子计算机的态映射到一个新的态. 如果该离散时间的迭代运算被适当重复, 则检测到被标记条目的概率就会接近于1. 与Grover算法相关联的动力学, 具有有趣的相空间表示, 文献[121]中对此有所讨论.

面包师映射可以按照Balazs和Voros(1989), 以及Saraceno(1990)中所给出的方式量子化. 我们引入位置q和动量p算符, 记它们的本征态为$|q_j\rangle$和$|p_k\rangle$, 相应的本征值分别为$q_j = j/N$和$p_k = k/N$, 其中, $j, k = 0, \cdots, N-1$, 而N是希尔伯特空间的维数. 单位正方形代表相空间, 为使之能够容纳N个能级, 必须满足条件$2\pi\hbar = 1/N$[①]. 取$N = 2^n$, 其中n是在量子计算机上模拟量子面包师映射所用的量子比特数. 位置基矢$\{|q_0\rangle, \cdots, |q_{N-1}\rangle\}$和动量基矢$\{|p_0\rangle, \cdots, |p_{N-1}\rangle\}$之间的变换, 为一个离散傅里叶变换$F_n$, 其定义如下:

$$\langle q_k|F_n|q_j\rangle \equiv \frac{1}{\sqrt{2^n}} \exp\left(\frac{2\pi \mathrm{i} kj}{2^n}\right). \tag{3.192}$$

可以证明, 量子化的面包师映射可以由以下变换来定义(Balazs and Voros, 1989):

$$|\psi\rangle \to |\bar{\psi}\rangle = T|\psi\rangle, \tag{3.193}$$

其中, $|\bar{\psi}\rangle$代表对$|\psi\rangle$实施一次映射后所得到的波矢. 可以在位置基矢$\{|q_j\rangle\}$上定义量子面包师映射的幺正变换T, 表示式为

$$T = F_n^{-1} \begin{bmatrix} F_{n-1} & 0 \\ 0 & F_{n-1} \end{bmatrix}, \tag{3.194}$$

其中, F_{n-1}是方程(3.192)所定义的离散傅里叶变换.

幺正变换T可以在有n个量子比特的量子计算机上实现. 我们可以将T写为

$$T = F_n^{-1} (I \otimes F_{n-1}), \tag{3.195}$$

其中, F_{n-1}作用于$n-1$个非最重要的(即与较后位的数字相联系的)量子比特上, 而恒等算符I作用于最重要的(与最前位的数字相联系的)量子比特上. 因为傅里叶变换F_n可以在量子计算机上很有效地用$O(n^2)$个基本逻辑门来实施, 所以, 量子计算机可以有效地模拟量子面包师映射, 每一次迭代只需要$O(n^2)$个逻辑门. 请注意, 模拟傅里叶变换的最佳经典算法, 即快速傅里叶变换, 需要$O(n2^n)$个基本逻辑门操作. 因此, 与任何经典计算相比, 利用量子计算机来模拟面包师映射的动力学, 所获得的增益是指数式的.

3.15.3* 量子锯齿映射

锯齿映射是研究经典和量子动力学系统的一个典型模型. 它展示了丰富而有趣的物理现象, 从完全混沌到完全可积, 从正常扩散到反常扩散, 以及动力学局域化、康托环面(cantori)局域化等. 此外, 对于在经典和量子混沌领域中的一个著名

---

① 此处的$\hbar$不是物理的普朗克常量, 而是某种等效的普朗克常数. ——译者注.

模型, 即一个在球场形台球桌中运动的粒子, 锯齿映射也可以给出一个很好的近似. 本节我们证明, 量子计算机可以有效地模拟锯齿映射.

就分类而言, 锯齿映射属于具有下述哈密顿量的周期驱动动力学系统:

$$H(\theta, I; \tau) = \frac{I^2}{2} + V(\theta) \sum_{j=-\infty}^{+\infty} \delta(\tau - jT), \tag{3.196}$$

其中, (I, θ) 是共轭的作用量–角变量 $(0 \leqslant \theta < 2\pi)$. 此哈密顿量由两项组成, $H(\theta, I; \tau) = H_0(I) + U(\theta; \tau)$, 其中, $H_0(I) = I^2/2$ 是自由转子的动能, 对应于一个粒子在由参数 θ 所定义的圆上的运动, 而

$$U(\theta; \tau) = V(\theta) \sum_j \delta(\tau - jT) \tag{3.197}$$

代表在间隔为 T 的时刻瞬间作用于粒子上的力. 因此, 我们称由哈密顿量(3.196)所描述的动力学是受击的 . 相应的哈密顿运动方程是

$$\begin{cases} \dot{I} = -\dfrac{\partial H}{\partial \theta} = -\dfrac{\mathrm{d}V(\theta)}{\mathrm{d}\theta} \sum_{j=-\infty}^{+\infty} \delta(\tau - jT), \\ \dot{\theta} = \dfrac{\partial H}{\partial I} = I. \end{cases} \tag{3.198}$$

这些方程很容易被积分求解, 其结果为, 从时间 lT^- (在第 l 个冲击之前)到时间 $(l+1)T^-$(在第 $(l+1)$ 个冲击之前)的时间演化由下列映射给出:

$$\begin{cases} \bar{I} = I + F(\theta), \\ \bar{\theta} = \theta + T\bar{I}, \end{cases} \tag{3.199}$$

其中, $F(\theta) = -\mathrm{d}V(\theta)/\mathrm{d}\theta$ 是作用于粒子上的力.

下面, 我们考虑特殊情况 $V(\theta) = -k(\theta - \pi)^2/2$. 该映射被称为锯齿映射, 这是因为由于 θ 的周期性, 作用力 $F(\theta) = -\mathrm{d}V(\theta)/\mathrm{d}\theta = k(\theta - \pi)$ 是锯齿状的, 在 $\theta = 0$ 处具有不连续性. 重新标度变量, $I \to J = TI$, 则经典动力学只依赖于参量 $K = kT$. 事实上, 在变量 (J, θ) 下, 映射(3.199)变成了

$$\begin{cases} \bar{J} = J + K(\theta - \pi), \\ \bar{\theta} = \theta + \bar{J}. \end{cases} \tag{3.200}$$

对于锯齿映射, 也可以像上一节中所讨论的面包师映射那样, 作其稳定性分析. 对映射(3.200)求微分, 得

$$\begin{bmatrix} \delta \bar{J} \\ \delta \bar{\theta} \end{bmatrix} = M \begin{bmatrix} \delta J \\ \delta \theta \end{bmatrix} = \begin{bmatrix} 1 & K \\ 1 & 1+K \end{bmatrix} \begin{bmatrix} \delta J \\ \delta \theta \end{bmatrix}. \tag{3.201}$$

稳定性矩阵 $\boldsymbol{M}$ 的本征值为 $\mu_{\pm} = \frac{1}{2}(2 + K \pm \sqrt{K^2 + 4K})$. 当 $-4 \leqslant K \leqslant 0$ 时, 两个本征值是复共轭的, 而当 $K < -4$ 或 $K > 0$ 时, 它们是实数. 因此, 当 $-4 \leqslant K \leqslant 0$ 时, 经典运动是稳定的, 而当 $K < -4$ 或者 $K > 0$ 时, 运动为完全混沌的[①].

我们可以在柱面($J \in (-\infty, +\infty)$)上研究锯齿映射(θ 方向为圆), 也可以将柱面闭合起来形成一个长度为 $2\pi L$ 的环面, 其中, L 是整数, 以保证当 J 取模 $2\pi L$ 时, 式(3.200)的第2个方程不会引起不连续性. 对于大于0的 K, 该映射在作用量(动量)变量上具有正常扩散. 尽管锯齿映射是一个确定性系统, 就实际效果而言, 轨道在动量方向上的运动跟随机行走没有什么区别. 因此, 分布函数 $f(J, t)$ 随时间的演化由Fokker-Planck 方程描述

$$\frac{\partial f}{\partial t} = \frac{\partial}{\partial J}\left(\frac{1}{2}D\frac{\partial f}{\partial J}\right). \tag{3.202}$$

这里 $t \equiv \tau/T$ 是以迭代周期为单位的离散时间, 而扩散系数 D 的定义为

$$D = \lim_{t \to \infty} \frac{\langle(\Delta J(t))^2\rangle}{t}, \tag{3.203}$$

其中, $\Delta J \equiv J - \langle J\rangle$, 而 $\langle \cdots \rangle$ 代表对于一个由轨道所组成的系综求平均. 如果在 $t = 0$ 时, 相空间中的分布为初始动量是 J_0、而相位在 $0 \leqslant \theta < 2\pi$ 随机分布, 那么, Fokker-Planck 方程(3.202)的解为

$$f(J, t) = \frac{1}{\sqrt{2\pi Dt}}\exp\left(-\frac{(J - J_0)^2}{2Dt}\right). \tag{3.204}$$

其中, 高斯分布的宽度随时间按以下方式增长:

$$\langle(\Delta J(t))^2\rangle \approx D(K)\,t. \tag{3.205}$$

对于大于1的 K, 扩散系数可以利用随机相位近似而近似求得. 这里, 随机相位近似是指假设在不同时间的角度(相位)θ 之间没有关联. 于是

$$D(K) \approx \frac{1}{2\pi}\int_0^{2\pi}\mathrm{d}\theta(\Delta J_1)^2 = \frac{1}{2\pi}\int_0^{2\pi}\mathrm{d}\theta\,K^2(\theta - \pi)^2 = \frac{\pi^2}{3}K^2, \tag{3.206}$$

其中, $\Delta J_1 = \bar{J} - J$ 是单次映射后作用量的变化. 当 $0 < K < 1$ 时, 存在破裂的环面(称为康托环面), 轨道在其附近运动时就像粘在上面似的, 这样, 扩散速度被减慢了. 在这种情况, $D(K) \approx 3.3\,K^{5/2}$(这个方面的讨论参见Dana等(1989)). 当 $-4 < K < 0$ 时, 运动是稳定的, 相空间具有由椭圆岛所组成的复杂结构, 在越来越小的尺度上仍然如此, 这时人们可以观察到反常扩散, 即 $\langle(\Delta J)^2\rangle \propto t^\alpha$, 其中 $\alpha \neq 1$ (例如, 当 $K = -0.1$ 时, $\alpha = 0.57$). 特别地, 当 $K = -1, -2, -3$ 时, 系统是可积的.

---

① 最大李雅普诺夫指数 为 $\lambda = \ln\mu_+ (K > 0)$, $\lambda = \ln|\mu_-|$ ($K < -4$), 以及 $\lambda = 0$ (在稳定区域, $-4 \leqslant K \leqslant 0$).

利用通常的量子化规则, $\theta \to \theta$ 和 $I \to I = -\mathrm{i}\partial/\partial\theta$, 我们可以得到锯齿映射的量子描述(设 $\hbar = 1$). 一次迭代的量子演化, 由作用于波函数 ψ 上的幺正算符 U 来描述:

$$\bar{\psi} = U\,\psi = \exp\left(-\mathrm{i}\int_{lT^-}^{(l+1)T^-} \mathrm{d}\tau H(\theta, I; \tau)\right)\psi, \tag{3.207}$$

其中, H 是哈密顿量(3.196). 因为势 $V(\theta)$ 只是在分立的时间 lT 才起作用, 我们有下面的结果:

$$\bar{\psi} = \mathrm{e}^{-\mathrm{i}TI^2/2}\,\mathrm{e}^{-\mathrm{i}V(\theta)}\,\psi = \mathrm{e}^{-\mathrm{i}TI^2/2}\,\mathrm{e}^{\mathrm{i}k(\theta-\pi)^2/2}\,\psi. \tag{3.208}$$

可以引入等效普朗克常量, $\hbar_{\mathrm{eff}} = \hbar/k$[①], 而经典极限对应于 $k \to \infty$ 和 $T \to 0$、同时保持 $K = kT$ 为常数.

下面我们来描述一个具有指数式效率的模拟映射(3.208)的量子算法. 该算法以在动量和角度基矢之间的向前/向后量子傅里叶变换为基础. 此方法很方便, 因为方程(3.207)所引入的算符 U 是两个算符 $U_k = \mathrm{e}^{\mathrm{i}k(\theta-\pi)^2/2}$ 和 $U_T = \mathrm{e}^{-\mathrm{i}TI^2/2}$ 的乘积, 它们分别在 θ 表象和 I 表象上是对角的. 对于每一步映射, 该量子算法需要执行下面几个步骤:

(1) 将 U_k 作用于波函数 $\psi(\theta)$. 为将算符 U_k 分解成单与双量子比特逻辑门, 我们把 θ 写成二进制表示

$$\theta = 2\pi\sum_{j=1}^{n}\alpha_j 2^{-j}, \tag{3.209}$$

其中, $\alpha_i \in \{0, 1\}$, n 是量子比特的数目, 而量子锯齿映射的总能级数是 $N = 2^n$. 从上面的展开式, 我们得到

$$(\theta - \pi)^2 = 4\pi^2\sum_{j_1, j_2=1}^{n}\left(\frac{\alpha_{j_1}}{2^{j_1}} - \frac{1}{2n}\right)\left(\frac{\alpha_{j_2}}{2^{j_2}} - \frac{1}{2n}\right). \tag{3.210}$$

把这一项代入幺正算符 U_k, 可以得到分解

$$\mathrm{e}^{\mathrm{i}k(\theta-\pi)^2/2} = \prod_{j_1, j_2=1}^{n}\exp\left[\mathrm{i}2\pi^2 k\left(\frac{\alpha_{j_1}}{2^{j_1}} - \frac{1}{2n}\right)\left(\frac{\alpha_{j_2}}{2^{j_2}} - \frac{1}{2n}\right)\right], \tag{3.211}$$

它为 n^2 个双量子比特门(受控相移门)的乘积, 每个门仅仅有效地作用于量子比特 j_1 和 j_2. 在计算基矢态 $\{|\alpha_{j_1}\alpha_{j_2}\rangle = |00\rangle, |01\rangle, |10\rangle, |11\rangle\}$ 上, 每个双量子比特

---

① 更经常的做法是引入 $\hbar_{\mathrm{eff}} = \hbar T$($\hbar$ 一般取为1). ——译者注.

门可以写成$\exp(\mathrm{i}2\pi^2 k D_{j_1,j_2})$, 这里$D_{j_1,j_2}$是对角矩阵

$$
D_{j_1,j_2} = \begin{bmatrix}
\dfrac{1}{4n^2} & 0 & 0 & 0 \\[2mm]
0 & -\dfrac{1}{2n}\left(\dfrac{1}{2^{j_2}} - \dfrac{1}{2n}\right) & 0 & 0 \\[2mm]
0 & 0 & -\dfrac{1}{2n}\left(\dfrac{1}{2^{j_1}} - \dfrac{1}{2n}\right) & 0 \\[2mm]
0 & 0 & 0 & \left(\dfrac{1}{2^{j_1}} - \dfrac{1}{2n}\right)\left(\dfrac{1}{2^{j_2}} - \dfrac{1}{2n}\right)
\end{bmatrix} . \tag{3.212}
$$

(2) 利用量子傅里叶变换, 我们可以从θ表象变到I表象. 正如已经知道的, 量子傅里叶变换需要n个Hadamard门和$\frac{1}{2}n(n-1)$个受控相移门.

(3) 算符U_T在I表象中的形式, 与U_k在θ表象中的形式实质上相同, 因此, 与方程 (3.211)类似, 它可以被分解成n^2个受控相移门.

(4) 作反傅里叶变换, 我们又回到起初的θ表象中.

因此, 总的来说, 上述量子算法对于每一步映射需要$3n^2 + n$个逻辑门($3n^2 - n$个受控相移门和$2n$个Hadamard门). 将该数目与在经典计算机上用快速傅里叶变换模拟一次迭代所需的操作数$O(n \cdot 2^n)$相比较, 我们看到, 用量子计算机模拟量子锯齿映射的动力学要比用任何经典算法的模拟快指数倍. 请注意, 用量子计算机模拟量子锯齿映射的动力学演化, 其所需的资源与系统的大小N是对数关系. 当然, 下面的问题是如何从量子计算机的波函数中获取有用信息, 这将在3.15.4节中讨论.

3.15.4* 动力学局域化的量子计算

对于其经典对应系统具有混沌运动的量子系统而言, 最为有趣的量子现象之一是动力学局域化. 该现象是指量子相干效应抑制经典的动量混沌扩散行为, 从而导致波函数的指数式局域化. 该现象首先在量子受击转子模型中被发现与研究过, 它与电子在无序材料中的安德森(Anderson)局域化现象有着深刻的相似性, 并且已经在Rydberg原子的微波电离化实验以及冷原子实验中观察到.

动力学局域化可以在锯齿映射模型中予以研究. 为此, 我们可以在柱面($I \in (-\infty, +\infty)$)上研究映射(3.208). 然而, 由于(量子和经典)计算机的内存有限, 我们必须在有限个能级N处截断该柱面. 与其他量子混沌模型类似, 在锯齿映射中, 在破缺时间(break time)t^*之后, 量子相干性会抑制经典混沌扩散. t^*的近似表达式为

$$
t^* \approx D \approx (\pi^2/3)k^2 , \tag{3.213}
$$

其中, D是以能级数目来衡量的经典扩散系数, $\langle(\Delta m)^2\rangle \approx Dt$, m是I的本征值, 即$I|m\rangle = m|m\rangle$. 在破缺时间t^*之后, 系统在动量本征态上的概率分布函数呈指数衰减

$$
W_m \equiv |\langle m|\psi\rangle|^2 \approx \frac{1}{\ell} \exp\left[-\frac{2|m - m_0|}{\ell}\right] , \tag{3.214}
$$

其中, m_0是初始动量. 因此, 在$t > t^*$之后, 只有$\sqrt{\langle (\Delta m)^2 \rangle} \sim \ell$个能级被占据, 而平均概率分布的局域化长度$\ell$大约等于经典扩散系数

$$\ell \approx D. \tag{3.215}$$

这样, 如果ℓ小于系统的尺度N, 那么, 量子局域化就可以被观测到. 图 3.27中的例子显示, 利用$n = 6$个量子比特就可以清楚地看到指数式局域化现象.

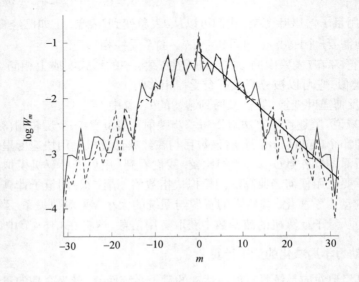

图3.27   锯齿映射在动量基上的概率分布

$n = 6$为量子比特数, $k = \sqrt{3}$, $K = \sqrt{2}$, 初始动量$m_0 = 0$. 实线的时间平均取于区间$10 \leqslant t \leqslant 20$, 虚线的取于区间$290 \leqslant t \leqslant 300$. 直线是用公式$W_m \propto \exp(-2|m|/\ell)$所作的拟和, 给出局域化长度$\ell \approx 12$. 图中的对数以10为底. 该图取自Benenti等(2003)

再次强调, 量子计算机的内存容量随着量子比特的数目呈指数增长, 即能级的数目为$N = 2^n$. 因此, 即使只用不到40个量子比特的量子计算机, 就可以进行现今超级计算机所无法达到的模拟计算. 在破缺时间t^*之后, 在动量本征态上的概率分布确实是指数衰减的. 图3.27显示, 在$t \approx t^*$时出现了具有量子涨落的指数式局域分布, 在那里, 通过对几次映射的平均, 量子涨落已经被部分地平滑掉了. 从图3.27中可以看出, 刚刚到达t^*时的概率分布(实线) 与更长一些时间$t = 300 \approx 25t^*$时的概率分布(虚线)大体接近, 因此, 我们称该分布在时间上被"冻结"了. 此时, 局域化长度是$\ell \approx 12$, 经典扩散在破缺时间$t^* \approx \ell \approx D$之后被抑制. 注意, 扩散系数$D \approx (\pi^2/3)k^2 \approx 9.9$, 这与式(3.213)~式(3.215) 所给出的估计是一致的. 计算到ℓ时间量级的量子计算, 所需要的单、双量子比特门的数目为$N_g \approx 3n^2\ell \sim 10^3$.

现在我们要讨论的是, 在利用量子计算机对锯齿映射的动力学进行模拟之后, 如何从其结果中获取信息(即局域化长度). 为此, 我们可以多次重复运行量子算法, 每次都到达一个大于t^*的时间t, 这样, 就能够测得局域化长度. 具体而言, 每将算法运行一次之后, 得到t时刻的波函数

$$|\psi(t)\rangle = \sum_m \hat{\psi}(m,t) |m\rangle , \tag{3.216}$$

其中, $|m\rangle$是动量本征态, 然后, 在计算(动量)基矢上进行一次标准投影测量, 以概率

$$W_{\bar{m}} = \left| \langle \bar{m} | \psi(t) \rangle \right|^2 = \left| \hat{\psi}(\bar{m}, t) \right|^2 \tag{3.217}$$

测到结果$\bar{m}$. 可以先进行第一组测量, 给出对分布W_m的方差$(\Delta m)^2$的一个粗略估计, 该$\sqrt{(\Delta m)^2}$给出了局域化长度ℓ的初步估计. 然后, 我们重复运行量子算法并测量, 再对得到的结果, 以$\delta m \propto \ell \approx \sqrt{(\Delta m)^2}$为宽度, 画出$W_m$的直方图. 最后, 对这一(在动量基上的)粗粒化分布进行指数衰减拟合, 即可得到局域化长度. 基本的统计理论告诉我们, 按照这种方式, 在计算机上运行$1/\nu^2$次之后, 所得到的局域化长度的精度约为ν. 有趣的是,由于直方图的宽度取δm即可, 该算法只需要做粗粒化的测量、并产生一个粗粒化的分布就足够了. 也就是说, 可以只测量那些较重要的量子比特, 而忽略那些其所产生的测量精度低于粗粒化精度δm的量子比特. 因此, 算法运行以及测量的次数都不依赖于ℓ.

现在我们到了关键之处, 即要估计与经典计算机相比、量子计算机在计算局域化长度方面的增益如何. 首先, 我们回忆一下前面的一个结果, 即为了得到局域化的分布, 需要做大约$t^* \sim \ell$次映射迭代(见式(3.213)和式(3.215)). 这一点, 在目前的量子算法和经典算法中都如此. 为了得到关于局域化的信息, 对于基矢数的一个合理选择为$N \propto \ell$(例如, N为局域化长度的数倍). 在这样的情况下($N \sim \ell$), 经典计算机需要$O(\ell^2 \log \ell)$次操作来获取局域化长度, 而量子计算机需要$O(\ell(\log \ell)^2)$个基本逻辑门. 从这个意义上来说, 对于$\ell \sim N = 2^n$, 经典计算机和量子计算机都要做N的多项式次映射迭代, 确切而言, 量子计算机对于速度的提高是二次式的. 然而, 如果固定迭代次数t, 应该比较$O(t(\log N)^2)$个量子逻辑门和$O(tN \log N)$个经典逻辑门, 于是, 量子计算机得到的速度增益是指数式的.

对于量子系统演化到一定时间t的模拟, 其用处之一是研究如下形式的动力学关联函数:

$$C(t) \equiv \langle \psi | A^\dagger(t) B(0) | \psi \rangle = \langle \psi | (U^\dagger)^t A^\dagger(0) U^t B(0) | \psi \rangle , \tag{3.218}$$

其中, U是锯齿映射的时间演化算符(3.207). 同样, 我们也可以利用它来有效地计算量子运动的保真度. 该保真度$f(t)$(也称为Loschmidt回波), 对于研究量子运动在扰

动下的稳定性而言, 是一个至关重要的物理量. 考虑一个量子态, 它在一个未扰动哈密顿量下演化一段时间t, 再在一个受扰动哈密顿量下反演回去, 则该保真度$f(t)$可以用来度量其恢复的程度, 其定义为

$$f(t) = \langle \psi | (U_\epsilon^\dagger)^t U^t | \psi \rangle. \tag{3.219}$$

这里, 波矢量$|\psi\rangle$在(3.196)中的哈密顿量H下向前演化到时刻t, 然后在受扰动哈密顿量H_ϵ下向后演化(相应的时间演化算符为U_ϵ). 在锯齿映射中, 扰动可以表现为参数k的变化, $k \to k' = k + \epsilon$. 对于大多数在物理上感兴趣的情况而言, 算符U和U_ϵ可以在量子计算机上有效地模拟. 对于这类情况, 对量子运动的保真度的计算速度可以取得指数式的提高. 对于关联函数(3.218), 情形也类似.

3.16 在实验上的首次实现

量子计算所遇到的巨大挑战, 是在实验上实现量子计算机. 为了达到这一宏伟目标, 有很多条件需要满足. 我们需要很多可以随意制备、操作和测量的两能级量子系统, 也就是说, 我们的目标是能够控制并测量一个多量子比特的量子系统的态. 一个有用的量子计算机必须是可成规模的, 因为我们需要大量的量子比特来进行有效计算. 换句话说, 我们需要量子的类似于经典计算机中集成电路那样的东西. 如果我们想要能够实施一系列的通用量子逻辑门, 那么, 量子比特必须以可控制的方式参与相互作用, 这一点在3.16.1节将会变得很清楚. 此外, 在实施众多量子逻辑门所需要的时间之内, 我们必须能够控制大量量子比特的时间演化.

正如我们将在第6章中所讨论的, 退相干可以被认为是实现量子计算机的最大障碍. 这里退相干(或量子相干性的损失)是指, 量子计算机与周围环境的不可避免的相互耦合所导致的储存在量子计算机中的量子信息的丧失. 这种耦合影响量子计算机的性能, 并且引入计算误差. 另外一个必须考虑的误差来源, 是量子计算机硬件的不完善性.

如将在第7章中所要讨论的, 存在量子纠错码. 然而, 成功实施纠错程序的必要条件, 是在退相干时间之内能够完成很多的量子门操作. 这里的"很多"是指$10^3 \sim 10^4$, 其确切数目取决于误差的种类. 应该明白的是, 在相互作用的多量子比特体系中, 很难同时满足所有上述要求. 提请注意的一个要点是: 量子计算机必须和周围环境很好地隔离, 以防止误差的产生, 同时又要容易接近, 因为我们希望操控它的状态(制备、控制演化和读取信息). 要同时满足这两个相互矛盾的要求并非易事, 因为外界所实施的控制操作一般都会引起与环境之间的一些并非所需的耦合, 如量子门的噪声.

3.16.1 利用自旋量子比特实现的基本逻辑门

为理解在实验中已经实现的单双量子比特门的背后的基本物理原理,下面的简单例子很有启发性. 假设有一个孤立的自旋 $\frac{1}{2}$ 粒子(我们的量子比特),处于一个静磁场、外加一个含时的磁场之中. 该粒子可以是电子或者带自旋的原子核. 这样的系统由下列哈密顿量来描述:

$$H = -\mu\Big\{H_0\sigma_z + H_1\big[\cos(\omega t)\sigma_x + \sin(\omega t)\sigma_y\big]\Big\},\tag{3.220}$$

其中, H_0 和 H_1 分别是静磁场和交变磁场的强度. 请注意, 静磁场的方向为 z 向, 而交变磁场在 (x,y) 平面上绕 z 轴均匀转动.

自旋 $-\frac{1}{2}$ 粒子的态 $|\psi(t)\rangle$ 的演化可以解析地计算出来(见习题3.22). 特别有趣的是共振条件 $\omega = \omega_0 \equiv -2\mu H_0/\hbar$. 当交变场的角频率(乘以 $\hbar$)等于(在只有静磁场存在情况下的)两个自旋态之间的能级差时, 即 $\hbar\omega = -2\mu H_0$, 共振条件得到满足. 这种情况下, 可以把解写成

$$|\psi(t)\rangle = U\,|\psi(0)\rangle = \mathrm{e}^{-\mathrm{i}\omega\sigma_z t/2}\,\mathrm{e}^{-\mathrm{i}\Omega\sigma_x t/2}\,|\psi(0)\rangle,\tag{3.221}$$

其中, $\Omega = -2\mu H_1/\hbar$ 是拉比(Rabi) 频率. 利用习题2.12 的方法, 我们可以将方程(3.221) 中的幺正算符 U 在计算基矢上写出来, 得到

$$U = \begin{bmatrix} \mathrm{e}^{\mathrm{i}\omega t/2} & 0 \\ 0 & \mathrm{e}^{-\mathrm{i}\omega t/2} \end{bmatrix} \begin{bmatrix} \cos(\Omega t/2) & -\mathrm{i}\sin(\Omega t/2) \\ \mathrm{i}\sin(\Omega t/2) & \cos(\Omega t/2) \end{bmatrix}.\tag{3.222}$$

习题3.22 *解薛定谔方程*

$$\mathrm{i}\hbar\frac{\mathrm{d}}{\mathrm{d}t}\,|\psi(t)\rangle = -\mu\Big\{H_0\sigma_z + H_1[\cos(\omega t)\sigma_x + \sin(\omega t)\sigma_y]\Big\}|\psi(t)\rangle.\tag{3.223}$$

讨论共振条件 $\omega = -2\mu H_0/\hbar$.

在一个给定的时间间隔 τ 内满足共振条件 $\omega = \omega_0$ 的交变磁场, 被称为一个拉比脉冲. 需要强调的是, 具有特定时间间隔的拉比脉冲, 可以实现单量子比特的量子逻辑门. 例如, 考虑一个时间间隔为 τ、满足 $\omega\tau = \pi$ 的脉冲, 从式(3.222)容易看出, 该脉冲产生一个非门(相差一个相因子). 事实上, 如果系统的初始态为 $|0\rangle$, 则它的末态为

$$\mathrm{i}\mathrm{e}^{-\mathrm{i}\omega\tau/2}\,|1\rangle.\tag{3.224}$$

相反, 如果系统的初始态为 $|1\rangle$, 那么它的末态为

$$-\mathrm{i}\mathrm{e}^{\mathrm{i}\omega\tau/2}\,|0\rangle.\tag{3.225}$$

为了准确地实现一个非门, 我们可以令 $\omega\tau = (4n+1)\pi$, 从而消除相位因子. 类似地, 可以产生任意单量子比特幺正变换.

到目前为止, 我们讨论了单量子比特门. 为了实现通用量子计算机, 还必须能够实现双量子比特受控门. 为此, 我们需要彼此有相互作用的量子比特. 指出这一点非常重要. 下面的简单例子有助于澄清这一概念. 考虑一个由两个相互耦合的自旋为 $\frac{1}{2}$ 的粒子所组成的模型, 其哈密顿量为

$$H(t) = H_s + H_p(t), \tag{3.226}$$

其中

$$H_s = -\left(\mu_1\sigma_z^{(1)} + \mu_2\sigma_z^{(2)}\right)H_0 + J\sigma_z^{(1)}\sigma_z^{(2)} \tag{3.227}$$

而 $H_p(t)$ 是一个含时哈密顿量, 描述一个适合实现受控门的脉冲. H_s 中的前面两项描述静磁场 H_0 对两个粒子的影响, 而 $J\sigma_z^{(1)}\sigma_z^{(2)}$ 代表两个量子比特之间的伊辛(Ising)相互作用. 哈密顿量 H_s 描述一个保守系统, 其本征态就是计算基矢态, 即 $|00\rangle$, $|01\rangle$, $|10\rangle$ 和 $|11\rangle$, 相应的本征值分别为

$$E_{00} = -(\mu_1 + \mu_2)H_0 + J, \quad E_{01} = -(\mu_1 - \mu_2)H_0 - J,$$
$$E_{10} = \quad (\mu_1 - \mu_2)H_0 - J, \quad E_{11} = \quad (\mu_1 + \mu_2)H_0 + J. \tag{3.228}$$

如果我们要实现一个受控非门, 这在无相互作用的情况 $(J = 0)$ 下是不可能的. 事实上, 在这种情况下, 如果我们实施一个共振脉冲, 也就是一个频率为 $\omega = -2\mu_2 H_0/\hbar$ 的交变磁场, 那么, 我们就会在第2个量子比特上引发跃迁 $|0\rangle \leftrightarrow |1\rangle$, 而与第1个量子比特的态无关. 不管第1个量子比特的态如何, 共振条件总可以被满足. 相反, 在有相互作用的情况下 $(J \neq 0)$, 如果交变磁场的频率为 $\omega(J) = -2(\mu_2 H_0 + J)/\hbar$, 我们就可以实现一个受控非门. 事实上, 跃迁 $|10\rangle \leftrightarrow |11\rangle$ 满足共振条件, 而 $|00\rangle \leftrightarrow |01\rangle$ 并不满足共振条件, 因为参与跃迁的能级差在前者是 $-2(\mu_2 H_0 + J)$, 而在后者为 $-2(\mu_2 H_0 - J)$.

3.16.2 量子计算的首次实现综述

本小节简略综述首次在实验上实现量子逻辑门的情况, 亦讨论拥有少量子比特的量子处理器. 更为详细的讨论则推迟到第8章. 就建造量子计算机的普遍要求而言, 许多物理系统都是很好的候选者. 这里, 我们简要讨论其中的一些, 而不是全部. 此外, 在现有的最新技术条件下, 在下面所讨论的方案里, 有些方案要比其他的更现实一些. 我们将它们全部呈现如下, 其目的是想让大家了解处于活跃研究中的物理系统的多样性.

1. 液态核磁共振(NMR)

量子硬件由包含大量($\sim 10^{18}$)已知分子的液体所组成, 被置于强静磁场中. 一个量子比特对应于分子中的一个原子核的自旋, 而量子门通过共振的振荡磁场(拉

比脉冲)来实现, 即利用核磁共振(NMR)技术来实现. 分子内原子核之间的量子信息交换, 以相邻原子之间的自旋-自旋相互作用(化学键)为基础. 温度可以为室温, 这些分子处于热平衡态. 需要强调的是, 在液态核磁共振中, 人们既不能制备也不能测量单个原子核的自旋态. 相反, 人们测量的是拥有约10^{18}个分子的溶液的平均自旋. 液体中的分子进行快速而混乱的旋转, 这允许我们忽略分子之间的相互作用. 这是因为, 使该相互作用的平均效应为零的时间远远小于实现量子逻辑门所需的时间. 这样, 我们可以将溶液中的约10^{18}个分子当作彼此独立的量子处理器.

人们已经可以利用核磁共振实验来演示几种量子算法, 包括Grover算法、量子傅里叶变换, 以及量子面包师映射. 这些算法曾经在3个量子比特的分子中予以实现. 此外, 利用拥有7个量子比特的分子以及大约300个拉比脉冲, 人们已经实现了Shor算法的最简单情况, 也就是将15因子分解. 不幸的是, 由于测量信号随着分子内量子比特的数目呈指数下降, 液态核磁共振量子计算机不是规模可扩展的.

2. 光学系统

在此, 一个量子比特可以利用可处于两个光学模的单光子来实现, 如处于水平或垂直方向的极化态. 单量子比特门可以利用线性光学器件、如分束器和相移器来实现. 光子之间的相互作用必须通过非线性Kerr介质中的原子来传递, 在技术上非常困难. 不过, Knill、Laflamme 和Milburn最近证明, 线性光学也足以实施利用光子的量子计算, 其条件是: 在量子计算过程的任何阶段, 都可以实施测量(如利用光子探测器来做), 并且测量结果可以被用来控制其他光学单元.

3. 空腔量子电动力学

利用空腔量子电动力学(QED)技术, 在实验上可以实现单个原子与腔内电磁场的单个或多个模的相互作用. 量子比特的两个态, 既可以用单光子的极化态来实现, 也可以用原子的两个激发态来代表. 在第1种情况, 量子比特之间的相互作用以原子为中介; 在第2种情况, 则由光子做中介. 空腔量子电动力学技术允许实现单和双量子比特门, 但是, 要实现大数量的逻辑操作或者实现规模化, 看起来非常困难. 尽管如此, 我们要强调, 空腔量子电动力学实验在演示量子力学的基本特征方面十分成功. 例如, 可以演示拉比振荡、纠缠, 或者研究退相干效应以及从量子世界到经典物理的转变.

4. 离子阱

离子阱的量子硬件配置如下: 一个静电场与一个交变电场联合起来, 将一串离子限制于一个线性势阱(称为Paul势阱)之中. 量子比特就是一个离子, 它的两个寿命较长的态可以对应于量子比特的两个态. 势阱中离子的线性阵列就是量子寄存器. 单量子比特门可以通过对单个离子实施拉比激光脉冲而实现. 为实现受控双量子比特操作, 量子比特之间必须进行相互作用, 该互作用可以通过阱中离子串的集体振动模式来传递. 离子阱技术允许实现基本的单双量子比特逻辑门, 以及4离子纠缠. 最近, 利用该技术, 人们演示了Deutsch-Jozsa算法. 这一结果表明, 离子阱技术可以在适当的退相干时间内实现数个量子逻辑门. 看起来, 在未来的几年内, 有可能在不失相干性的情况下在数个离子上实施数10个量子逻辑门运算.

为了构造一个规模可扩展的量子计算机, Cirac和Zoller构想了一个由许多独立离子阱以及一个独立离子(探头)所构成的两维阵列. 该独立离子可以在平面内运动, 并且可以接近任何一个选定的离子. 一个适当的激光脉冲可以将选定的离子的态变换到探头离子的态. 这样可以将彼此在空间分开的离子纠缠起来, 而它们之间的量子通信可以由运动的探头来实现. 从物理原理的角度看, 似乎没有什么能妨碍该提案的实现, 但是, 技术上的挑战仍然是巨大的.

5. 固态方案

已经有好几个建造固体量子计算机的提案. 这并不令人惊讶, 因为多年来固体物理已经发展起了非常复杂的技术, 可以在纳米尺度制造出人工结构和器件. 固体物理是经典计算机发展的基础, 因此, 在固体量子计算机中, 规模可扩展性的问题可以自然得到解决. 事实上, 这样的固体量子计算机还可能受益于现有的微电子制造技术.

在本节的以下部分, 我们简要讨论3种固体计算机方案.

6. 量子点

量子点是利用半导体材料所制造出来的一种结构, 静电势可以将电子局限于其中. 量子点的典型尺寸为10ns~ $1\mu m$. 单量子比特由量子点中的单电子自旋来实现. 利用电子门来控制相邻量子点之间的静电隧穿势垒, 可以实施双量子比特操作. 降低或升高势垒即相应于开启或关闭两个量子比特之间的相互作用. 因为现有技术可以制造量子点阵列, 原则上而言, 规模是可扩展的. 不过, 在这样的阵列中如何实际实施量子门, 以及进行单个自旋的测量, 还是一个艰巨的实验挑战. 此外, 在复杂的固体器件中, 还存在多种退相干过程, 而对于它们, 我们的知识非常有限.

7. 半导体中的自旋

Kane提出过一个结合固体核磁共振技术和硅的微芯片技术的方案. 该方案的想法是把单个磷原子放在一个硅版内. 量子比特就是单个磷原子的$\frac{1}{2}$核自旋. 量子比特之间的相互作用, 以量子比特与其周围电子的超精细相互作用为中介. 电子门控制单个电子的态和量子比特之间的相互作用, 而磁场(Rabi脉冲)则实现量子逻辑门操作. 该提案需要在原子尺度上进行纳米级的加工, 因而远远超出了现有的技术水平. 为了解该方案的困难所在, 我们注意到电子门之间的距离必须在$1\mu m$左右, 而磷原子也必须放于一个在同样尺度上的有序阵列里. 不过, 我们也要记住, 硅技术是一个快速发展的领域.

8. 超导线路

近年来, 在利用超导微电子线路来构造人造两能级系统方面, 人们取得了非常显著的实验进展. 在超导体中, 一对电子被"捆绑"在一起形成一个叫做库珀对的客体, 其电荷为电子的两倍. 静电势可以把库珀对束缚在微米尺度的"盒子"里. 一个盒子可以具有相差一个库珀对的两个电荷态, 这样的两个态可以用来代表量子比特. 约瑟夫森结线路可以控制量子比特的态. 在约瑟夫森结中, 两个装有库珀对的盒子被一个很薄的绝缘体隔开, 而库珀对可以通过量子隧穿从一个盒子跑到另一个盒子中去. 在两个电荷态之间可以诱导拉比振荡, 从而实现单量子比特逻辑门. 另一种实现量子比特的方法是在一个超导环上加一个磁通量, 量子比特的两个态分别对应于顺时针和逆时针的环流. 在这两种方法中, 都可以观察到拉比振荡, 而且都可以利用微波拉比脉冲来控制量子比特的状态. 此外, 也可以把两个超导量子比特耦合起来, 然后, 从单个量子比特上的拉比振荡来观察这种耦合所产生的效应. 近年来, 利用一对耦合的超导量子比特, 人们演示了有条件限制门的操作.

3.17　参考资料指南

对量子图林机的讨论可以参见Galindo 和Martin-Delgado (2002) 发表的文章. 对量子计算线路模型的开创性研究可以参见Deutsch (1989) 发表的文章. Jozsa 和Linden (2002) 对纠缠在量子计算的加速效应方面所起的作用给予了清晰的讨论, 亦可参见Biham 等(2003)的文章.

Reck 等(1994)、Di Vincenzo (1995)、Barenco (1995)、Deutsch 等(1995) 和Lloyd (1995) 讨论了双量子比特逻辑门的通用性. 很多有用的线路构造可以在Barenco 等(1995) 以及Song 和Klappenecker (2002) 的文章中找到. Tucci (1999) 讨论了如何把一个幺正矩阵分解成更小的矩阵.

Lee 等(1999) 讨论了一种构造量子逻辑线路的实用方法. 实现各种各样算术操作的量子线路可以在Vedral 等(1996), Beckman 等(1996), Miquel 等(1996), Gossett (1998) 和Draper (2000) 的文章中找到.

Deutsch 算法由Deutsch(1985) 发明, 并由Deutsch 和Jozsa(1992) 推广到n 个量子比特的情况(也参见Cleve 等(1998)). 在 3.9.2 节中所讨论的推广应归功于Grassi 和Strini(1999).

量子搜索算法由Grover (1996) 提出, 也可参考Grover (1997) 的文章. Boyer 等(1998) 和Zalka (1999) 讨论了二次方增速的最优性. 更进一步的发展可在Brassard 等(2002) 的文章中找到.

Coppersmith(1994) 以及Ekert 和Jozsa(1996) 进行了关于量子傅里叶变换的有用讨论. 将量子傅里叶变换推广到一般阿贝尔群的方法是Kitaev(1995) 发现的. 其他有用的参考文献见Jozsa(1997), Ekert 和Jozsa(1998) 以及Bowden 等(2000)发表的文章. Fijany 和Williams (1998) 对量子小波变换有所讨论. Agaian 和Klappenecker

(2002) 描述了一个实施快速幺正变换的统一方法. Klappenecker 和Rötteler(2001) 讨论了量子计算中的信号处理方法.

相位估计算法在Kitaev(1995) 的文章中提出. 对该算法的一个很好描述可以在Cleve 等(1998) 的文章中找到. 3.13节中所描述的计算已知幺正算符本征值和本征矢量的量子算法, 是由Abrams 和Lloyd(1999) 提出的.

整数因子分解的Shor算法是在Shor(1994)提出的, 详细的讨论可以在Shor(1997) 发表的文章中找到. 其他有用的参考文献见Kitaev(1995), Ekert和Jozsa(1996), Lomonaco(2000)和Beauregard(2003)发表的文章. Lavor等(2003)对Shor算法给出了一个易懂的介绍.

Feynman(1982)提出, 就模拟量子力学体系而言, 量子计算机可能超越经典计算机. Lloyd(1996)对此做了进一步的发展. 在 3.15节中所介绍的模拟薛定谔方程的方法应归功于Zalka(1998)和Wiesner(1996). 模拟量子混沌的量子算法是从Schack(1998)开始研究的, Georgeot和Shepelyansky(2001a) 做了进一步的发展. 模拟量子锯齿映射的量子算法归功于Benenti等(2001), 而Benenti等(2003)研究了对该模型中动力学局域化的量子计算. 计算动力学模型中的一些有趣的物理量的其他量子算法, 可以在Emerson等(2002,2003)中找到. Miquil等(2002a)讨论了关于量子态的X线断层摄影术的量子线路. Georgeot 和Shepelyansky (2001b) 讨论了经典混沌体系的量子模拟. Abrams和Lloyd(1997)以及Ortiz等(2001)研究了在量子计算机上对多体费米系统的模拟. Sørensen和Mølmer(1999)讨论了对自旋系统的模拟. Terhal和DiVincenzo(2000)中的内容涉及在量子计算机上对量子系统平衡态的模拟.

关于量子混沌的一般参考书有Casati和Chirikov(1995)以及Haake(2000).

在DiVincenzo(2000)中可以找到很有趣的有关实现量子计算机所必须满足的条件的讨论. Zurek(2003)对退相干进行了综述, 而Zurek(1991)给出的是一个简介. 有很多关于退相干以及缺陷对量子计算的稳定性的影响方面的研究, 比如Palma等(1996), Miquel 等(1996), Georgeot 和Shepelyansky (2001), Benenti等(2001)和Strini(2002)的文章.

Jones(2001)给出了一个关于核磁共振量子计算的基本原理的描述. 利用少量量子比特的核磁共振量子处理器, 已经实现了各种各样的量子算法. 例如, 用两个量子比特实现了Grover算法(Jones et al., 1998), 用3个量子比特实现了量子傅里叶变换(Weinstein et al., 2001) 和面包师映射(Weinstein et al., 2002), 以及用7个量子比特实现了Shor算法(Vandersypen et al., 2001).

Knill等(2001)讨论了利用线性光学来实现有效量子计算的方案.

在空腔量子电动力学实验中, 可以操控原子和光子纠缠, Raimond等(2001)对这方面进行了非常优秀的综述.

利用离子阱来实现量子计算的想法由Cirac 和Zoller (1995) 提出. 第1 个演示

受控非门的是 Monroe 等(1995). Sackett 等(2000) 描述了 4 个离子的多粒子纠缠. Gulde 等(2003) 描述了在离子阱量子计算机中如何实现 Deutsch-Jozsa 算法. Cirac 和 Zoller (2001) 讨论了利用一列独立离子阱来作量子计算机的方案.

Loss 和 DiVincenzo(1998) 讨论了用量子点来实现量子计算机的方案. 用硅半导体中的自旋来进行量子计算是 Kane(1998) 提出的.

Nakamura 等(1999), Vion 等(2002) 和 Chiorescu 等(2003) 演示了约瑟夫森结中的拉比振荡. Yamamoto 等(2003) 最近实现了利用超导电荷量子比特来进行的有条件门操作.

第4章 量子通信

本章我们阐释以下内容: 量子系统的基本性质可以在信息传播方面有现实的应用, 其中, 最引人瞩目者在于密码术领域, 即秘密通信的艺术. 首先, 我们将简述经典密码术. 然后, 讨论量子力学对于密码术的独特贡献. 就通信而言, 我们称发送者为Alice, 接受者为Bob, 窃听者为Eve. 利用量子密码术, Alice与Bob可以发现其通信内容是否曾经被Eve截取. 这是量子力学的一个基本性质, 即"不可克隆定理"的一个结果. 该定理称, 未知的量子态不可能被复制. 其后, 我们阐明量子力学的两个重要应用: 密集编码与量子隐形传态. 密集编码利用纠缠来加强经典信息的传输. 如果Alice与Bob共享一对有EPR纠缠的量子比特, Alice可以对她这一方的量子比特进行操作, 再传给Bob, 这样, 单一量子比特可以携带两个比特的经典信息. 量子隐形传态也利用纠缠, 它使得Alice可以通过发送经典比特, 来传给Bob一个量子比特的信息. 最后, 我们概述量子通信方案在实验中的实现及其前景. 第8章将会进一步深入讨论本章的内容.

4.1 经典密码术

密码术之使用可以追溯至公元前, 其后, 秘密通信变得越来越重要. 一个重要的例子是恺撒密码, 于2000多年前在高卢战役中为朱里叶斯·恺撒所用. 这种密码使用一个字母表, 其中每个字母都被移动了一个固定位数j. 也就是说, 对于一个由k个字母所组成的字母表(例如, $k = 26$并且字母被标记为$i = 1, 2, \cdots, 26$), 我们将其中第i个字母用第$i+j$个字母代替(以k为模). 以此方法加密, 我们称发送者Alice用一把秘密钥匙 (密钥)将她的普通文本变为加密文本. 在恺撒密码中, 密钥为j. 容易看出, 对应于数目$j(j = 1, \cdots, k-1)$, 共有$k-1$种编码方法. 显然, $j = k$是无用的, 因为它并不改变文本. 这一编码法, 虽然在现在很容易破译, 但是, 在恺撒的年代很难被破译. 请注意, Alice必须通过保密管道把密钥传给Bob, 而不被Eve截获, 然后, Alice就可以通过非保密管道将加密文本传给Bob了.

恺撒密码有一个有趣的变种, 即考虑k个字母的$k!$个可能组合中的一个, 用来替换原始字母表. 不过, 即使是这种编码, 现在也容易破译. 事实上, 由于文件中不同字母出现的频率不同, 对加密文本中的字母做一个简单的统计分析, 即可以将之破译.

4.1.1　Vernam密码

第1个不可破译的密码是Vernam于1917年发明的Vernam密码. 其不可破译性的数学证明, 于30多年后才由Shannon给出. Vernam的方案如下:

(1) 将原文本写成为一个二进制(0与1)的序列.

(2) 密钥是一个其长度与原文本一样长的、完全无规的二进制序列.

(3) 将原文本的二进制序列与密钥按如下方法逐项相加(以2为模), 得到加密文本.

记原文本为$\{p_1, p_2, \cdots, p_N\}$($p_1, p_2, \cdots, p_N$是二进制数), 密钥为$\{k_1, k_2, \cdots, k_N\}$, 则加密文本$\{c_1, c_2, \cdots, c_N\}$为

$$c_i = p_i \oplus k_i, \quad i = 1, 2, \cdots, N. \tag{4.1}$$

例如,

$$\begin{array}{ll} 001010011 & \text{原文本}, \\ 100111010 & \text{密钥}, \\ 101101001 & \text{加密文本}. \end{array} \tag{4.2}$$

只要密钥完全无规, 加密文本也是完全无规的, 对于原文本不给出任何信息, 因此, 编码是不可破译的. 由于Alice与Bob共享密钥, 后者可以轻易地还原原文本, 也就是说, 他只要把加密文本与密钥按照模数2逐项相加即可

$$p_i = c_i \oplus k_i, \quad i = 1, 2, \cdots, N. \tag{4.3}$$

需要指出的是, 密钥只能使用一回(Vernam密码也被称为一次簿). 如果重复使用, 当窃听者见到两个加密文本时, 可以将两个加密文本按照模数2逐项相加, 其结果等同于原文本按照同样方法相加. 由于原文本中总有很多重复的字母(它们不是无规二进制序列), 密码于是可以被破译. 因此, 密码术的主要问题不是加密文本的传递, 而是密钥的分发. 该分发需要某种"可靠信使", 也就是说, 秘密通信的问题仅仅就是密钥传递的问题. 这里的一个问题是, 至少在原则上, Eve能够读到密钥而不留下任何痕迹. 因此, Alice与Bob永远不能绝对地肯定密钥是保密的. 在4.3节中我们将会看到, 量子力学可以解决这一问题, 它提供了一个独特而可靠的密钥分发与密钥保存的方法.

Vernam密码要求产生一长串的无规二进制序列(至少与传递的讯息一样长), 这本身就不是一件简单的事. 较弱的编码可以使用较短的密钥, 但在原则上是可以破译的, 尽管可能很难破译. 值得注意的是, 破译复杂编码是建造电子计算机的动机之一.

4.1.2   公钥密码系统

为每次通信都提供一个新的无规密钥很困难, 因此, Vernam密码现在主要被用于重要的外交通信上. 对于不那么敏感的事情, 可以使用公钥密码系统. 这一系统的原则是Diffie和Hellman在20世纪70年代中期所发现的.

传统的密钥密码系统与近期的公钥密码系统的基本区别如下:

(1) 在密钥密码系统中, Alice用密钥将她的讯息加密, 然后, 把加密讯息传给Bob. Bob有同样的密钥, 因而可以进行解密. 讯息的保密性在于密钥的保密性. 由于密钥必须在某个时间在Alice与Bob之间分配, 其被窃取的可能性总是存在的.

(2) 在公钥密码系统中, Alice与Bob并不交换任何密钥. Bob公开一个钥匙(公钥), Alice用它来加密讯息. 然而, 为解密该讯息, 却必须使用另外一个钥匙(私钥), 而不是用这个公钥. 私钥由Bob独自掌握, 因而, 避免了分配钥匙的问题. 公钥密码系统的工作原理, 就好像Bob造了一个可以存放讯息的保险箱, 该保险箱有两把钥匙, 公开的那把可以把它锁上, 私人的那把可以把它打开. 任何人都可以将讯息放到保险箱里, 但是, 只有一个人(Bob)可以打开它并拿出讯息.

公钥密码系统需要一个活板门函数(trap-door function) f, 它很容易计算, 但是它的反函数 f^{-1} 难计算. 这里的难易必须按照算法复杂性理论来理解(见第1章): 计算 f 所需的资源, 随输入大小按照多项式方式增加, 然而, 对于计算 f^{-1}, 多项式增加的资源无法办到(资源是指计算时间、硬件大小等). 任何一个问题, 只要其解难找、而找到后容易验证, 则在原则上对于密码术都是有用的. 这些问题属于计算的NP类问题, 涉及两个钥匙: 公钥 f 被Alice用来加密她的文本, 而私钥 f^{-1} 为Bob所独自拥有并用来解密.

4.1.3   RSA 方案

公钥密码系统的一个著名例子是RSA密码系统, 它由Rivest, Shamir 和Adleman于1977年所设计. RSA方案运行如下:

(1) Bob选两个"足够大"的质数 p 与 q, 并且计算 $pq = N$.

(2) Bob无规地选取一个与 $(p-1)(q-1)$ 互质的数 d, 即 d 与 $(p-1)(q-1)$ 的最大公约数为1.

(3) Bob计算 d 的以 $(p-1)(q-1)$ 为模的倒数, 记为 e

$$e\, d|_{\mod(p-1)(q-1)} = 1 . \tag{4.4}$$

(4) Bob公开数对 (e, N), 作为公钥, 任何人都可以用它给Bob发送信息.

(5) 数对 (d, N) 是Bob个人所独有的解密钥匙. 因此, 对于用公钥加密过的信息, 只有Bob才能将之解密.

(6) Alice把她的讯息分成段, 并且将每段讯息写为一个数. 记第i段的数为m_i, 其中$m_i < N$. 然后, Alice将每一段按如下方法加密:

$$m_i \rightarrow m'_i = m_i^e|_{\mathrm{mod}N}. \tag{4.5}$$

(7) Bob的解密方法为

$$m_i = m_i'^{d}|_{\mathrm{mod}N}. \tag{4.6}$$

事实上, 数论告诉我们$m_i^{ed}|_{\mathrm{mod}N} = m_i$(例如, 参见Ekert等(2001)). 该方案与Vernam密码相比, 有如下优势:

(1) 没有必要通过一个被设想为保密的通道来传递密钥: 公钥可以被任何一个想要与Bob联系的人所使用, 而Bob独自保有密钥.

(2) 公钥可以被任意多次重复使用.

习题4.1 密码术的一个至关重要的问题是鉴定. 也就是说, Bob需要确定他所收到的讯息的确来自Alice, 而非别人. 找到一种办法, 让Alice可以利用公钥密码系统, 使得她的讯息得到鉴定.

如果有人发现了N的质数因子p与q, 由于e已知, 他(她)可以轻易地计算d, 于是就可以破译RSA密码. 因此, 这一方法的可靠性乃建筑于以下事实之上, 即现在尚不存在可以有效地(以多项式式的时间)分解任意整数的程序. 现今最好的分解整数的经典程序为数域筛(number field sieve)方法. 它需要$\exp(O(n^{1/3}(\log n)^{2/3}))$次运算, 其中, $n = \log N$是输入大小. 为了使大家对这一问题的难度有一个具体的概念, 考虑将一个250位的阿拉伯数字分解, 这需要一个200MIPS(每秒10^6个指令)计算机运行10^7年(Hughes, 1998). 这意味着, 在现有技术条件下, 这一问题实际上是不可解的. 更确切而言, 我们愿意指出, 还不能证明数域筛法则是整数分解的最优化方法. 而且, 与其他NP问题的情况类似, 对于整数分解而言, 也不能排除在未来能够发现需要多项式式的时间的算法的可能性. 不论如何, 正如在3.14节所见, 我们愿意强调的是, 在量子计算机上存在使用多项式的时间的算法. 因此, 如果大尺度量子计算机可以被造出来的话, RSA密码系统就可以破译. 这明确显示, 对于需要在长而不确定的时间内保密的讯息而言, 公钥密码系统并不能够提供充分且可靠的保证.

4.2 不可克隆定理

经典比特有一个被视为理所当然的性质: 它可以被克隆. 相反地, 本节中我们将会看到, 一个量子比特的一般状态是不能被克隆的. 这是Dieks, Wootters和Zurek所发现的所谓不可克隆定理.

让我们先考虑这样一个具体系统, 其量子比特是一个光子的偏振态. 我们记光子的水平方向偏振态为$|0\rangle$ (或者$|\leftrightarrow\rangle$), 垂直方向偏振态为$|1\rangle$ (或者$|\updownarrow\rangle$). 光子也可以

沿着与水平成 β 角度的方向偏振(见图4.1, 其中 x 指水平轴, y 指垂直轴, 而 z 是光子的传播方向). 在该情况下, 光子由下述波函数描述:

$$|\psi\rangle = \cos\beta\,|\leftrightarrow\rangle + \sin\beta\,|\updownarrow\rangle. \tag{4.7}$$

现在假设一个这样的光子被发送到一个偏振分析器(一个双折射晶体, 如方解石). 光子从分析器出来后, 呈水平或者垂直偏振(见图4.1, 其中水平偏振的光子直接通过晶体, 而垂直偏振的光子被反射). 我们记这两个相互排斥的结果为0和1, 其发生的概率分别为 $p_0 = \left|\langle\leftrightarrow|\psi\rangle\right|^2 = \cos^2\beta$ 和 $p_1 = \left|\langle\updownarrow|\psi\rangle\right|^2 = \sin^2\beta$. 这样, 测量单光子偏振态, 会给出一个比特的信息, 相应于被测光子的偏振态. 我们注意到, 这完全符合在2.4节中所介绍的测量假设(量子力学的假设II).

　　现在, 假设存在一个克隆机器, 可以复制出任意多的、由式(4.7)给出的态 $|\psi\rangle$. 这样的话, 测量所有这些备份态, 就可以将角度 β 确定到所要求的任意精度. 由于克隆机器可以被视为测量仪器的一部分, 这一结论会与测量假设相矛盾. 测量假设意味着, 从对一个光子的偏振态的测量, 我们只能得到一个比特的信息, 即以 $p_0 = \cos^2\beta$ 的概率得到0而以 $p_1 = \sin^2\beta$ 的概率得到1[①]. 相反, 如果存在克隆机器的话, 从上述测量我们可以将参数 β 确定到任何想要的精度, 从而, 从这样简单的对单光子偏振态的测量可以提取任意多比特的信息量(即在所要求的精度下表示 β 所需要的比特数). 这样, 依据量子力学的测量假设, 我们得到的结论是, 量子克隆机器不会存在.

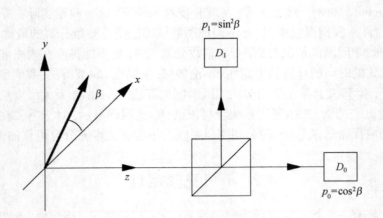

图4.1　对单个光子之偏振态的测量

两个光子探测器分别标记为 D_0 和 D_1

---

①　对于测量假设的这一信息论解释, 为作者的观点. 事实上, 对于测量的实质这一问题, 物理学界尚未有公认的理论解释. ——译者注.

现在我们对不可克隆定理给出一个更为形式上的证明. 该证明较上面给出的为弱, 因为它利用了量子力学的线性性质.

定理4.1 不可能建造这样一台机器, 它执行幺正变换并且可以克隆一个量子比特的一般状态.

证明 考虑一个系统, 它由第1个要被克隆的量子比特、第2个量子比特以及一台克隆机器所组成. 第1个量子比特被制备为一个一般的态

$$|\psi\rangle = \alpha|0\rangle + \beta|1\rangle, \tag{4.8}$$

其中, α 和 β 是由规一化条件所限制的两个复数, $|\alpha|^2 + |\beta|^2 = 1$. 初始时, 第2个量子比特与克隆机器被准备于某个参照态, 如分别为 $|\phi\rangle$ 和 $|A_i\rangle$. 克隆机器应该能够执行以下幺正变换:

$$U(|\psi\rangle|\phi\rangle|A_i\rangle) = |\psi\rangle|\psi\rangle|A_{f\psi}\rangle = (\alpha|0\rangle + \beta|1\rangle)(\alpha|0\rangle + \beta|1\rangle)|A_{f\psi}\rangle, \tag{4.9}$$

其中机器的末态一般依赖于要被克隆的态 $|\psi\rangle$. 我们现在证明, 这样的幺正变换不可能存在. 如果第1个量子比特存在于态 $|0\rangle$, 克隆机器的运行结果必须是

$$U(|0\rangle|\phi\rangle|A_i\rangle) = |0\rangle|0\rangle|A_{f0}\rangle. \tag{4.10a}$$

类似地, 如果第1个量子比特被制备于态 $|1\rangle$, 则

$$U(|1\rangle|\phi\rangle|A_i\rangle) = |1\rangle|1\rangle|A_{f1}\rangle. \tag{4.10b}$$

因此, 克隆机器对一个一般态 $|\psi\rangle = \alpha|0\rangle + \beta|1\rangle$ 的运行结果是

$$U((\alpha|0\rangle + \beta|1\rangle)|\phi\rangle|A_i\rangle) = \alpha U(|0\rangle|\phi\rangle|A_i\rangle) + \beta U(|1\rangle|\phi\rangle|A_i\rangle), \tag{4.11}$$

这里, 我们使用了量子力学的线性性质. 现在把式(4.10a)和式(4.10b) 插入式(4.11), 我们得到以下状态:

$$\alpha|0\rangle|0\rangle|A_{f0}\rangle + \beta|1\rangle|1\rangle|A_{f1}\rangle, \tag{4.12}$$

很明显, 它与式(4.9)中的克隆之后所需要出现的态不一样.

要强调的是, 考虑一个一般状态是这里的一个基本要素. 事实上, 如果在一开始制备第一个量子比特的态的时候, 我们知道该态将为某两个正交态中的一个, 如 $|0\rangle$ 或 $|1\rangle$, 那么, 我们就可以确定地测量该量子比特的态, 然后制备任意数目的备份. 这种情况下, 量子比特的行为与经典比特的一样, 而我们知道经典克隆机器是存在的(影印等).

习题4.2 一个量子比特存在于某未知状态 $|\psi_1\rangle$. 我们随机猜测它的态为 $|\psi_2\rangle$. 定义保真度 F 为 $F \equiv |\langle\psi_1|\psi_2\rangle|^2$, 我们的猜测的平均保真度是多少?

证实以下结论是很有趣的, 即(量子)克隆机的存在将违背相对论的一个基本原理, 也就是说, 这意味着信息可以以超光速传递. 假设一个源产生了处于如下贝尔态的(许多)EPR对:

$$|\phi^+\rangle = \frac{1}{\sqrt{2}}\left(|0\rangle|0\rangle + |1\rangle|1\rangle\right). \tag{4.13a}$$

该态也可以写为

$$|\phi^+\rangle = \frac{1}{\sqrt{2}}\left(|0\rangle_x|0\rangle_x + |1\rangle_x|1\rangle_x\right), \tag{4.13b}$$

其中, $|0\rangle_x$ 与 $|1\rangle_x$ 分别是泡利矩阵 σ_x 的具有本征值 $+1$ 与 -1 的本征态. 利用以下性质, 容易验证式(4.13a)与式(4.13b)中的表达式等价:

$$\begin{cases} |0\rangle_x = \frac{1}{\sqrt{2}}\begin{bmatrix}1\\1\end{bmatrix} = \frac{1}{\sqrt{2}}\left(|0\rangle + |1\rangle\right), \\ |1\rangle_x = \frac{1}{\sqrt{2}}\begin{bmatrix}1\\-1\end{bmatrix} = \frac{1}{\sqrt{2}}\left(|0\rangle - |1\rangle\right). \end{cases} \tag{4.14}$$

每个EPR对中的一个粒子被送给Alice, 另一个给Bob. 注意, 原则上而言, Alice可以与Bob离得任意远. Alice把她要送给Bob的讯息编码为一个二进制数串. 随后, Alice对每个EPR对中她一方的粒子进行如下测量: 对应于数串中的数字0与1, 她分别测量 σ_x 与 σ_z (我们假设Alice和Bob所拥有的EPR对的数目, 至少与数字串的位数相当). 这之后, Bob一方的EPR对的粒子的态坍缩为 σ_x 或 σ_z 的本征态. 但是, 这些态并不正交, Bob不能通过测量得到关于Alice的讯息的任何信息. 相反, 如果有个克隆机器的话, Bob就能将他的EPR量子比特复制任意多份, 并且以任意精度区分 σ_x 与 σ_z 的本征态. 事实上, 对于一个量子比特的一般态, $|\psi\rangle = \alpha|0\rangle + \beta|1\rangle$, 如果拥有该比特的大量备份的话, Bob能够通过测量它们而估计 α 和 β, 尤其是, 确定该态是 σ_x 或 σ_z 的本征态. 这样的话, 就有可能进行超光速通信, 从而违背相对论的一个基本原理.

习题4.3 对于上述(关于贝尔态的)例子, 证明: 不论Alice决定去测量 σ_x 或 σ_z, 对于Bob而言, 在任意方向上测量偏振, 他得到向上与向下偏振态的概率都是相等的.

最后, 我们注意到, 不可克隆定理并不禁止构造原始态的不完全备份. 有很多方案已经被提出, 以取得备份的最优保真度(针对某种度量而言). 在第5章, 我们将给出不完全量子克隆机的一个具体例子.

4.3 量子密码术

在经典物理里, 不可能确切知道窃听者Eve是否在监听通信. 其原因是, 经典信息可以被复制而不引起原信息的变化. 事实上, 信息总要被编码于某个物理系统(一张纸、无线电信号等), 而在原则上, 该物理系统的性质可以被动地被测量. 该测量会引起系统的一些变化, 但是, 这些变化可以被处理得小到技术允许的范围之内. 相反, 在量子力学里, 测量过程对于系统的扰动通常具有原理方面的根源. 这是海森伯不确定性原理的一个结果(参见2.4节). 的确, 如果考虑一对不可互易的可观测量, 对于其中一个可观测量的测量, 不可避免地会(无规地)扰动另一个量. 在本节中, 我们会看到, 这一内在的量子性质使得探测入侵成为可能: Alice和Bob可以探测到Eve是否在窃听他们的通信. 这一可能性可以被用来制造双方之间的一把密钥, 使得Alice和Bob可以利用如Vernam密码那样的经典密码术, 来进行保密通信. 下面我们讲述分配量子钥匙的两个方案, BB84方案和E91方案.

4.3.1 BB84方案

BB84方案是Bennett和Brassard于1984年发现的, 它需要4个态和两个字母表: $|0\rangle$和$|1\rangle$(z字母表), $|+\rangle \equiv |0\rangle_x = \frac{1}{\sqrt{2}}(|0\rangle + |1\rangle)$, $|-\rangle \equiv |1\rangle_x = \frac{1}{\sqrt{2}}(|0\rangle - |1\rangle)$($x$字母表). z字母表与x字母表中的字母分别与泡利矩阵σ_z与σ_x的本征态相联系. BB84方案叙述如下(表4.1给出了一个简单的例子):

表4.1 BB84方案的一个例子

Alice数据比特值	1	0	0	0	1	1	0	1	0	1
Alice的字母表	x	z	x	z	x	x	x	z	z	x
传送的量子比特	$|1\rangle_x$	$|0\rangle$	$|0\rangle_x$	$|0\rangle$	$|1\rangle_x$	$|1\rangle_x$	$|0\rangle_x$	$|1\rangle$	$|0\rangle$	$|1\rangle_x$
Bob的字母表	x	z	x	x	z	x	z	x	z	x
测量输出	1	0	0	0	0	1	0	0	0	1
Bob数据的比特值	1	0	0	0	0	1	0	0	0	1
生钥	1	0	0			1			0	

(1) Alice制造一个由0和1所组成的无规序列.

(2) Alice把每个数字比特编码为一个量子比特: 如果数字比特是0, 就取$|0\rangle$ 或$|+\rangle$ $= |0\rangle_x$; 如果数字比特是1, 就取$|1\rangle$或$|-\rangle = |1\rangle_x$. 对于每个数字比特, Alice用掷硬币的方法无规地选取x字母表或z字母表(例如, 如果硬币的正面朝上取x字母表, 而反面朝上取z字母表).

(3) Alice将所得到的量子比特串发送给Bob.

(4) 对于每个量子比特, Bob随机地决定测量轴向, 即他或者测量沿着x轴的自旋偏振, 或者测量沿着z轴的. 注意, 有一半的情况, Bob与Alice选择同一个轴. 在此情形下, 假如没有窃听者或者噪声效应, Alice与Bob拥有同样的比特(这里, 对于噪声效应, 我们指诸如不完美的态的制备或者探测, 以及传播的量子比特与环境的相互作用等). 相反, 如果Bob选了与Alice不同的轴向, 则仅在一半的情况下, 他的测量所得到的数字, 与Alice所要发送的数字相同. 例如, 如果Bob收到量子比特$|-\rangle$ 并且测量σ_z, 其结果为0与1的几率相等.

从现在开始, Alice与Bob通过一个公开渠道仅仅交换经典信息.

(5) Bob通过一个公开的经典渠道, 告知Alice他对于每个量子比特的测量所使用的字母表. 当然, 他并不通告测量结果.

(6) Alice通过一个公开的经典渠道, 告知Bob每个她传去的量子比特所用的字母表(仍然, 不通告测量结果).

(7) Alice与Bob删去所有他们使用了不同的字母表的比特. 此后, 他们共享所谓生钥 (即未加工的钥匙, raw key) . 只要没有Eve和噪声, Alice与Bob有相同的生钥.

通过以下步骤, Alice与Bob从生钥中提取密钥.

(8) 通过一个公开的通信渠道, Alice与Bob公布并且比较他们生钥的一部分. 从比较的结果, 他们可以估计出由窃听者或者噪声所造成的错误率R. 如果该比率太大, 他们从新执行方案. 不然, 他们在生钥的剩余比特上执行(以下的)信息调整 和保密增强.

(9) 信息调整就是利用公共传输渠道进行的经典纠错. 我们将在第7章讲述经典纠错编码. 这里, 作为示例, 我们仅仅给出信息调整的一个简单方案. Alice和Bob把他们的生钥的剩余比特分为段长为l的子集. 段的长度这样确定, 使得每段不大会出现多于一个错误($Rl \ll 1$, 其中R是上述估计出的错误率). 对于每个子集, Alice和Bob忽略其最后一个比特, 再检查其宇称(一个二进制数串$\{b_1, b_2, \cdots, b_l\}$的宇称被定义为$P = b_1 \oplus b_2 \oplus \cdots \oplus b_l$). 如果Alice和Bob发现他们的某一子集的宇称有所不同, 他们可以通过以下的二进制搜寻法来确定错误比特的位置并且去掉它. 他们可将该子集一分为二, 并且检测新子集的宇称($P_1 = b_1 \oplus b_2 \oplus \cdots \oplus b_{(l-1)/2}$和$P_2 = b_{(l-1)/2+1} \oplus b_{(l-1)/2+2} \oplus \cdots \oplus b_{l-1}$). 重复该二分法, 就可以找到那些具有不同宇称的子集合. 注意, 对于公布了其宇称的那些子集合, Alice和Bob每次都去掉其最后一个比特. 这样, 他们可以避免Eve从他们的宇称检测中获得任何信息. 最后, Alice和Bob以很高的概率共享同一串比特.

(10) 保密增强可以将Eve关于最后密钥的信息减少到任意小. 作为示例, 我们给出一个简单的保密增强方案. Alice和Bob从前面所获得的错误率R, 估计出Eve可能知道的比特的最大数. 记s为一个保密参数. Alice和Bob随机选取他们的钥匙的$n - k - s$个子集, 其中, n是钥匙中的比特数. 这些子集的宇称被取为最后的密钥. 该钥匙的保密性比前面的更高, 因为Eve必须知道一个子集中的每个比特的一些信息, 才能获得其宇称的信息. 可以证明, Eve的剩余信息是$O(2^{-s})$.

请注意, Eve可能选取不同的窃听策略:

(1) 截取再发送　Eve截取并且测量Alice所发送的量子比特, 然后, 再把它们发送给Bob.

(2) 透明攻击　Eve拥有与Alice所发送的量子比特相互作用的探针(辅助量子比特), 她去测量这些探针的态.

(3) 集体攻击 Eve在一个时间不是操纵一个量子比特,而是一群量子比特.

可以证明,量子钥匙的分配的保密性,与窃听的策略无关,也就是说,可以保证Eve所得到的关于最终钥匙的信息量为任意小(Nielsen and Chuang, 2000).

我们强调,BB84方案的有效性以海森伯的(不确定性)原理为基础. 两个字母表与两个不互易的可观测量σ_x和σ_z相联系. 对于同一个量子比特,Eve不可能既测量x方向的偏振,又测量z方向的. 例如,如果她对量子比特$|0\rangle_x$进行σ_z测量,她得到0与1的概率是相等的. 因此,她已经不可逆地弄乱了Alice原来所传送的偏振态. 我们也要强调不可克隆定理的重要性:它保证Eve不能确定地分辨非正交量子态. 如果量子克隆机存在的话,Eve就可以对每个Alice所发送的量子比特制造大量的备份,从而以任意精度分辨出σ_x与σ_z的本征态. 例如,设想Eve对该比特及其所有的备份测量σ_z. 如果她收到的态是$|1\rangle$,那么,她的测量结果总是1;另外,如果她收到的是$|1\rangle_x$态,她会以同样的概率得到输出0和1. 最后,Eve可以给Bob发送一个她所截获的量子比特的备份. 因此,如果不可克隆定理可以被违反的话,Eve就能够截获Alice所发送的量子比特,再发送给Bob,而不留下任何截取痕迹.

习题4.4 证明:如果Eve截获每个Alice所发送的量子比特,沿某个轴测量其偏振,然后再把它发给Bob,那么,她在生钥中引入了25%的错误率.

习题4.5 证明:如果不去扰动的话,就不可能知道两个不正交的量子态$|\psi_1\rangle$和$|\psi_2\rangle$中的哪一个被发送了.

最后,我们提请注意,量子密码系统的一个主要缺点是,尚没有任何可以用来做鉴定的办法. 为此,需要一个经典密钥. 的确,为了确定他们没有和其他人通信,Alice和Bob需要通过一个经典保密渠道来传送一个鉴定钥匙. 然后,他们可以执行像BB84这样的量子方案,并且"扩展"已有的鉴定钥匙.

4.3.2 E91方案

现在我们讨论E91方案(Ekert, 1991),它是一个利用EPR纠缠对的量子密码术.

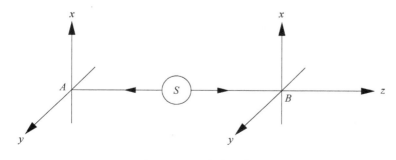

图4.2 E91方案示意图
EPR源、Alice和Bob分别记为S, A和B

(1) 一个源S发射一对处于EPR态的量子比特(自旋$\frac{1}{2}$的粒子)

$$|\psi^-\rangle = \frac{1}{\sqrt{2}}\left(|01\rangle - |10\rangle\right). \tag{4.15}$$

这对量子比特沿着相反的方向发送；Alice收到第1个, Bob收到第2个(图4.2). 请注意, 第三者并非是必需的: Alice可以产生EPR对, 然后将每对中的一个发送给Bob.

(2) Alice和Bob能够利用EPR对的量子关联, 来发现Eve是否曾经截取了传输中的EPR对. 为此, 他们先分别确定三个方向, 即$\hat{a}_1$, $\hat{a}_2$, $\hat{a}_3$ (Alice)和$\hat{b}_1$, $\hat{b}_2$, $\hat{b}_3$ (Bob), 再分别随机选取其中之一作为测量轴来测量粒子的自旋(图4.3). 记$p_{\pm\pm}(\hat{a}_i, \hat{b}_j)$为Alice沿$\hat{a}_i$方向测量自旋得到$\pm 1$、而Bob沿$\hat{b}_j$方向测量自旋得到$\pm 1$的概率. 我们定义关联系数

$$E(\hat{a}_i, \hat{b}_j) = p_{++}(\hat{a}_i, \hat{b}_j) + p_{--}(\hat{a}_i, \hat{b}_j) - p_{+-}(\hat{a}_i, \hat{b}_j) - p_{-+}(\hat{a}_i, \hat{b}_j). \tag{4.16}$$

由2.5节关于贝尔不等式的讨论, 我们知道

$$C \equiv E(\hat{a}_1, \hat{b}_1) - E(\hat{a}_1, \hat{b}_3) + E(\hat{a}_3, \hat{b}_1) + E(\hat{a}_3, \hat{b}_3) = -2\sqrt{2}, \tag{4.17}$$

即量子力学违反CHSH不等式$|C| \leqslant 2$(见2.5节).

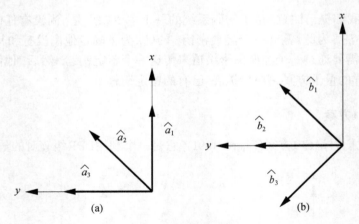

图4.3　Alice(a)和Bob(b)的测量轴方向

$\hat{a}_1$, $\hat{a}_2$, $\hat{a}_3$方向与x轴的夹角分别为0, $\frac{\pi}{4}$, $\frac{\pi}{2}$；$\hat{b}_1$, $\hat{b}_2$, $\hat{b}_3$的分别为$\frac{\pi}{4}$, $\frac{\pi}{2}$, $\frac{3\pi}{4}$

(3) Alice和Bob通过公共渠道公布每次测量所选的轴. 然后, 对于测量轴不同的情况, 他们公开测量结果. 这使得Alice和Bob可以检查式(4.17). 如果$C > -2\sqrt{2}$, 则说明Eve攻击了EPR对, 或者存在噪声效应(注: 可以证明, $|C|$不能大于$2\sqrt{2}$; 证明见如Preskill, 1998). 如果未出现这种情况, 即$C = -2\sqrt{2}$, Alice和Bob沿着相同轴

的测量结果完全反关联, 即

$$E(\hat{a}_2, \hat{b}_1) = E(\hat{a}_3, \hat{b}_2) = -1 \,. \tag{4.18}$$

这些测量的输出为Alice与Bob所共享的生钥(Bob对他的结果求反, 即$0 \to 1$和$1 \to 0$, 则他们的钥匙变得相同). 这之后, Alice和Bob可以执行与BB84方案中一样的信息调整和保密增强.

我们注意到, 关系式(4.17)并非一定需要检测. 更简单地, Alice和Bob可以随机地以$\frac{1}{2}$概率去做x或z方向的测量. 测量之后, Alice和Bob利用公开渠道宣布, 对于每个EPR对他们测量了哪个可观测量. 在他们的测量轴相同的情形下, 他们的结果完全反关联. 取这些比特而放弃其他比特, 就可以得到Alice和Bob共享的生钥. 此后, 他们可以像BB84方案那样进行下去. 有趣的是, 密钥不是由Alice或Bob一方所产生. 在他们各自测量其所共享的EPR对的他们那一半之前, 钥匙还没被确定; 只有在执行了本质上为随机的量子测量之后, 密钥才出现. 最后, 我们强调E91方案对于钥匙储存有潜在的意义. 问题如下: 一旦密钥被确定下来, Alice和Bob必须把它存在保险箱中, 直到他们需要用它. 然而, 该密钥是一串经典比特, 原则上可以被备份. 也许打开保险箱很难, 但总是可能的. 没有什么原则上的原因可以排除这种可能性. 但是, 如果Alice和Bob能够储存EPR对, 他们可以一直等到需要才确定密钥. 当然, 实现这种钥匙储存有如下障碍, 即必须将EPR对维护很长时间而不被与环境的互作用所导致的噪声效应所破坏. 现有技术尚不能做到这一点.

4.4 密集编码

就量子纠缠在通信中的应用而言, 密集编码是一个最简单的例子. 它允许Alice以发送单个量子比特的方式, 发给Bob两个经典比特的信息. 密集编码方案工作如下(见图4.4中的示意图以及图4.5中实现该方案的量子线路):

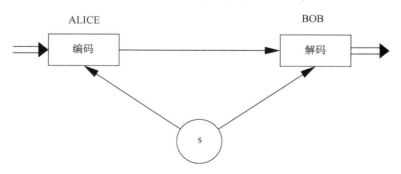

图4.4 密集编码方案的示意图

双线代表两个经典比特, 单线为一个量子比特

(1) 源S产生一个Alice和Bob所共享的EPR对. 例如, 该EPR对被制备于以下状态:

$$|\phi^+\rangle = \frac{1}{\sqrt{2}}\big(|00\rangle + |11\rangle\big). \tag{4.19}$$

为了得到该贝尔态$|\phi^+\rangle$, 可以将Hadamard门与受控非门实施于态$|00\rangle$

$$\text{CNOT}\,(H \otimes I)\,|00\rangle = |\phi^+\rangle. \tag{4.20}$$

在计算基矢$|00\rangle$、$|01\rangle$、$|10\rangle$和$|11\rangle$上, (注: 第1个数字标号指EPR对的Alice的一半, 第2个是Bob那一半), 变换(4.20)具有以下矩阵表示:

$$\begin{bmatrix} 1 & 0 & 0 & 0 \\ 0 & 1 & 0 & 0 \\ 0 & 0 & 0 & 1 \\ 0 & 0 & 1 & 0 \end{bmatrix} \frac{1}{\sqrt{2}} \begin{bmatrix} 1 & 0 & 1 & 0 \\ 0 & 1 & 0 & 1 \\ 1 & 0 & -1 & 0 \\ 0 & 1 & 0 & -1 \end{bmatrix} \begin{bmatrix} 1 \\ 0 \\ 0 \\ 0 \end{bmatrix} = \frac{1}{\sqrt{2}} \begin{bmatrix} 1 \\ 0 \\ 0 \\ 1 \end{bmatrix}. \tag{4.21}$$

请注意, 如图4.4所示, 源S产生EPR对, 然后将EPR对中的一个发送给Alice, 另一个发给Bob. 有一点很重要, 即Alice和Bob可以离得任意远.

(2) Alice想要发送给Bob的两个经典比特有4个可能的取值: 00、01、10和11. 它们决定了Alice在她那一半EPR对上所执行的幺正运算U: $U = I, \sigma_x, \sigma_z,$ 或$\mathrm{i}\sigma_y$ (我们提请读者注意, I指恒等算子, $\sigma_x, \sigma_y, \sigma_z$是泡利矩阵). 以下说明为何取这4个幺正变换.

如上所述, 图4.5线路中的U算子, 由Alice想要传给Bob的两个经典比特的值所决定. 如果想传递00, 她就在她那一方的EPR对上执行恒等运算. 这给出如下平凡变换:

$$I \otimes I\,|\phi^+\rangle = |\phi^+\rangle. \tag{4.22}$$

如果想传递01, 她就在她那一方的EPR对上执行泡利矩阵σ_x运算, 得到

$$\sigma_x \otimes I\,|\phi^+\rangle = |\psi^+\rangle, \tag{4.23}$$

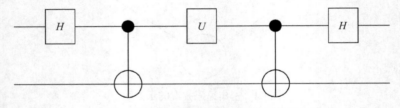

图4.5　执行密集编码方案的量子线路

在计算基矢上, 这对应于以下矩阵表示:

$$\begin{bmatrix} 0 & 0 & 1 & 0 \\ 0 & 0 & 0 & 1 \\ 1 & 0 & 0 & 0 \\ 0 & 1 & 0 & 0 \end{bmatrix} \frac{1}{\sqrt{2}} \begin{bmatrix} 1 \\ 0 \\ 0 \\ 1 \end{bmatrix} = \frac{1}{\sqrt{2}} \begin{bmatrix} 0 \\ 1 \\ 1 \\ 0 \end{bmatrix}. \tag{4.24}$$

如果想传递10, 她就执行σ_z运算, 得到

$$\sigma_z \otimes I \left| \phi^+ \right\rangle = \left| \phi^- \right\rangle, \tag{4.25}$$

及矩阵表示

$$\begin{bmatrix} 1 & 0 & 0 & 0 \\ 0 & 1 & 0 & 0 \\ 0 & 0 & -1 & 0 \\ 0 & 0 & 0 & -1 \end{bmatrix} \frac{1}{\sqrt{2}} \begin{bmatrix} 1 \\ 0 \\ 0 \\ 1 \end{bmatrix} = \frac{1}{\sqrt{2}} \begin{bmatrix} 1 \\ 0 \\ 0 \\ -1 \end{bmatrix}. \tag{4.26}$$

最后, 如果想传递11, 她就执行iσ_y运算, 得到

$$\mathrm{i}\sigma_y \otimes I \left| \phi^+ \right\rangle = \left| \psi^- \right\rangle \tag{4.27}$$

及矩阵表示

$$\begin{bmatrix} 0 & 0 & 1 & 0 \\ 0 & 0 & 0 & 1 \\ -1 & 0 & 0 & 0 \\ 0 & -1 & 0 & 0 \end{bmatrix} \frac{1}{\sqrt{2}} \begin{bmatrix} 1 \\ 0 \\ 0 \\ 1 \end{bmatrix} = \frac{1}{\sqrt{2}} \begin{bmatrix} 0 \\ 1 \\ -1 \\ 0 \end{bmatrix}. \tag{4.28}$$

因此, 图4.5中的线路能够构造3.4节中所定义的4个贝尔态($\left| \phi^+ \right\rangle$, $\left| \psi^+ \right\rangle$, $\left| \phi^- \right\rangle$, 和 $\left| \psi^- \right\rangle$).

(3) Alice把她那一半的EPR对传给Bob.

(4) Bob在该EPR对上实施适当的幺正运算并测量两个量子比特, 以得到两个经典比特的信息. 首先, Bob将贝尔态变换成计算基矢态. 如3.4节所述, 适合于该运算的线路是图3.7的逆线路, 它也是图4.5所示的密集编码线路的第一部分. 由于Hadamard门和受控非门是自我逆反的, Bob运行的是

$$\left(\mathrm{CNOT} \left(H \otimes I \right) \right)^{-1} = \left(H \otimes I \right) \mathrm{CNOT}, \tag{4.29}$$

其矩阵表示为

$$B = \frac{1}{\sqrt{2}} \begin{bmatrix} 1 & 0 & 0 & 1 \\ 0 & 1 & 1 & 0 \\ 1 & 0 & 0 & -1 \\ 0 & 1 & -1 & 0 \end{bmatrix}. \tag{4.30}$$

容易验证

$$B|\phi^+\rangle = |00\rangle, \quad B|\psi^+\rangle = |01\rangle,$$
$$B|\phi^-\rangle = |10\rangle \quad B|\psi^-\rangle = |11\rangle. \tag{4.31}$$

最后, Bob测量在计算基矢上的两个量子比特, 从而以100%的概率得到所要的两个经典比特.

我们强调, 密集编码在经典物理里是不可能的, 因为一个经典比特在测量它之前已拥有完全定义好的值. 在量子力学中, 存在纠缠. 当Alice操作她的一方的EPR对时, 她不是在操作一个孤立的量子比特, 而是在操作一个纠缠的双量子比特系统.

4.5　量子隐形传态

量子隐形传态(teleportation)是量子物理在信息论领域中的最惊人的应用之一: 即使在Alice仅仅发送经典信息给Bob的情况下, 它允许量子信息从Alice传到Bob. 这一性质对于量子计算可能有实际的意义. 例如, 它可能应用于一台量子计算机的不同部分之间的量子信息的传输. 让我们考虑隐形传态的一个最简单的例子: Alice拥有一个处于未知状态的二能级系统

$$|\psi\rangle = \alpha|0\rangle + \beta|1\rangle, \tag{4.32}$$

她希望仅仅使用一个经典通信渠道, 将这一量子比特传给Bob. 也就是说, 她只能发送经典比特, 而不是量子比特. 乍一看, 由于对于该系统的测量会不可控制地扰动其状态, 而且Alice从这种测量只能得到一个比特的信息, 这一任务似乎是不可能完成的. 我们注意到, 由于该量子态$|\psi\rangle$存在于一个连续空间之中(它由α和β两个复参数所确定), 描述它需要无穷多的经典信息. 然而, 如果Alice和Bob共享一对纠缠着的量子比特, 量子隐形传态可以解决这一问题. 量子隐形传态的方案概述如下(实施隐形传态的量子线路如图4.6所示).

(1) 线路图4.6中的头两个门产生贝尔态

$$|\psi^+\rangle = \frac{1}{\sqrt{2}}(|01\rangle + |10\rangle). \tag{4.33}$$

事实上

$$\text{CNOT}\,(H \otimes I)\,|01\rangle = |\psi^+\rangle. \tag{4.34}$$

它们由产生EPR对的一个源S所启动. 随后, 该EPR对的第1半被发送给Alice, 第2半给Bob. 因此, Alice拥有两个量子比特(态$|\psi\rangle$和半个EPR对), Bob有一个(EPR对的

另一半). 请注意, Alice和Bob可以离得很远. 这三个量子比特的态由以下直积给出:

$$|\psi\rangle \otimes |\psi^+\rangle = (\alpha|0\rangle + \beta|1\rangle) \otimes \frac{1}{\sqrt{2}}(|01\rangle + |10\rangle)$$

$$= \frac{\alpha}{\sqrt{2}}(|001\rangle + |010\rangle) + \frac{\beta}{\sqrt{2}}(|101\rangle + |110\rangle). \tag{4.35}$$

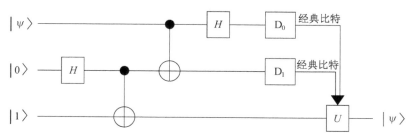

图4.6 量子隐形传态线路图

第1条线代表要传输的量子比特, 第2条线为Alice所拥有的量子比特, 第3条线是Bob的量子比特. 从Alice所
做的测量(通过探测器D_0和D_1)而得到的两个经典比特 的信息, 被用来控制Bob所执行的幺正变换U

(2) Alice让量子比特$|\psi\rangle$与她那一半EPR对相互作用. 这一步是必须的. 事实上, 如果Alice在计算基矢上做一个测量, 量子态$|\psi\rangle$会坍缩到$|0\rangle$或$|1\rangle$, 这样, Alice将无法获得足够的信息以重建该量子态. 解决该问题的出路是在贝尔基矢上作测量, 贝尔基矢是在3.4.1节中所定义的$|\phi^+\rangle$, $|\phi^-\rangle$, $|\psi^+\rangle$和$|\psi^-\rangle$. 这些态构成一套正交完备集, 因此, 计算基矢可以在这一基矢上展开. 这样, 我们得到

$$\begin{cases} |00\rangle = \frac{1}{\sqrt{2}}(|\phi^+\rangle + |\phi^-\rangle), \\ |11\rangle = \frac{1}{\sqrt{2}}(|\phi^+\rangle - |\phi^-\rangle), \\ |01\rangle = \frac{1}{\sqrt{2}}(|\psi^+\rangle + |\psi^-\rangle), \\ |10\rangle = \frac{1}{\sqrt{2}}(|\psi^+\rangle - |\psi^-\rangle). \end{cases} \tag{4.36}$$

将这些关系式插入等式(4.35), 我们得到

$$|\psi\rangle \otimes |\psi^+\rangle = \frac{\alpha}{2}(|\phi^+\rangle + |\phi^-\rangle)|1\rangle + \frac{\alpha}{2}(|\psi^+\rangle + |\psi^-\rangle)|0\rangle$$

$$+ \frac{\beta}{2}(|\psi^+\rangle - |\psi^-\rangle)|1\rangle + \frac{\beta}{2}(|\phi^+\rangle - |\phi^-\rangle)|0\rangle$$

$$= \frac{1}{2}|\psi^+\rangle(\alpha|0\rangle + \beta|1\rangle) + \frac{1}{2}|\psi^-\rangle(\alpha|0\rangle - \beta|1\rangle)$$

$$+ \frac{1}{2}|\phi^+\rangle(\alpha|1\rangle + \beta|0\rangle) + \frac{1}{2}|\phi^-\rangle(\alpha|1\rangle - \beta|0\rangle). \tag{4.37}$$

如果Alice做一个贝尔测量, 将以相同的$p = \frac{1}{4}$概率得到$|\psi^{\pm}\rangle$与$|\phi^{\pm}\rangle$四个态中的一个. 请注意, 正如在3.4节中所见, 如果在测量之前执行如下幺正变换:

$$(H \otimes I)\,\text{CNOT}, \tag{4.38}$$

贝尔测量可以被转换成为在计算基矢上的一个标准测量. 该变换将$|\phi^{+}\rangle$转变为$|00\rangle$, $|\psi^{+}\rangle$转变为$|01\rangle$, $|\phi^{-}\rangle$转变为$|10\rangle$, 而$|\psi^{-}\rangle$转变为$|11\rangle$(见4.3节). 因此, Alice可以对她所拥有的两个量子比特实施幺正变换(4.38), 从而导致下面给出的三量子比特的整体态:

$$\frac{1}{2}|01\rangle(\alpha|0\rangle + \beta|1\rangle) + \frac{1}{2}|11\rangle(\alpha|0\rangle - \beta|1\rangle)$$

$$+ \frac{1}{2}|00\rangle(\alpha|1\rangle + \beta|0\rangle) + \frac{1}{2}|10\rangle(\alpha|1\rangle - \beta|0\rangle). \tag{4.39}$$

(3) Alice在计算基矢上测量她所拥有的两个量子比特. 4个可能的结果(00, 01, 10 和11) 给出两个比特的经典信息. 如从表示式(4.39)中所见, 如果Alice的测量结果是00, Bob的粒子的状态坍缩为$\alpha|1\rangle + \beta|0\rangle$. 类似地, 测量结果01、10和11分别意味着Bob的粒子的态为$\alpha|0\rangle + \beta|1\rangle$, $\alpha|1\rangle - \beta|0\rangle$ 和$\alpha|0\rangle - \beta|1\rangle$.

(4) Alice将她所测量到的两个经典比特的信息发送给Bob.

(5) Bob根据他所收到的两个比特的经典信息, 获知Alice得到了4个可能的结果中的那一个. 依据于这一经典消息, Bob对他的量子比特执行下述4个幺正运算U中的一个, 即可以恢复状态$|\psi\rangle$. 具体而言, 如果Alice得到00, Bob实施$U = \sigma_x$; 类似地, 01, 10和11 分别导致$U = I$, $U = i\sigma_y$和$U = \sigma_z$.

我们强调, 隐形传态不允许以超光速传递量子信息. 事实上, 为了让Bob重建状态$|\psi\rangle$, Alice必须发送给他两个比特的经典信息. 这一信息由经典方法传输, 其速度不超过光速. 亦请注意, 从Alice传给Bob的是关于量子态、即量子比特的信息, 而非物理系统本身. 在Alice和Bob的实验室里, 实现量子比特的物理系统可能会很不相同.

我们也要强调, 隐形传态与不可克隆定理完全相容. 在隐形传态过程的结束阶段, 量子态$|\psi\rangle$ 为Bob所拥有, 而原始的量子态变为$|0\rangle$或$|1\rangle$(具体为哪一个, 依赖于Alice的测量结果). 未知的量子态$|\psi\rangle$在一处消失, 而在另一处出现.

注意到下面这一点是很有趣的, 即密集编码和量子隐形传态可以利用同一个量子线路来完成, 只是截断于不同的位置(图4.7).

最后, 我们愿意强调, 隐形传态在许多量子计算程序中起着重要作用(Gottesman, Chuang, 1999; Knill et al., 2001). 它是将量子态从一个系统传到另一个系统的强有力工具, 而由几个独立部分所组成的量子计算机恰恰需要这一点. 尤其是, 业已证明, 隐形传态加上对单个量子比特的操作, 足以实现通用量子计算(Gottesman, Chuang, 1999).

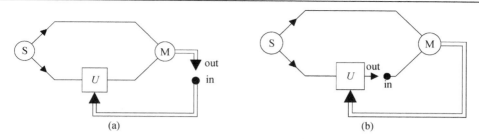

图4.7　密集编码(a)与隐形传态(b)的图示

双线代表两个经典比特, 单线是一个量子比特, S为EPR源, M代表测量过程, U 为两个经典比特所决定的幺正变换, "in" 和"out"是线路的输入和输出

习题4.6　研究图4.8 所给出的量子线路. 它利用量子计算实现隐形传态(Brassard 等, 1998). 证明: 状态 $|\psi\rangle$ 由输出线路中的第3 条线所恢复. 因为CNOT 门在第1 与第2, 以及第2 与第3 个量子比特之间执行, 这一线路有时被称为内向传输(intraportation). 因此, 为了执行这些CNOT 门, 头两个量子比特不能离第3 个任意远.

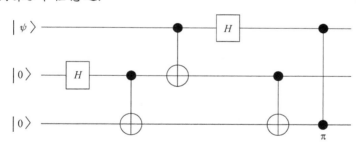

图4.8　一个执行内向传输的量子线路

最后一个门给出一个可控制的π角度相移

习题4.7　研究图4.9, 它对于一个EPR对实施隐形传态 (Gorbachev and Trubilko, 2000). 左边的那些量子门产生纠缠态

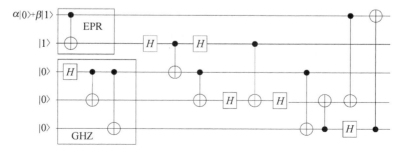

图4.9　针对于一个纠缠对, 实施量子隐形传态的量子线路图

$$\alpha\,|01\rangle + \beta\,|10\rangle \tag{4.40}$$

以及GHZ(Greenberger, Horne和Zeilinger)态

$$\frac{1}{\sqrt{2}}\left(|000\rangle + |111\rangle\right). \tag{4.41}$$

证明　最终，式(4.40)中的EPR态由图4.9中的最后两条线所恢复.

4.6　实验状况概述

有数个量子光学实验演示了隐形传态程序，在罗马和因斯布鲁克所作的光子EPR对的实验开其先河. 近来，在日内瓦，实现了利用一2km长的光纤所作的长距离隐形传态. 从量子计算的角度看，在快速进展的量子光学领域之外，其他种类的隐形传态尤为引人注意，其中，NMR实验已成功地实现了隐形传态. 此外，也有提案讨论原子态的隐形传态，以及利用量子点来作电子隐形传态.

很可能，量子密码术(更确切地，量子钥匙的分配)将会成为第一个找到商业用途的量子信息方案. 近来，在这一领域内的实验进展给人以深刻印象. 利用光纤，人们在长达数十千米的距离上演示了量子密码术方案，其速率为每秒千个比特的量级. 请注意，在我们所说的光学实验中，一个量子比特在物理上由单个光子来实现. 我们愿意指出，这些实验用的是标准的光学通信渠道，因此，没有必要为此建造特殊光缆.

利用光纤进行量子通信的"瓶颈"是，吸收损耗以及光子去偏振的概率都随着光纤的长度而呈指数增长. 在现有技术条件下，利用光纤实施超过100km的量子通信，似乎是困难的. 为了增加距离，可以利用量子转发器，即实施旨在增加传输光子的保真度的量子净化方案(Briegel et al., 1998). 这种量子转发器在实验上尚未实现.

在另一个完全不同的方案中，量子比特(光子)在自由空间中传播. 利用这一方法的量子密码系统，最近被证实可以传到数千米距离之外. 有一点很重要，在该实验中，沿着光路所遇到的湍流，与地球卫星传输中的等效湍流是可比较的. 因此，可以期望，在不远的将来，有可能利用卫星联系进行自由空间中的光子传输，从而实施密钥的远距离分配(如在两个不同的大陆之间).

4.7　参考资料指南

不可克隆定理由Dieks(1982)，以及Wootters和Zurek(1982)给出. 该定理并不禁

止不完全克隆机的存在. 例如, 在Buzek和Hillery(1996), Gisin 和Massar(1997), 以及Bruβ等(1998)的文章中对此有所讨论.

Welsh (1997)出了一本关于经典密码术的书. 在4.3 节中所讨论的量子密码术方案, 来自于Bennett 和Brassard (1984) 以及Ekert (1991) 发表的文章, 亦可参见Bennett 等(1992) 发表的文章. 另一个有趣的、利用非正交量子态的方案由Bennett (1992) 引进. 量子密码术的近期综述见Gisin 等(2002) 的文章. 很值得一读的入门读物有Bennett 等(1991), Bruβ 和Lütkenhaus (2000), 以及Lomonaco (2001). 有实验证实, 量子钥匙的分配可以通过光纤(Gisin 等, 2002) 以及自由空间的光学连接(Buttler 等, 2000; Kurtsiefer 等, 2002) 而进行. 此外, 利用光纤(Tapster 等, 1994; Tittel 等, 1998) 或者自由空间路径(Asplemeyer 等, 2003), 有可能长距离地共享纠缠光子对.

量子隐形传态由Bennett 等(1993) 发现. 在实验室中的第一次实现情况如下: Boschi 等(1998), 以及Bouwmeester 等(1997) 首次利用量子光学技术; Furusawa 等(1998) 首次利用连续变量; Nielsen 等(1998) 首次利用核磁共振技术. 量子密集编码方案应归功于Bennett 和Wiesner (1992), 其实验实现由Mattle 等(1996) 完成.

习题答案

第1章

习题1.1

$$(a \uparrow b) \uparrow (a \uparrow b) = \overline{(a \uparrow b) \wedge (a \uparrow b)} = 1 - (a \uparrow b)^2$$
$$= 1 - (a \uparrow b) = 1 - (1 - ab) = ab = a \wedge b. \tag{1a}$$

$$(a \uparrow a) \uparrow (b \uparrow b) = (1 - a \wedge a) \uparrow (1 - b \wedge b) = (1 - a^2) \uparrow (1 - b^2)$$
$$= (1 - a) \uparrow (1 - b) = \overline{(1 - a) \wedge (1 - b)}$$
$$= 1 - (1 - a)(1 - b) = a + b - ab = a \vee b. \tag{1b}$$

习题1.2 以 $a = b = 1$ 为输入, 则输出为 $c' = \bar{c}$. 若 $c = 0$, 则 $c' = a \wedge b$. 于是, 我们按如下方法得到或门: 从非门我们得到 $\bar{a}$ 和 $\bar{b}$, 然后, 对于输入 $\bar{a}, \bar{b}$ 和 $c = 1$, 我们执行Toffoli门, 得到 $c' = a \vee b$.

习题1.3 只要证明以下内容即可: 从Fredkin门可以构造门的通用集, 即与、或、非以及复制(FANOUT)门. 如果Fredkin门的输入为 $b = 0$ 和 $c = 1$, 则 $b' = a$, $c' = \bar{a}$, 从而, 我们可以同时得到FANOUT门与非门. 置 $c = 0$, 有 $c' = a \wedge b$. 利用Morgan恒等式: $a \vee b = \overline{\bar{a} \wedge \bar{b}}$, 可以从与、非门构造或门.

第2章

习题2.1 设 $\{|\alpha_{i1}\rangle, |\alpha_{i2}\rangle, \cdots, |\alpha_{ik}\rangle\}$ 是线性算子 A 的相应于本征值 α_i 的本征矢, 而 $|\alpha_j\rangle$ 是相应于本征值 α_j 的一个本征矢. 进一步假设 $\alpha_i \neq \alpha_j$、并且 $\{|\alpha_{il}\rangle\}$ 与 $|\alpha_j\rangle$ 不是线性独立的, 即

$$|\alpha_j\rangle = \sum_{l=1}^{k} c_l |\alpha_{il}\rangle. \tag{2}$$

然后, 有

$$A|\alpha_j\rangle = \sum_{l=1}^{k} c_l A|\alpha_{il}\rangle = \sum_{l=1}^{k} c_l \alpha_i |\alpha_{il}\rangle = \alpha_i |\alpha_j\rangle. \tag{3}$$

因为 $A|\alpha_j\rangle = \alpha_j |\alpha_j\rangle$, 我们得到 $\alpha_i = \alpha_j$, 这与本征值 α_i 与 α_j 不同这一假设相矛盾.

习题2.2 算子 A 和 B 的线性性质意味着

$$[(A + B)^{\dagger}]_{ij} = (A + B)^*_{ji} = A^*_{ji} + B^*_{ji} = A^{\dagger}_{ij} + B^{\dagger}_{ij}. \tag{4}$$

因为

$$(A\,B)_{ij} = \sum_k A_{ik}\,B_{kj}, \tag{5}$$

有

$$(A\,B)^\dagger_{ij} = (A\,B)^*_{ji} = \sum_k A^*_{jk}\,B^*_{ki}. \tag{6}$$

进而, 得到

$$(B^\dagger\,A^\dagger)_{ij} = \sum_k (B^\dagger)_{ik}\,(A^\dagger)_{kj} = \sum_k B^*_{ki}\,A^*_{jk} = \sum_k A^*_{jk}\,B^*_{ki}, \tag{7}$$

因此, 比较方程(6)和(7), 可以证明$(AB)^\dagger = B^\dagger A^\dagger$. 最后, 得到

$$[(A^\dagger)^\dagger]_{ij} = (A^\dagger)^*_{ji} = [A^*_{ij}]^* = A_{ij}. \tag{8}$$

习题2.3 从方程(2.55), 我们看到投影算子P的矩阵元为

$$P_{ij} = \langle i|P|j\rangle = \sum_l \langle i|\alpha_l\rangle\langle\alpha_l|j\rangle, \tag{9}$$

其中, $\{|i\rangle\}$是希尔伯特空间的一套基矢. 从而,

$$P^*_{ji} = \sum_l \langle j|\alpha_l\rangle^*\langle\alpha_l|i\rangle^* = \sum_l \langle\alpha_l|j\rangle\langle i|\alpha_l\rangle = P_{ij}. \tag{10}$$

因此, 投影算子是一个厄米算子. 排除不重要的$P = I$情况, 投影算子是不可逆的. 这是因为, 与P垂直的子空间中的本征矢具有为0的本征值, 从而, $\det P = 0$, 导致投影算子不可逆.

习题2.4 可以立即验证泡利算子是厄米的: $\sigma_i = (\sigma_i^{\mathrm{T}})^*$ $(i = x, y, z)$. 计算σ_i^{-1}, 也可以验证$\sigma_i^{-1} = (\sigma_i^{\mathrm{T}})^*$, 因此, 泡利矩阵也是幺正的.

习题2.5 将算子A作用于一个一般性的矢量$|\psi\rangle$上, 记所得到的矢量为$|\phi\rangle$, $|\phi\rangle = A|\psi\rangle$. 用矩阵$S^{-1}$对所有的矢量作变换(见方程(2.76)), 尤其是, $|\psi'\rangle = S^{-1}|\psi\rangle$与$|\phi'\rangle = S^{-1}|\phi\rangle$. 于是,

$$S\,|\phi\rangle = SA\,|\psi\rangle = SAS^{-1}S\,|\psi\rangle, \tag{11}$$

这里, 我们用到关系$S^{-1}S = I$. 最后, 得到

$$|\phi'\rangle = SAS^{-1}\,|\psi'\rangle = A'\,|\psi'\rangle, \tag{12}$$

这意味着最终的结果为

$$A' = S^{-1}AS. \tag{13}$$

习题2.6 我们有$\sigma_i' = S^{-1}\sigma_i S$ $(i = x, y, z)$, 其中, 联系旧基矢$\{|0\rangle, |1\rangle\}$与新基矢$\{|+\rangle, |-\rangle\}$的矩阵S由方程(2.87)给出. 注意S是自逆的, $S^{-1} = S$. 于是, 有

$$\sigma_x' = \frac{1}{\sqrt{2}}\begin{bmatrix} 1 & 1 \\ 1 & -1 \end{bmatrix}\begin{bmatrix} 0 & 1 \\ 1 & 0 \end{bmatrix}\frac{1}{\sqrt{2}}\begin{bmatrix} 1 & 1 \\ 1 & -1 \end{bmatrix} = \begin{bmatrix} 1 & 0 \\ 0 & -1 \end{bmatrix} = \sigma_z. \tag{14}$$

类似地, 我们得到$\sigma_y' = -\sigma_y$和$\sigma_z' = \sigma_x$.

习题2.7 因为

$$A^\dagger = A, \quad B^\dagger = B, \tag{15}$$

有

$$\{\mathrm{i}[A,B]\}^\dagger = \{\mathrm{i}AB - \mathrm{i}BA\}^\dagger = -\mathrm{i}B^\dagger A^\dagger + \mathrm{i}A^\dagger B^\dagger = \mathrm{i}[A,B]. \tag{16}$$

习题2.8

$$\sigma_x \otimes \sigma_y = \begin{bmatrix} 0 & 1 \\ 1 & 0 \end{bmatrix} \otimes \begin{bmatrix} 0 & -\mathrm{i} \\ \mathrm{i} & 0 \end{bmatrix} = \begin{bmatrix} 0 & 0 & 0 & -\mathrm{i} \\ 0 & 0 & \mathrm{i} & 0 \\ 0 & -\mathrm{i} & 0 & 0 \\ \mathrm{i} & 0 & 0 & 0 \end{bmatrix}. \tag{17}$$

$$I \otimes \sigma_x = \begin{bmatrix} 1 & 0 \\ 0 & 1 \end{bmatrix} \otimes \begin{bmatrix} 0 & 1 \\ 1 & 0 \end{bmatrix} = \begin{bmatrix} 0 & 1 & 0 & 0 \\ 1 & 0 & 0 & 0 \\ 0 & 0 & 0 & 1 \\ 0 & 0 & 1 & 0 \end{bmatrix}. \tag{18}$$

习题2.9 任意幺正算子U是正态的, 因此可以对角化. 于是, 我们可以将其谱分解写为

$$U = \sum_j \lambda_j |j\rangle\langle j|. \tag{19}$$

因为幺正算子保持矢量的内积不变, 我们有

$$\langle j|U^\dagger U|j\rangle = \lambda_j \langle j|j\rangle, \tag{20}$$

这意味着$|\lambda_j| = 1$. 这样, 方程(19)可以被改写如下:

$$U = \sum_j \mathrm{e}^{\mathrm{i}\alpha_j} |j\rangle\langle j|, \tag{21}$$

其中, α_j是实数. 现在, 我们定义算子

$$A = \sum_j \alpha_j |j\rangle\langle j|. \tag{22}$$

由于A已经是对角形式, 可以简单地给出算子$\mathrm{e}^{\mathrm{i}A}$

$$\mathrm{e}^{\mathrm{i}A} = \sum_j \mathrm{e}^{\mathrm{i}\alpha_j} |j\rangle\langle j|, \tag{23}$$

因此, $\mathrm{e}^{\mathrm{i}A} = U$. 下面, 我们证明$A$是厄米的. 首先, 我们看出

$$U = \sum_{n=0}^\infty \frac{(\mathrm{i}A)^n}{n!}, \tag{24}$$

于是

$$U^\dagger = \sum_{n=0}^\infty \left[\frac{(\mathrm{i}A)^n}{n!}\right]^\dagger = \sum_{n=0}^\infty \frac{(-\mathrm{i}A^\dagger)^n}{n!} = \mathrm{e}^{-\mathrm{i}A^\dagger}. \tag{25}$$

因为 $U^{-1} = \mathrm{e}^{-\mathrm{i}A}$, 当 $A^\dagger = A$ 时, 即 A 为厄米算子时, 条件 $U^\dagger = U^{-1}$ 才被满足.

习题2.10 海森伯不确定性关系告诉我们

$$\Delta\sigma_x\,\Delta\sigma_y \geqslant \frac{1}{2}\left|\langle 0|[\sigma_x,\sigma_y]|0\rangle\right|. \tag{26}$$

计算对易子 $[\sigma_x,\sigma_y]$, 得到

$$\Delta\sigma_x\,\Delta\sigma_y \geqslant \frac{1}{2}\left|\begin{bmatrix}1 & 0\end{bmatrix}\begin{bmatrix}2\mathrm{i} & 0\\ 0 & -2\mathrm{i}\end{bmatrix}\begin{bmatrix}1\\ 0\end{bmatrix}\right| = 1. \tag{27}$$

习题2.11 第1台仪器制备状态 $|+\rangle_z = |1\rangle$. 处于该状态 $|1\rangle$ 的粒子随后进入第2台仪器, 被制备为状态 $|+\rangle_y = \frac{1}{\sqrt{2}}(-\mathrm{i}|0\rangle + |1\rangle)$. 最后, 第3台仪器分析状态 $|+\rangle_y$: 测量 σ_z, 以同样的概率 p_0 和 p_1 得到两个可能的输出 $|+\rangle_z = |0\rangle$ 与 $|-\rangle_z = |1\rangle$,

$$p_0 = \left|\langle 0|+\rangle_y\right|^2 = \frac{1}{2}, \quad p_1 = \left|\langle 1|+\rangle_y\right|^2 = \frac{1}{2}. \tag{28}$$

习题2.12 薛定谔方程(2.164)的解为

$$|\psi(t)\rangle = \begin{bmatrix}a(t)\\ b(t)\end{bmatrix} = U(t)\begin{bmatrix}a(0)\\ b(0)\end{bmatrix}, \tag{29}$$

其中, 幺正的时间演化算子为

$$U(t) = \exp\left[-\frac{\mathrm{i}}{\hbar}Ht\right], \tag{30}$$

而

$$H = -\mu\,\boldsymbol{H}\cdot\boldsymbol{\sigma} \tag{31}$$

是系统的哈密顿量. 具体计算 $U(t)$, 有

$$-\frac{\mathrm{i}}{\hbar}Ht = \frac{\mathrm{i}\mu t}{\hbar}(\boldsymbol{H}\cdot\boldsymbol{\sigma}) = \mathrm{i}\alpha\,(\boldsymbol{n}\cdot\boldsymbol{\sigma}), \tag{32}$$

其中, 我们定义了

$$\alpha = \frac{\mu t}{\hbar}\sqrt{H_x^2 + H_y^2 + H_z^2}, \quad \boldsymbol{n} = \frac{1}{\sqrt{H_x^2 + H_y^2 + H_z^2}}(H_x, H_y, H_z). \tag{33}$$

对 $U(t)$ 作泰勒展开, 得到

$$\begin{aligned}
U(t) &= \mathrm{e}^{\mathrm{i}\alpha\,\boldsymbol{n}\cdot\boldsymbol{\sigma}}\\
&= \left[I - \frac{1}{2!}\alpha^2(\boldsymbol{n}\cdot\boldsymbol{\sigma})^2 + \cdots\right] + \mathrm{i}\left[\alpha - \frac{1}{3!}\alpha^3(\boldsymbol{n}\cdot\boldsymbol{\sigma})^3 + \cdots\right]\\
&= \cos\alpha\,I + \mathrm{i}\sin\alpha\,(\boldsymbol{n}\cdot\boldsymbol{\sigma}),
\end{aligned} \tag{34}$$

其中, 为得到最后一个等式, 用到了 $(\boldsymbol{n}\cdot\boldsymbol{\sigma})^2 = I$. 这样, 我们有

$$U(t) = \begin{bmatrix}\cos\alpha + \mathrm{i}\sin\alpha\,n_z & \sin\alpha\,(n_y + \mathrm{i}n_x)\\ \sin\alpha\,(-n_y + \mathrm{i}n_x) & \cos\alpha - \mathrm{i}\sin\alpha\,n_z\end{bmatrix}, \tag{35}$$

其中, $n_x, n_y,$ 与 n_z 是单位矢量 $\boldsymbol{n}$ 的笛卡儿分量. 泡利算子的平均值计算如下:

$$\langle \sigma_i \rangle = \langle \psi(t) | \, \sigma_i \, | \psi(t) \rangle = \langle \psi(0) | \, U^\dagger \, \sigma_i \, U \, | \psi(0) \rangle. \tag{36}$$

为了从初态 $|0\rangle$ 得到态 $|1\rangle$, 我们选择一个沿着 x 轴方向的磁场. 这意味着

$$\boldsymbol{H} = (H_x, 0, 0) \quad \text{且} \quad \boldsymbol{n} = (1, 0, 0). \tag{37}$$

我们要求, 在 $\tilde{t}$ 时刻波矢量 $|\psi(\tilde{t})\rangle = U(\tilde{t}) |0\rangle$ 与 $|1\rangle$ 吻合, 即

$$\begin{bmatrix} 0 \\ 1 \end{bmatrix} = U \begin{bmatrix} 1 \\ 0 \end{bmatrix} = \begin{bmatrix} \cos(\alpha(\tilde{t})) & \mathrm{i}\sin(\alpha(\tilde{t})) \\ \mathrm{i}\sin(\alpha(\tilde{t})) & \cos(\alpha(\tilde{t})) \end{bmatrix} \begin{bmatrix} 1 \\ 0 \end{bmatrix}. \tag{38}$$

当 $\cos(\alpha(\tilde{t})) = 0$ 时, 这一条件可以被满足 (除了一个没有物理意义的整体相位). 第 1 个这样的时间 $\tilde{t}$ 由下面的方程给出:

$$\alpha(\tilde{t}) = \frac{\mu |H_x| \tilde{t}}{\hbar} = \frac{\pi}{2}. \tag{39}$$

习题2.13 一个双量子比特态 $|\psi\rangle$ 是可分离的, 当且仅当它可以被写成如下形式:

$$|\psi\rangle = (\alpha|0\rangle + \beta|1\rangle) \otimes (\gamma|0\rangle + \delta|1\rangle), \tag{40}$$

其中, α, β, γ 和 δ 是复系数, 满足归一化条件 $|\alpha|^2 + |\beta|^2 = 1$ 和 $|\gamma|^2 + |\delta|^2 = 1$. 如果态 $|\psi\rangle$ 由式 (2.171) 给出, 可分离条件 (40) 给出 $\alpha\gamma = \frac{1}{\sqrt{2}}$, $\beta\delta = \frac{1}{\sqrt{2}}$, $\alpha\delta = 0$ 和 $\beta\gamma = 0$. 由于这四个条件不可能同时被满足, 该态必为纠缠态.

习题2.14 插入由方程 (2.160) 给出的 $|+\rangle_u$ 和 $|-\rangle_u$ 的明显表示式, 我们得到

$$|+\rangle_u |-\rangle_u - |-\rangle_u |+\rangle_u$$

$$= \frac{1}{\sqrt{2}} \begin{bmatrix} \cos\dfrac{\theta}{2} \, \mathrm{e}^{-\mathrm{i}\phi/2} \\[2mm] \sin\dfrac{\theta}{2} \, \mathrm{e}^{\mathrm{i}\phi/2} \end{bmatrix} \otimes \frac{1}{\sqrt{2}} \begin{bmatrix} -\sin\dfrac{\theta}{2} \, \mathrm{e}^{-\mathrm{i}\phi/2} \\[2mm] \cos\dfrac{\theta}{2} \, \mathrm{e}^{\mathrm{i}\phi/2} \end{bmatrix}$$

$$- \frac{1}{\sqrt{2}} \begin{bmatrix} -\sin\dfrac{\theta}{2} \, \mathrm{e}^{-\mathrm{i}\phi/2} \\[2mm] \cos\dfrac{\theta}{2} \, \mathrm{e}^{\mathrm{i}\phi/2} \end{bmatrix} \otimes \frac{1}{\sqrt{2}} \begin{bmatrix} \cos\dfrac{\theta}{2} \, \mathrm{e}^{-\mathrm{i}\phi/2} \\[2mm] \sin\dfrac{\theta}{2} \, \mathrm{e}^{\mathrm{i}\phi/2} \end{bmatrix} = \frac{1}{\sqrt{2}} \begin{bmatrix} 0 \\ 1 \\ -1 \\ 0 \end{bmatrix}. \tag{41}$$

终态与 $\boldsymbol{u}$ 的方向无关, 是单态 $\dfrac{1}{\sqrt{2}}(|01\rangle - |10\rangle)$.

习题2.15 (a) 对第 1 个粒子测量 σ_z. 为方便起见, 将态 (2.178) 重写为

$$|\psi\rangle = \sqrt{|\alpha|^2 + |\beta|^2} \, |0\rangle \otimes \frac{\alpha|0\rangle + \beta|1\rangle}{\sqrt{|\alpha|^2 + |\beta|^2}} + \sqrt{|\gamma|^2 + |\delta|^2} \, |1\rangle \otimes \frac{\gamma|0\rangle + \delta|1\rangle}{\sqrt{|\gamma|^2 + |\delta|^2}}. \tag{42}$$

因此, 对第 1 个粒子测量 σ_z, 以概率 $(|\alpha|^2 + |\beta|^2)$ 得到输出 $+1$, 以概率 $(|\gamma|^2 + |\delta|^2)$ 得到 -1. 进一步, 测到 $\sigma_z = +1$ 后, 第 2 个粒子的状态坍缩为

$$|\phi^{(0)}\rangle_2 = \frac{\alpha|0\rangle + \beta|1\rangle}{\sqrt{|\alpha|^2 + |\beta|^2}}, \tag{43a}$$

而如果结果是$\sigma_z = -1$，则第2个粒子的状态坍缩为

$$|\phi^{(1)}\rangle_2 = \frac{\gamma|0\rangle + \delta|1\rangle}{\sqrt{|\gamma|^2 + |\delta|^2}} \,. \tag{43b}$$

(b) 对第1个粒子测量σ_x. 考虑到

$$|0\rangle = \frac{1}{\sqrt{2}}\left(|+\rangle + |-\rangle\right), \quad |1\rangle = \frac{1}{\sqrt{2}}\left(|+\rangle - |-\rangle\right), \tag{44}$$

我们将态(2.178)重写为

$$
\begin{aligned}
|\psi\rangle &= \frac{1}{\sqrt{2}}\left(|+\rangle + |-\rangle\right)\left(\alpha|0\rangle + \beta|1\rangle\right) + \frac{1}{\sqrt{2}}\left(|+\rangle - |-\rangle\right)\left(\gamma|0\rangle + \delta|1\rangle\right) \\
&= \sqrt{\frac{|\alpha + \gamma|^2 + |\beta + \delta|^2}{2}}\, |+\rangle \otimes \frac{(\alpha + \gamma)\,|0\rangle + (\beta + \delta)\,|1\rangle}{\sqrt{|\alpha + \gamma|^2 + |\beta + \delta|^2}} \\
&\quad + \sqrt{\frac{|\alpha - \gamma|^2 + |\beta - \delta|^2}{2}}\, |-\rangle \otimes \frac{(\alpha - \gamma)\,|0\rangle + (\beta - \delta)\,|1\rangle}{\sqrt{|\alpha - \gamma|^2 + |\beta - \delta|^2}} \,.
\end{aligned}
\tag{45}
$$

然后，与前例类似，我们可以计算测量得到$\sigma_x = +1$与$\sigma_x = -1$的概率，以及第2个粒子在测量之后所坍缩到的状态.

习题2.16　容易验证

$$
\begin{aligned}
\langle 0|\,\boldsymbol{\sigma}\cdot\boldsymbol{r}\,|0\rangle &= z, \quad \langle 1|\,\boldsymbol{\sigma}\cdot\boldsymbol{r}\,|1\rangle = -z, \\
\langle 0|\,\boldsymbol{\sigma}\cdot\boldsymbol{r}\,|1\rangle &= x - \mathrm{i}y, \quad \langle 1|\,\boldsymbol{\sigma}\cdot\boldsymbol{r}\,|0\rangle = x + \mathrm{i}y,
\end{aligned}
\tag{46}
$$

其中，$\boldsymbol{\sigma} = (\sigma_x, \sigma_y, \sigma_z)$，$\boldsymbol{r} = (x, y, z)$. 利用等式(46)，我们得到

$$
\begin{aligned}
&\langle\psi|(\boldsymbol{\sigma}^{(\mathrm{A})}\cdot\boldsymbol{a})(\boldsymbol{\sigma}^{(\mathrm{B})}\cdot\boldsymbol{b})|\psi\rangle \\
=&\frac{1}{2}\left(\langle 01| - \langle 10|\right)\left(\boldsymbol{\sigma}^{(\mathrm{A})}\cdot\boldsymbol{a}\right)\left(\boldsymbol{\sigma}^{(\mathrm{B})}\cdot\boldsymbol{b}\right)\left(|01\rangle - |10\rangle\right) \\
=&\frac{1}{2}\langle 0|\,\boldsymbol{\sigma}^{(\mathrm{A})}\cdot\boldsymbol{a}\,|0\rangle\langle 1|\,\boldsymbol{\sigma}^{(\mathrm{B})}\cdot\boldsymbol{b}\,|1\rangle - \frac{1}{2}\langle 0|\,\boldsymbol{\sigma}^{(\mathrm{A})}\cdot\boldsymbol{a}\,|1\rangle\langle 1|\,\boldsymbol{\sigma}^{(\mathrm{B})}\cdot\boldsymbol{b}\,|0\rangle \\
&- \frac{1}{2}\langle 1|\,\boldsymbol{\sigma}^{(\mathrm{A})}\cdot\boldsymbol{a}\,|0\rangle\langle 0|\,\boldsymbol{\sigma}^{(\mathrm{B})}\cdot\boldsymbol{b}\,|1\rangle + \frac{1}{2}\langle 1|\,\boldsymbol{\sigma}^{(\mathrm{A})}\cdot\boldsymbol{a}\,|1\rangle\langle 0|\,\boldsymbol{\sigma}^{(\mathrm{B})}\cdot\boldsymbol{b}\,|0\rangle \\
=&-\boldsymbol{a}\cdot\boldsymbol{b},
\end{aligned}
\tag{47}
$$

其中，$|\psi\rangle$是单态(2.175).

习题2.17　自旋1/2粒子的两个基矢具有任意相位，我们总可以选择这两个相位，使得α和β为正实数. 我们计算关联函数

$$
\begin{aligned}
C(\boldsymbol{a}, \boldsymbol{b}) &= \langle\psi|(\boldsymbol{\sigma}^{(\mathrm{A})}\cdot\boldsymbol{a})(\boldsymbol{\sigma}^{(\mathrm{B})}\cdot\boldsymbol{b})|\psi\rangle \\
&= \left(\alpha\langle 00| + \beta\langle 11|\right)\left(\boldsymbol{\sigma}^{(\mathrm{A})}\cdot\boldsymbol{a}\right)\left(\boldsymbol{\sigma}^{(\mathrm{B})}\cdot\boldsymbol{b}\right)\left(\alpha|00\rangle + \beta|11\rangle\right) \\
&= \alpha^2\langle 0|\,\boldsymbol{\sigma}^{(\mathrm{A})}\cdot\boldsymbol{a}\,|0\rangle\langle 0|\,\boldsymbol{\sigma}^{(\mathrm{B})}\cdot\boldsymbol{b}\,|0\rangle + \beta^2\langle 1|\,\boldsymbol{\sigma}^{(\mathrm{A})}\cdot\boldsymbol{a}\,|1\rangle\langle 1|\,\boldsymbol{\sigma}^{(\mathrm{B})}\cdot\boldsymbol{b}\,|1\rangle \\
&\quad + 2\alpha\beta\,\mathrm{Re}\left(\langle 0|\,\boldsymbol{\sigma}^{(\mathrm{A})}\cdot\boldsymbol{a}\,|1\rangle\langle 0|\,\boldsymbol{\sigma}^{(\mathrm{B})}\cdot\boldsymbol{b}\,|1\rangle\right) \\
&= z_a z_b + 2\alpha\beta(x_a x_b - y_a y_b),
\end{aligned}
\tag{48}
$$

其中, $\boldsymbol{a} = (x_a, y_a, z_a)$, $\boldsymbol{b} = (x_b, y_b, z_b)$. 考虑以下方向, $\boldsymbol{a} = (1, 0, 0)$, $\boldsymbol{a}' = (0, 0, 1)$, $\boldsymbol{b} = (x_b, 0, z_b)$, 以及 $\boldsymbol{b}' = (-x_b, 0, z_b)$, 我们得到

$$\left| C(\boldsymbol{a}, \boldsymbol{b}) - C(\boldsymbol{a}', \boldsymbol{b}') \right| + \left| C(\boldsymbol{a}', \boldsymbol{b}) + C(\boldsymbol{a}', \boldsymbol{b}') \right| = 2(z_b + 2\alpha\beta x_b). \tag{49}$$

因此, 如果 $z_b + 2\alpha\beta x_b > 1$, CHSH 不等式不成立. 以 θ_b 记单位矢量 $\boldsymbol{b}$ 与 z 轴之间的夹角, 我们得到

$$z_b + 2\alpha\beta x_b = \cos\theta_b + 2\alpha\beta\sin\theta_b = 1 + 2\alpha\beta\theta_b + O(\theta^2), \tag{50}$$

只要 α 和 β 都不为零, 并且 θ_b 为正且足够小, 上面等式两边的量就大于1. 因此, 违反贝尔不等式是纠缠态的较普遍的特点.

第3章

习题3.1 对这两个态作一转动, $|\psi_1\rangle \to |\psi_1'\rangle = R|\psi_1\rangle$ 而 $|\psi_2\rangle \to |\psi_2'\rangle = R|\psi_2\rangle$, 其中, R 是转动矩阵, 使得转动过的态中的一个, 如 $|\psi_1'\rangle$, 与 Block 球的北极一致. 这样, 我们有 $|\psi_1'\rangle = |0\rangle$ 与 $|\psi_2'\rangle = \cos\dfrac{\theta}{2}|0\rangle + \mathrm{e}^{\mathrm{i}\phi}\sin\dfrac{\theta}{2}|1\rangle$, 其中, 角度 θ 和 ϕ 给出态矢 $|\psi_2'\rangle$ 在 Block 球上的位置 (参见方程 (3.4)). 注意, θ 也是 Block 矢量 $|\psi_1\rangle$ 与 $|\psi_2\rangle$ 之间的夹角. 我们有

$$F = \left| \langle\psi_1|\psi_2\rangle \right|^2 = \left| \langle\psi_1'|\psi_2'\rangle \right|^2 = \left| \begin{bmatrix} 1 & 0 \end{bmatrix} \begin{bmatrix} \cos\frac{\theta}{2} \\ \mathrm{e}^{\mathrm{i}\phi}\sin\frac{\theta}{2} \end{bmatrix} \right|^2 = \cos^2\frac{\theta}{2}. \tag{51}$$

习题3.2 首先, 我们注意到

$$H\,R_z(\alpha)\,H = \begin{bmatrix} \cos\frac{\alpha}{2} & \mathrm{i}\sin\frac{\alpha}{2} \\ \mathrm{i}\sin\frac{\alpha}{2} & \cos\frac{\alpha}{2} \end{bmatrix} = \cos\frac{\alpha}{2}\,I + \mathrm{i}\sin\frac{\alpha}{2}\,\sigma_x \tag{52}$$

绕 x 轴做一角度为 α 的转动. 方程 (3.27) 中的一连串转动的意义如下:

(1) $R_z(-\frac{\pi}{2} - \phi_1)$ 是 Block 球绕 z 轴做 $-\frac{\pi}{2} - \phi_1$ 角度的转动. 这样, Block 球上位置为 (θ_1, ϕ_1) 的态被转到态 $(\theta_1, -\frac{\pi}{2})$. 该态在 $(-y, z)$ 平面内.

(2) 如方程 (52) 所示, $H\,R_z(\theta_2 - \theta_1)\,H$ 将 Block 球绕 x 轴做 $\theta_1 - \theta_2$ 角度的转动. 于是, 该态矢变为 $(\theta_2, -\frac{\pi}{2})$.

(3) $R_z(\frac{\pi}{2} + \phi_2)$ 是绕 z 轴做 $\frac{\pi}{2} + \phi_2$ 角度的转动, 由此引导到最后的位置 (θ_2, ϕ_2).

习题3.3 计算 $|\psi'\rangle = R_x(\delta)|\psi\rangle$, 我们得到

$$\begin{cases} x' = x, \\ y' = y\cos\delta - z\sin\delta, \\ z' = y\sin\delta + z\cos\delta, \end{cases} \tag{53}$$

其中, (x, y, z) 与 (x', y', z') 分别表示 $|\psi\rangle$ 与 $|\psi'\rangle$ 的笛卡儿坐标. 可以肯定, (53) 表示一个绕 x 轴做 δ 角度的逆时针旋转. 同样地, 我们可以计算 $|\psi'\rangle = R_y(\delta)|\psi\rangle$, 得到

$$\begin{cases} x' = x\cos\delta + z\sin\delta, \\ y' = y, \\ z' = -x\sin\delta + z\cos\delta, \end{cases} \tag{54}$$

表示一个绕y轴做δ角度的逆时针旋转.

习题3.4 简单地比较方程(3.12)中的矩阵U_1, 与方程(3.33)中的旋转矩阵$R_y(\delta)$, 可以看出$U_1 = \boldsymbol{R}_y(-\frac{\pi}{2})$. 类似地, 比较方程(3.14)中的$U_2$, 与方程(3.32) 中的$R_x(\delta)$, 得到$U_2 = R_x(\frac{\pi}{2})$.

习题3.5 一个一般的2×2幺正矩阵U, 可以被看作为绕Bloch球的某个轴做δ角度旋转(该轴的方向为单位矢量$\boldsymbol{n} = (n_x, n_y, n_z)$). 因此, 我们可以按照方程(3.38) 来表达U, 得到

$$\sqrt{U} = \cos\left(\frac{\delta}{4}\right) I - \mathrm{i}\sin\left(\frac{\delta}{4}\right)(\boldsymbol{n} \cdot \boldsymbol{\sigma}). \tag{55}$$

习题3.6 直接计算得到

$$
\begin{aligned}
(\boldsymbol{a} \cdot \boldsymbol{\sigma})(\boldsymbol{b} \cdot \boldsymbol{\sigma}) =& (a_x\sigma_x + a_y\sigma_y + a_z\sigma_z)(b_x\sigma_x + b_y\sigma_y + b_z\sigma_z) \\
=& a_xb_x\,\sigma_x^2 + a_yb_y\,\sigma_y^2 + a_zb_z\,\boldsymbol{\sigma}_z^2 + (a_xb_y - a_yb_x)\,\sigma_x\sigma_y \\
& + (a_yb_z - a_zb_y)\,\sigma_y\sigma_z + (a_zb_x - a_xb_z)\,\sigma_z\sigma_x \\
=& a_xb_x\,I + a_yb_y\,I + a_zb_z\,I + (a_xb_y - a_yb_x)\,\mathrm{i}\sigma_z \\
& + (a_yb_z - a_zb_y)\,\mathrm{i}\sigma_x + (a_zb_x - a_xb_z)\,\mathrm{i}\sigma_y \\
=& (\boldsymbol{a} \cdot \boldsymbol{b})\,I + \mathrm{i}\boldsymbol{\sigma} \cdot (\boldsymbol{a} \times \boldsymbol{b}).
\end{aligned}
\tag{56}
$$

注意, 我们用到了泡利矩阵的以下性质: (i) $\sigma_y\sigma_x = -\sigma_y\sigma_x$, $\sigma_z\sigma_y = -\sigma_y\sigma_z$ 和$\sigma_x\sigma_z = -\sigma_z\sigma_x$ (即泡利矩阵反对易); (ii) $\sigma_x^2 = \sigma_y^2 = \sigma_z^2 = I$; 与(iii) $\sigma_x\sigma_y = \mathrm{i}\sigma_z$, $\sigma_y\sigma_z = \mathrm{i}\sigma_x$ 和$\sigma_z\sigma_x = \mathrm{i}\sigma_y$.

习题3.7 态矢(3.45)可以被等价地写为

$$|\psi\rangle = a\left\{|00\rangle + b_0\,\mathrm{e}^{\mathrm{i}\phi_0}|01\rangle + b_1\,\mathrm{e}^{\mathrm{i}\phi_1}|10\rangle + b_1b_0\,\mathrm{e}^{\mathrm{i}(\phi_1+\phi_0)}|11\rangle\right\}. \tag{57}$$

将受控非(CNOT)门作用于该态得到

$$\mathrm{CNOT}\,|\psi\rangle = a\left\{|00\rangle + b_0\,\mathrm{e}^{\mathrm{i}\phi_0}|01\rangle + b_1\,\mathrm{e}^{\mathrm{i}\phi_1}|11\rangle + b_1b_0\,\mathrm{e}^{\mathrm{i}(\phi_1+\phi_0)}|10\rangle\right\}, \tag{58}$$

当且仅当$b_0\,\mathrm{e}^{\mathrm{i}\phi_0} = 1$, 它是可分离的. 因此, 当且仅当以下两个条件至少有一个被满足时, CNOT门产生纠缠态

$$b_0 \neq 1, \quad \phi_0 \neq 0. \tag{59}$$

习题3.8 对于由方程(3.46)定义的、推广的CNOT门B, 图1给出了一个实现它的方案, 该方案利用了标准的CNOT门与单量子比特非门. 第一个非门将控制比特的状态予以翻转, 这样, 仅当在非门之前的控制比特的初始态为$|0\rangle$时, 标准CNOT门才起作用. 第2个非门恢复目标量子比特的原始状态. 用类似的程序, 我们可以得到推广的CNOT门D和C. 最后, 我们请注意, 非门由泡利矩阵σ_x实现.

为了证明图3.3中的两个线路图是等价的, 我们必须证明

$$C = H^{\otimes 2}\,A\,H^{\otimes 2}, \tag{60}$$

其中, A是标准CNOT门, C是推广的CNOT门, 而$H^{\otimes 2} \equiv H \otimes H$. 我们有

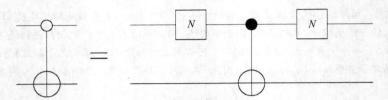

图1　推广的CNOT门B被分解为一个标准CNOT门与两个非门N

$$H^{\otimes 2} = \frac{1}{2} \begin{bmatrix} 1 & 1 & 1 & 1 \\ 1 & -1 & 1 & -1 \\ 1 & 1 & -1 & -1 \\ 1 & -1 & -1 & 1 \end{bmatrix}. \tag{61}$$

这样, 我们可以直接计算方程(60)中的矩阵乘积, 并且证实

$$\begin{bmatrix} 1 & 0 & 0 & 0 \\ 0 & 1 & 0 & 0 \\ 0 & 0 & 0 & 1 \\ 0 & 0 & 1 & 0 \end{bmatrix} = H^{\otimes 2} \begin{bmatrix} 0 & 0 & 1 & 0 \\ 0 & 1 & 0 & 0 \\ 1 & 0 & 0 & 0 \\ 0 & 0 & 0 & 1 \end{bmatrix} H^{\otimes 2}. \tag{62}$$

习题3.9　计算矩阵乘积即可. 例如, 我们可以验证SWAP门由图3.4中的线路图来实现. 事实上, 由于

$$\begin{bmatrix} 1 & 0 & 0 & 0 \\ 0 & 1 & 0 & 0 \\ 0 & 0 & 0 & 1 \\ 0 & 0 & 1 & 0 \end{bmatrix} \begin{bmatrix} 1 & 0 & 0 & 0 \\ 0 & 0 & 0 & 1 \\ 0 & 0 & 1 & 0 \\ 0 & 1 & 0 & 0 \end{bmatrix} \begin{bmatrix} 1 & 0 & 0 & 0 \\ 0 & 1 & 0 & 0 \\ 0 & 0 & 0 & 1 \\ 0 & 0 & 1 & 0 \end{bmatrix} = \begin{bmatrix} 1 & 0 & 0 & 0 \\ 0 & 0 & 1 & 0 \\ 0 & 1 & 0 & 0 \\ 0 & 0 & 0 & 1 \end{bmatrix} \tag{63}$$

我们有

$$\mathrm{ACA} = \mathrm{SWAP}. \tag{64}$$

等价地, 我们可以对计算基矢的态实施一串推广的CNOT门, 并且验证

$$\mathrm{A\,C\,A}\,|00\rangle = |00\rangle = \mathrm{SWAP}|00\rangle, \quad \mathrm{A\,C\,A}\,|01\rangle = |10\rangle = \mathrm{SWAP}|01\rangle,$$
$$\mathrm{A\,C\,A}\,|10\rangle = |01\rangle = \mathrm{SWAP}|10\rangle, \quad \mathrm{A\,C\,A}\,|11\rangle = |11\rangle = \mathrm{SWAP}|11\rangle. \tag{65}$$

这样, 因为两个算子都是线性的, 并且作用在一套基矢上给出相同结果, ACA = SWAP.

24个可能的置换矩阵为

$$P_1 = \begin{bmatrix} 1 & 0 & 0 & 0 \\ 0 & 1 & 0 & 0 \\ 0 & 0 & 1 & 0 \\ 0 & 0 & 0 & 1 \end{bmatrix}, \quad P_2 = \begin{bmatrix} 1 & 0 & 0 & 0 \\ 0 & 1 & 0 & 0 \\ 0 & 0 & 0 & 1 \\ 0 & 0 & 1 & 0 \end{bmatrix}, \quad P_3 = \begin{bmatrix} 1 & 0 & 0 & 0 \\ 0 & 0 & 1 & 0 \\ 0 & 1 & 0 & 0 \\ 0 & 0 & 0 & 1 \end{bmatrix},$$

$$P_4 = \begin{bmatrix} 1 & 0 & 0 & 0 \\ 0 & 0 & 1 & 0 \\ 0 & 0 & 0 & 1 \\ 0 & 1 & 0 & 0 \end{bmatrix}, \quad P_5 = \begin{bmatrix} 1 & 0 & 0 & 0 \\ 0 & 0 & 0 & 1 \\ 0 & 1 & 0 & 0 \\ 0 & 0 & 1 & 0 \end{bmatrix}, \quad P_6 = \begin{bmatrix} 1 & 0 & 0 & 0 \\ 0 & 0 & 0 & 1 \\ 0 & 0 & 1 & 0 \\ 0 & 1 & 0 & 0 \end{bmatrix},$$

$$P_7 = \begin{bmatrix} 0 & 1 & 0 & 0 \\ 1 & 0 & 0 & 0 \\ 0 & 0 & 1 & 0 \\ 0 & 0 & 0 & 1 \end{bmatrix}, \quad P_8 = \begin{bmatrix} 0 & 1 & 0 & 0 \\ 1 & 0 & 0 & 0 \\ 0 & 0 & 0 & 1 \\ 0 & 0 & 1 & 0 \end{bmatrix}, \quad P_9 = \begin{bmatrix} 0 & 1 & 0 & 0 \\ 0 & 0 & 1 & 0 \\ 0 & 0 & 0 & 1 \\ 1 & 0 & 0 & 0 \end{bmatrix},$$

$$P_{10} = \begin{bmatrix} 0 & 1 & 0 & 0 \\ 0 & 0 & 1 & 0 \\ 1 & 0 & 0 & 0 \\ 0 & 0 & 0 & 1 \end{bmatrix}, \quad P_{11} = \begin{bmatrix} 0 & 1 & 0 & 0 \\ 0 & 0 & 0 & 1 \\ 0 & 0 & 1 & 0 \\ 1 & 0 & 0 & 0 \end{bmatrix}, \quad P_{12} = \begin{bmatrix} 0 & 1 & 0 & 0 \\ 0 & 0 & 0 & 1 \\ 1 & 0 & 0 & 0 \\ 0 & 0 & 1 & 0 \end{bmatrix},$$

$$P_{13} = \begin{bmatrix} 0 & 0 & 1 & 0 \\ 1 & 0 & 0 & 0 \\ 0 & 1 & 0 & 0 \\ 0 & 0 & 0 & 1 \end{bmatrix}, \quad P_{14} = \begin{bmatrix} 0 & 0 & 1 & 0 \\ 1 & 0 & 0 & 0 \\ 0 & 0 & 0 & 1 \\ 0 & 1 & 0 & 0 \end{bmatrix}, \quad P_{15} = \begin{bmatrix} 0 & 0 & 1 & 0 \\ 0 & 1 & 0 & 0 \\ 1 & 0 & 0 & 0 \\ 0 & 0 & 0 & 1 \end{bmatrix},$$

$$P_{16} = \begin{bmatrix} 0 & 0 & 1 & 0 \\ 0 & 1 & 0 & 0 \\ 0 & 0 & 0 & 1 \\ 1 & 0 & 0 & 0 \end{bmatrix}, \quad P_{17} = \begin{bmatrix} 0 & 0 & 1 & 0 \\ 0 & 0 & 0 & 1 \\ 1 & 0 & 0 & 0 \\ 0 & 1 & 0 & 0 \end{bmatrix}, \quad P_{18} = \begin{bmatrix} 0 & 0 & 1 & 0 \\ 0 & 0 & 0 & 1 \\ 0 & 1 & 0 & 0 \\ 1 & 0 & 0 & 0 \end{bmatrix},$$

$$P_{19} = \begin{bmatrix} 0 & 0 & 0 & 1 \\ 1 & 0 & 0 & 0 \\ 0 & 1 & 0 & 0 \\ 0 & 0 & 1 & 0 \end{bmatrix}, \quad P_{20} = \begin{bmatrix} 0 & 0 & 0 & 1 \\ 1 & 0 & 0 & 0 \\ 0 & 0 & 1 & 0 \\ 0 & 1 & 0 & 0 \end{bmatrix}, \quad P_{21} = \begin{bmatrix} 0 & 0 & 0 & 1 \\ 0 & 1 & 0 & 0 \\ 1 & 0 & 0 & 0 \\ 0 & 0 & 1 & 0 \end{bmatrix},$$

$$P_{22} = \begin{bmatrix} 0 & 0 & 0 & 1 \\ 0 & 1 & 0 & 0 \\ 0 & 0 & 1 & 0 \\ 1 & 0 & 0 & 0 \end{bmatrix}, \quad P_{23} = \begin{bmatrix} 0 & 0 & 0 & 1 \\ 0 & 0 & 1 & 0 \\ 1 & 0 & 0 & 0 \\ 0 & 1 & 0 & 0 \end{bmatrix}, \quad P_{24} = \begin{bmatrix} 0 & 0 & 0 & 1 \\ 0 & 0 & 1 & 0 \\ 0 & 1 & 0 & 0 \\ 1 & 0 & 0 & 0 \end{bmatrix}. \tag{66}$$

注意 $P_3 = \text{SWAP}$. 如图2所示, 这些置换矩阵可通过推广的CNOT门来实现.

习题3.10 直接进行矩阵乘积, 容易验证

$$\text{CMINUS} = (I \otimes H)\,\text{CNOT}\,(I \otimes H). \tag{67}$$

然后, 由于 $(I \otimes H)^2 = I \otimes I$, 如果我们对方程(67)两边乘以 $(I \otimes H)$, 就会立即得到关系式

$$\text{CNOT} = (I \otimes H)\,\text{CMINUS}\,(I \otimes H). \tag{68}$$

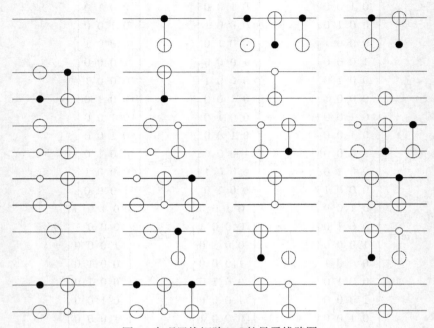

图2 实现置换矩阵(66)的量子线路图

没有控制量子比特时, 符号 $\oplus$ 代表一个简单的非门(如参见置换 P_8). 置换的顺序为从上到下, 从左到右: 最上面一行, 从左到右, 给出量子线路图 $P_1 \sim P_4$; 从上面数第二行为 $P_5(左) \sim P_8(右)$ 等

习题3.11 我们先考虑一个作用在目标量子比特上的相位误差. 它将态(3.51)变换为

$$(\alpha\,|0\rangle + \beta\,|1\rangle) \otimes \frac{1}{\sqrt{2}}\,(|0\rangle - |1\rangle) = \frac{1}{\sqrt{2}}\,(\alpha\,|00\rangle - \alpha\,|01\rangle + \beta\,|10\rangle - \beta\,|11\rangle). \tag{69}$$

实施CNOT门之后, 该态变为

$$\frac{1}{\sqrt{2}}\,(\alpha\,|00\rangle - \alpha\,|01\rangle + \beta\,|11\rangle - \beta\,|10\rangle) = \frac{1}{\sqrt{2}}\,(\alpha\,|0\rangle - \beta|1\rangle) \otimes (|0\rangle - |1\rangle). \tag{70}$$

可见, 这类误差即使在初始时只影响目标量子比特, 实施CNOT门之后, 其影响会转到控制量子比特之上, 因此, 它们尤其危险.

注意, 对于其他可能的相位或者振幅, 情况并非都如此. 例如, 作用在控制量子比特上的相位误差将态(3.51)转换为

$$(\alpha|0\rangle - \beta|1\rangle) \otimes \frac{1}{\sqrt{2}}\,(|0\rangle + |1\rangle),$$

而CNOT门的实施并不改变该态. 因此, 这种相位误差不影响目标量子比特. 作用在控制量子比特上的振幅误差将态(3.51)转换为

$$(\beta|0\rangle + \alpha|1\rangle) \otimes \frac{1}{\sqrt{2}}\,(|0\rangle + |1\rangle),$$

CNOT门并不改变这一状态. 再一次地, 目标量子比特是安全的. 最后, 作用在目标量子比特上的振幅误差不影响计算, 即态(3.51)保持不变. 这是因为, 目标量子比特对于以下振幅误差是对称的: 在置换$|0\rangle \leftrightarrow |1\rangle$之下, $|0\rangle + |1\rangle$不变.

习题3.12　直接计算张量乘积, 我们得到

$$
\sigma_1 \otimes \sigma_1 = \begin{bmatrix} 0&0&0&1 \\ 0&0&1&0 \\ 0&1&0&0 \\ 1&0&0&0 \end{bmatrix}, \quad
\sigma_1 \otimes \sigma_2 = \begin{bmatrix} 0&0&0&-i \\ 0&0&i&0 \\ 0&-i&0&0 \\ i&0&0&0 \end{bmatrix},
$$

$$
\sigma_1 \otimes \sigma_3 = \begin{bmatrix} 0&0&1&0 \\ 0&0&0&-1 \\ 1&0&0&0 \\ 0&-1&0&0 \end{bmatrix}, \quad
\sigma_2 \otimes \sigma_1 = \begin{bmatrix} 0&0&0&-i \\ 0&0&-i&0 \\ 0&i&0&0 \\ i&0&0&0 \end{bmatrix},
$$

$$
\sigma_2 \otimes \sigma_2 = \begin{bmatrix} 0&0&0&-1 \\ 0&0&1&0 \\ 0&1&0&0 \\ -1&0&0&0 \end{bmatrix}, \quad
\sigma_2 \otimes \sigma_3 = \begin{bmatrix} 0&0&-i&0 \\ 0&0&0&i \\ i&0&0&0 \\ 0&-i&0&0 \end{bmatrix},
$$

$$
\sigma_3 \otimes \sigma_1 = \begin{bmatrix} 0&1&0&0 \\ 1&0&0&0 \\ 0&0&0&-1 \\ 0&0&-1&0 \end{bmatrix}, \quad
\sigma_3 \otimes \sigma_2 = \begin{bmatrix} 0&-i&0&0 \\ i&0&0&0 \\ 0&0&0&i \\ 0&0&-i&0 \end{bmatrix},
$$

$$
\sigma_3 \otimes \sigma_3 = \begin{bmatrix} 1&0&0&0 \\ 0&-1&0&0 \\ 0&0&-1&0 \\ 0&0&0&1 \end{bmatrix}, \quad
\sigma_1 \otimes I = \begin{bmatrix} 0&0&1&0 \\ 0&0&0&1 \\ 1&0&0&0 \\ 0&1&0&0 \end{bmatrix},
$$

$$
\sigma_2 \otimes I = \begin{bmatrix} 0&0&-i&0 \\ 0&0&0&-i \\ i&0&0&0 \\ 0&i&0&0 \end{bmatrix}, \quad
\sigma_3 \otimes I = \begin{bmatrix} 1&0&0&0 \\ 0&1&0&0 \\ 0&0&-1&0 \\ 0&0&0&-1 \end{bmatrix},
$$

$$
I \otimes \sigma_1 = \begin{bmatrix} 0&1&0&0 \\ 1&0&0&0 \\ 0&0&0&1 \\ 0&0&1&0 \end{bmatrix}, \quad
I \otimes \sigma_2 = \begin{bmatrix} 0&-i&0&0 \\ i&0&0&0 \\ 0&0&0&-i \\ 0&0&i&0 \end{bmatrix},
$$

$$
I \otimes \sigma_3 = \begin{bmatrix} 1&0&0&0 \\ 0&-1&0&0 \\ 0&0&1&0 \\ 0&0&0&-1 \end{bmatrix}, \quad
I \otimes I = \begin{bmatrix} 1&0&0&0 \\ 0&1&0&0 \\ 0&0&1&0 \\ 0&0&0&1 \end{bmatrix}. \tag{71}
$$

习题3.13

$$\langle\psi|\sigma_1\otimes\sigma_1|\psi\rangle = \begin{bmatrix} c\ \alpha^*\ \beta^*\ \gamma^* \end{bmatrix}\begin{bmatrix} 0&0&0&1\\0&0&1&0\\0&1&0&0\\1&0&0&0\end{bmatrix}\begin{bmatrix} c\\\alpha\\\beta\\\gamma\end{bmatrix}$$

$$= c\gamma + c\gamma^* + \alpha\beta^* + \alpha^*\beta,$$
$$\langle\psi|\sigma_1\otimes\sigma_2|\psi\rangle = \mathrm{i}\,(-c\gamma + c\gamma^* - \alpha\beta^* + \alpha^*\beta),$$
$$\langle\psi|\sigma_1\otimes\sigma_3|\psi\rangle = c\beta + c\beta^* - \alpha\gamma^* - \alpha^*\gamma,$$
$$\langle\psi|\sigma_2\otimes\sigma_1|\psi\rangle = \mathrm{i}\,(-c\gamma + c\gamma^* + \alpha\beta^* - \alpha^*\beta),$$
$$\langle\psi|\sigma_2\otimes\sigma_2|\psi\rangle = -c\gamma - c\gamma^* + \alpha\beta^* + \alpha^*\beta,$$
$$\langle\psi|\sigma_2\otimes\sigma_3|\psi\rangle = \mathrm{i}\,(-c\beta + c\beta^* - \alpha\gamma^* + \alpha^*\gamma),$$
$$\langle\psi|\sigma_3\otimes\sigma_1|\psi\rangle = c\alpha + c\alpha^* - \beta\gamma^* - \beta^*\gamma,$$
$$\langle\psi|\sigma_3\otimes\sigma_2|\psi\rangle = \mathrm{i}\,(-c\alpha + c\alpha^* - \beta\gamma^* + \beta^*\gamma),$$
$$\langle\psi|\sigma_3\otimes\sigma_3|\psi\rangle = c^2 - |\alpha|^2 - |\beta|^2 + |\gamma|^2,$$
$$\langle\psi|\sigma_1\otimes I|\psi\rangle = c\beta + \alpha^*\gamma + \beta^* c + \gamma^*\alpha,$$
$$\langle\psi|\sigma_2\otimes I|\psi\rangle = \mathrm{i}\,(-c\beta - \alpha^*\gamma + \beta^* c + \gamma^*\alpha),$$
$$\langle\psi|\sigma_3\otimes I|\psi\rangle = c^2 + |\alpha|^2 - |\beta|^2 - |\gamma|^2,$$
$$\langle\psi|I\otimes\sigma_1|\psi\rangle = c\alpha + \alpha^* c + \beta^*\gamma + \gamma^*\beta,$$
$$\langle\psi|I\otimes\sigma_2|\psi\rangle = \mathrm{i}\,(-c\alpha + \alpha^* c - \beta^*\gamma + \gamma^*\beta),$$
$$\langle\psi|I\otimes\sigma_3|\psi\rangle = c^2 - |\alpha|^2 + |\beta|^2 - |\gamma|^2,$$
$$\langle\psi|I\otimes I|\psi\rangle = c^2 + |\alpha|^2 + |\beta|^2 + |\gamma|^2 = 1. \tag{72}$$

习题3.14 为了证明C^2-U门可以按照图3.10所示进行分解，可以考虑与进行分解有关的门的矩阵乘积，直接但是冗长的方法是计算这些矩阵的乘积. 这些门非平凡地作用于3个量子比特中的两个之上，因此，必须将它们嵌入与整个系统有关的2^3维希尔伯特空间之中. 嵌入的最简单例子如下：设2×2矩阵

$$A = \begin{bmatrix} a & b \\ c & d \end{bmatrix} \tag{73}$$

与作用于一个单量子比特的线性算子相关联，而我们想要将它拓展到与两个量子比特相关的希尔伯特空间之中. 我们有两种选择，即A作用于那个重要的或者不那么重要的量子比特

$$I\otimes A = \begin{bmatrix} a&b&0&0\\c&d&0&0\\0&0&a&b\\0&0&c&d\end{bmatrix}, \quad A\otimes I = \begin{bmatrix} a&0&b&0\\0&a&0&b\\c&0&d&0\\0&c&0&d\end{bmatrix}. \tag{74}$$

在本练习中，我们必须将与作用于两个量子比特的算子有关的4×4矩阵，嵌入3个量子比特的希

尔伯特空间中. 对于一个一般的4×4矩阵

$$M = \begin{bmatrix} a & b & c & d \\ e & f & g & h \\ i & j & k & l \\ m & n & o & p \end{bmatrix}, \tag{75}$$

嵌入给出以下3个矩阵中的1个:

$$\begin{bmatrix} a & b & c & d & 0 & 0 & 0 & 0 \\ e & f & g & h & 0 & 0 & 0 & 0 \\ i & j & k & l & 0 & 0 & 0 & 0 \\ m & n & o & p & 0 & 0 & 0 & 0 \\ 0 & 0 & 0 & 0 & a & b & c & d \\ 0 & 0 & 0 & 0 & e & f & g & h \\ 0 & 0 & 0 & 0 & i & j & k & l \\ 0 & 0 & 0 & 0 & m & n & o & p \end{bmatrix}, \quad \begin{bmatrix} a & b & 0 & 0 & c & d & 0 & 0 \\ e & f & 0 & 0 & g & h & 0 & 0 \\ 0 & 0 & a & b & 0 & 0 & c & d \\ 0 & 0 & e & f & 0 & 0 & g & h \\ i & j & 0 & 0 & k & l & 0 & 0 \\ m & n & 0 & 0 & o & p & 0 & 0 \\ 0 & 0 & i & j & 0 & 0 & k & l \\ 0 & 0 & m & n & 0 & 0 & o & p \end{bmatrix},$$

$$\begin{bmatrix} a & 0 & b & 0 & c & 0 & d & 0 \\ 0 & a & 0 & b & 0 & c & 0 & d \\ e & 0 & f & 0 & g & 0 & h & 0 \\ 0 & e & 0 & f & 0 & g & 0 & h \\ i & 0 & j & 0 & k & 0 & l & 0 \\ 0 & i & 0 & j & 0 & k & 0 & l \\ m & 0 & n & 0 & o & 0 & p & 0 \\ 0 & m & 0 & n & 0 & o & 0 & p \end{bmatrix}, \tag{76}$$

这取决于算子M作用于哪个量子比特上给出平凡结果, 第1个(最重要的), 或者第2个, 还是第3个(最不重要的).

解决该问题还有一个简单得多的方法: 图3.10中的线路图由5个门所构成, 将它们作用于计算基矢态$|i_2\, i_1\, i_0\rangle$, 证明它们的组合与C^2-U等效. 这样, 有

$$\begin{aligned} |00i_0\rangle &\rightarrow & |00i_0\rangle &\rightarrow & |00i_0\rangle &\rightarrow & |00i_0\rangle &\rightarrow & |00i_0\rangle &\rightarrow |00i_0\rangle, \\ |01i_0\rangle &\rightarrow |01\rangle V|i_0\rangle &\rightarrow |01\rangle V|i_0\rangle &\rightarrow & |01i_0\rangle &\rightarrow & |01i_0\rangle &\rightarrow |01i_0\rangle, \\ |10i_0\rangle &\rightarrow & |10i_0\rangle &\rightarrow & |11i_0\rangle &\rightarrow |11\rangle V^{\dagger}|i_0\rangle &\rightarrow |10\rangle V^{\dagger}|i_0\rangle &\rightarrow |10i_0\rangle, \\ |11i_0\rangle &\rightarrow |11\rangle V|i_0\rangle &\rightarrow |10\rangle V|i_0\rangle &\rightarrow & |10\rangle V|i_0\rangle &\rightarrow |11\rangle V|i_0\rangle &\rightarrow |11\rangle U|i_0\rangle, \end{aligned} \tag{77}$$

其中, 我们用到关系式$V^2 = I$和$V^{\dagger}V = I = VV^{\dagger}$. 这样, 仅当两个控制量子比特被置为1时, 图3.10中的线路图才有非平凡效应, 并且对第3个量子比特实施U门, 因此, 它的确实施了C^2-U门.

习题3.15 我们需要做的与习题3.8类似, 只是, 在标准的$C^{(n-1)}$-非门之前与之后, 非门必须应用于所有这样的量子比特: 当这些量子比特的态为$|0\rangle$时, 它们诱导推广的$C^{(n-1)}$-非门发生非平凡作用.

习题3.16　4×4矩阵D为

$$
\begin{bmatrix}
\cos \phi_1 & 0 & -\sin \phi_1 & 0 \\
0 & \cos \phi_2 & 0 & -\sin \phi_2 \\
\sin \phi_1 & 0 & \cos \phi_1 & 0 \\
0 & \sin \phi_2 & 0 & \cos \phi_2
\end{bmatrix}. \tag{78}
$$

图3.14中的线路图执行下述变换:

$$
\left(\overline{\text{CNOT}}\right) \left(R_y(\theta_1) \otimes I\right) \left(\overline{\text{CNOT}}\right) \left(R_y(\theta_0) \otimes I\right), \tag{79}
$$

其中

$$
R_y(\theta) \otimes I =
\begin{bmatrix}
\cos \dfrac{\theta}{2} & 0 & -\sin \dfrac{\theta}{2} & 0 \\
0 & \cos \dfrac{\theta}{2} & 0 & -\sin \dfrac{\theta}{2} \\
\sin \dfrac{\theta}{2} & 0 & \cos \dfrac{\theta}{2} & 0 \\
0 & \sin \dfrac{\theta}{2} & 0 & \cos \dfrac{\theta}{2}
\end{bmatrix}, \tag{80}
$$

而推广的CNOT门为

$$
\overline{\text{CNOT}} =
\begin{bmatrix}
1 & 0 & 0 & 0 \\
0 & 0 & 0 & 1 \\
0 & 0 & 1 & 0 \\
0 & 1 & 0 & 0
\end{bmatrix}. \tag{81}
$$

利用$\theta_0 = \phi_1 + \phi_2$与$\theta_1 = \phi_1 - \phi_2$, 并直接计算矩阵乘积, 容易验证(78)与(79)是相等的.

习题3.17　我们有

$$
U_f^2 |x\rangle |y\rangle = U_f |x\rangle |y \oplus f(x)\rangle = |x\rangle |y \oplus 2f(x)\rangle = |x\rangle |y\rangle, \tag{82}
$$

其中, $|x\rangle \equiv |x_{n-1}, x_{n-2}, \cdots, x_0\rangle$. 因此, $U_f^2 = I$, 即

$$
U_f^{-1} = \boldsymbol{U_f}. \tag{83}
$$

我们证明U_f是厄米的. 在计算基矢上, U_f的矩阵元为

$$
\begin{aligned}
U_f(x, y; x', y') &= \langle x|\langle y|U_f|x'\rangle|y'\rangle \\
&= \langle x|x'\rangle\langle y|y' \oplus f(x')\rangle = \delta_{x,x'}\delta_{y,y' \oplus f(x)}.
\end{aligned} \tag{84}
$$

现在我们计算共轭算子$U_f^\dagger$的矩阵元

$$
U_f^\dagger(x, y; x', y') = U_f^*(x', y'; x, y) = U_f(x', y'; x, y) = \delta_{x,x'}\delta_{y',y \oplus f(x)}. \tag{85}
$$

由$y = y' \oplus f(x)$可以被等价地表述为$y \oplus f(x) = y' \oplus 2f(x) = y'$, 有

$$
U_f^\dagger(x, y; x', y') = U_f(x, y; x', y'). \tag{86}
$$

方程(83)和(86)意味着

$$U_f^\dagger = U_f^{-1}, \tag{87}$$

即U_f是幺正的.

习题3.18 方程(3.132)清楚地显示, Grover算法失败的概率为

$$p(x \neq x_0) = \cos^2[(2k+1)\theta], \tag{88}$$

其中, $\theta \approx 1/\sqrt{N}$, 而

$$(2k+1)\theta = \frac{\pi}{2} + O(\theta) = \frac{\pi}{2} + O(\sqrt{N}). \tag{89}$$

因而

$$p(x \neq x_0) = \cos^2\left[\frac{\pi}{2} + O\left(\frac{1}{\sqrt{N}}\right)\right] = O\left(\frac{1}{N}\right). \tag{90}$$

习题3.19 执行一步Grover算法, 需要一次谕示询问, $2n$个Hadamard门以及一次相对于与$|0\rangle$相垂直的超平面的反射. 要实施这一反射, 我们需要用到一个推广的$C^{(n-1)}$-MINUS门, 它在态矢$|00\cdots0\rangle$前置一负号. 如在3.5节中所见(图3.11), 该变换可以被分解为$2(n-2)$个Toffoli门加上一个单一的CMINUS门. 付出的代价为需要$n-2$个辅助量子比特. 作为另一种选择, 可以利用$O(n^2)$个基本门计算$C^{(n-1)}$-MINUS门, 而不用辅助量子比特(Barenco等, 1995). 最后, 我们假设谕示询问被立即回答, 即执行它所需要的时间不被记入复杂性分析. 这是因为, 谕示询问所耗的时间依赖于具体程序. 总之, 执行一步Grover算法需要的时间(以基本门的数量来度量)为n的量级(有辅助量子比特), 或者n^2量级(无辅助量子比特). 因为Grover算法需要$O(\sqrt{N})$步, 在两种情况下, 我们都需要$O(\sqrt{N}\log N)$个基本门.

习题3.20 记$|\psi\rangle$为量子傅里叶变换结尾处所需的准确波函数, $|\tilde{\psi}\rangle$为幺正误差发生后的实际波函数. 从3.6节我们知道, 如果每一步的误差都有某个固定的范围δ, 那么

$$\left\| |\tilde{\psi}\rangle - |\psi\rangle \right\| < n_g\,\delta, \tag{91}$$

其中, $n_g = O(n^2)$是执行傅里叶变换所需之基本量子门的数量. 如果输出态所求的精度为ϵ, 由于每个单量子门的精度为δ, 则$n_g\delta < \epsilon$即足以满足之. 因此, $\delta = O(1/n^2)$, 即, 它随量子比特的数量以多项式的方式减少. 由这一点, 可以得出下述有趣结论(Coppersmith, 1994). 如果最终所需的精度为ϵ, 在量子傅里叶变换中, 对于那些其角度满足关系式$2\pi i/2^k < \epsilon/n_g$的受控相移门$R_k$, 由于它们与恒等变换的区别少于$\epsilon/n_g$, 可以直接将它们忽略. 这样, 在实施受控相移门时, 不需要去管那些具有指数式小的相位; 对相位的多项式的控制就足够了.

习题3.21 利用$F^{-1}F = I$, 从右向左执行图3.25中的线路即可.

习题3.22 如果我们将量子比特在时间t的态记为

$$|\psi(t)\rangle = \alpha(t)|0\rangle + \beta(t)|1\rangle, \tag{92}$$

则方程(3.22)可以被表述为

$$i\hbar\frac{d}{dt}\begin{bmatrix}\alpha(t)\\\beta(t)\end{bmatrix} = -\mu\begin{bmatrix}H_0 & H_1\,e^{-i\omega t}\\H_1\,e^{i\omega t} & -H_0\end{bmatrix}\begin{bmatrix}\alpha(t)\\\beta(t)\end{bmatrix}. \tag{93}$$

如果我们定义 $\omega_0 \equiv -2\mu H_0/\hbar$ 与 $\omega_1 \equiv -2\mu H_1/\hbar$, 则可以将薛定谔方程(93)写为如下形式:

$$\begin{cases} \mathrm{i}\dfrac{\mathrm{d}}{\mathrm{d}t}\,\alpha(t) = \dfrac{\omega_0}{2}\,\alpha(t) + \dfrac{\omega_1}{2}\,\mathrm{e}^{-\mathrm{i}\omega t}\,\beta(t)\,, \\[2mm] \mathrm{i}\dfrac{\mathrm{d}}{\mathrm{d}t}\,\beta(t) = \dfrac{\omega_1}{2}\,\mathrm{e}^{\mathrm{i}\omega t}\alpha(t) - \dfrac{\omega_0}{2}\,\beta(t)\,. \end{cases} \tag{94}$$

方程(94)构成一个线性齐次方程组, 其系数是时间依赖的. 为解这一方程组, 可以定义新函数

$$a(t) \equiv \alpha(t)\,\exp(\mathrm{i}\omega t/2) \quad \text{和} \quad b(t) \equiv \beta(t)\,\exp(-\mathrm{i}\omega t/2)\,. \tag{95}$$

如果我们引入矢量

$$|\tilde{\psi}(t)\rangle = a(t)\,|0\rangle + b(t)\,|1\rangle\,, \tag{96}$$

容易看出

$$|\tilde{\psi}(t)\rangle = R_z(-\omega t)\,|\psi(t)\rangle\,, \tag{97}$$

其中, 转动矩阵 $R_z(-\omega t)$ 由方程(3.29)定义, 代表Bloch球绕 z 轴转动角度 $-\omega t$. 因此, 变换(95)相当于从固定参照系变为以振动磁场的频率 ω 转动的参照系. 将(95)代入(94), 有

$$\begin{cases} \mathrm{i}\dfrac{\mathrm{d}}{\mathrm{d}t}\,a(t) = \left(\dfrac{\omega_0 - \omega}{2}\right) a(t) + \dfrac{\omega_1}{2}\,b(t)\,, \\[2mm] \mathrm{i}\dfrac{\mathrm{d}}{\mathrm{d}t}\,b(t) = \dfrac{\omega_1}{2}\,a(t) - \left(\dfrac{\omega_0 - \omega}{2}\right) b(t)\,. \end{cases} \tag{98}$$

注意, 这些方程所描述的新系统有固定系数, 它们相应于转动参照系里的薛定谔方程, 并且可以被写为

$$\mathrm{i}\hbar\dfrac{\mathrm{d}}{\mathrm{d}t}\,|\tilde{\psi}(t)\rangle = \tilde{H}\,|\tilde{\psi}(t)\rangle\,, \tag{99}$$

其中, 哈密顿量

$$\tilde{H} = \dfrac{\hbar}{2}\begin{bmatrix} \omega_0 - \omega & \omega_1 \\ \omega_1 & -(\omega_0 - \omega) \end{bmatrix} \tag{100}$$

与时间无关. 这样, 我们得到

$$|\tilde{\psi}(t)\rangle = \tilde{U}|\tilde{\psi}(0)\rangle = \tilde{U}|\psi(0)\rangle\,, \tag{101}$$

其中, 给出时间演化的幺正算子 $\tilde{U}$ 为

$$\tilde{U} = \mathrm{e}^{-\mathrm{i}\tilde{H}t/\hbar} = \mathrm{e}^{-\mathrm{i}[(\omega_0-\omega)\sigma_z + \omega_1\sigma_x]t/2}\,. \tag{102}$$

最后, 我们得到薛定谔方程(3.22)的形式解

$$|\psi(t)\rangle = R_z(\omega t)\,|\tilde{\psi}(t)\rangle = \mathrm{e}^{-\mathrm{i}\omega\sigma_z t/2}\mathrm{e}^{-\mathrm{i}[(\omega_0-\omega)\sigma_z + \omega_1\sigma_x]t/2}\,|\psi(0)\rangle\,. \tag{103}$$

因为哈密顿量 $\tilde{H}$ 不显含时间, 我们可以将(3.22)的解写为形式(2.140)

$$|\psi(t)\rangle = \sum_{n=1}^{2} c_n(0)\,\exp\left(-\dfrac{\mathrm{i}}{\hbar}E_n t\right)|n\rangle\,. \tag{104}$$

这里E_1和E_2是哈密顿量$\tilde{H}$的本征值, 而系数$c_n(0)$ $(n=1,2)$为

$$c_n(0) = \langle\varphi_n|\tilde{\psi}(0)\rangle = \langle\varphi_n|\psi(0)\rangle, \tag{105}$$

其中, $|\varphi_1\rangle$和$|\varphi_2\rangle$是$\tilde{H}$的本征矢. 容易发现

$$E_1 = \frac{\hbar}{2}\sqrt{(\omega_0-\omega)^2+\omega_1^2}, \quad E_2 = -\frac{\hbar}{2}\sqrt{(\omega_0-\omega)^2+\omega_1^2}, \tag{106}$$

$$|\varphi_1\rangle = \begin{bmatrix} \cos\frac{\theta}{2} \\ \sin\frac{\theta}{2} \end{bmatrix}, \quad |\varphi_2\rangle = \begin{bmatrix} -\sin\frac{\theta}{2} \\ \cos\frac{\theta}{2} \end{bmatrix}, \tag{107}$$

其中, 角度θ的定义为

$$\tan\theta = \frac{\omega_1}{\omega_0-\omega_1}. \tag{108}$$

假设$t=0$时系统的态为

$$|\psi(0)\rangle = |\tilde{\psi}(0)\rangle = |0\rangle. \tag{109}$$

这相应于

$$c_1(0) = \langle\varphi_1|0\rangle = \cos\frac{\theta}{2}, \quad c_2(0) = \langle\varphi_2|0\rangle = -\sin\frac{\theta}{2}. \tag{110}$$

将(110)代入普遍解(104), 我们得到

$$|\tilde{\psi}(t)\rangle = \cos\frac{\theta}{2}\,\mathrm{e}^{-\mathrm{i}E_1 t/\hbar}\,|\varphi_1\rangle - \sin\frac{\theta}{2}\,\mathrm{e}^{-\mathrm{i}E_2 t/\hbar}\,|\varphi_2\rangle. \tag{111}$$

现在我们可以计算在时刻t发现自旋$-\frac{1}{2}$粒子处于$|1\rangle$态的概率$p_1(t)$, 得到

$$\begin{aligned} p_1(t) &= \left|\langle 1|\psi(t)\rangle\right|^2 = \left|\beta(t)\right|^2 = \left|b(t)\right|^2 = \left|\langle 1|\tilde{\psi}(t)\rangle\right|^2 \\ &= \frac{\omega_1^2}{(\omega_0-\omega)^2+\omega_1^2}\sin^2\left(\sqrt{(\omega_0-\omega)^2+\omega_1^2}\,\frac{t}{2}\right). \end{aligned} \tag{112}$$

该概率在$t=0$时为0, 并且按正弦函数在0与$\omega_1^2/[(\omega_0-\omega)^2+\omega_1^2]$之间变化. 这些振荡发生的频率为$\Omega = \sqrt{(\omega_0-\omega)^2+\omega_1^2}$. 式(112)以拉比公式而知名, Ω被称为拉比频率. $\omega = \omega_0$的共振情况尤其重要. 在此情况下, 粒子的状态以频率$\Omega = \omega_1$在态$|0\rangle$与$|1\rangle$之间振荡. 在时间$t = (2n+1)\pi/\omega_1$, 我们有$p_1(t) = 1$. 注意, 远离共振时, 在态$|0\rangle$与$|1\rangle$之间的转换概率很小, 即测量自旋的z分量并且得到$\sigma_z = -1$的概率一直很小.

第4章

习题4.1 Alice和Bob分别各自拥有解码秘钥f_A^{-1}和f_B^{-1}, 与它们相应的公开编码钥匙为f_A和f_B. Alice用她的解码秘钥f_A^{-1}, 将她的签字S_A编码为$f_A^{-1}(S_A)$. 随后, 她用Bob的公开编码钥匙将普通文本P与她的签字进行编码. 这样, 她产生了加密文本$C = f_B(P + f_A^{-1}(S_A))$, 并将之通过公开渠道送给Bob. 然后, Bob用他的秘钥f_B^{-1}将加密文本C解码: $f_B^{-1}(C) = P + f_A^{-1}(S_A)$. 这样之后, 他用公钥$f_A$来验证Alice的签字$S_A = f_A(f_A^{-1}(S_A))$. 我们强调, 上述鉴定程序的有效性在于, 只有Alice知道她的秘钥, 没有其他人能够产生$f_A^{-1}(S_A)$.

习题4.2　平均保真度为

$$\bar{F} = \frac{1}{4\pi} \int_0^{2\pi} \mathrm{d}\phi \int_0^{\pi} \mathrm{d}\theta \, \sin\theta \, \left| \langle \psi_1 | \psi_2 \rangle \right|^2 , \tag{113}$$

其中, 球坐标θ和ϕ给出Bloch球上的态$|\psi_1\rangle$(参见2.1节). 为了计算积分(A.113), 方便的做法是将z轴取为$|\psi_2\rangle$的极化方向. 这种取法相应于$|\psi_2\rangle = |0\rangle$), 于是有

$$\bar{F} = \frac{1}{4\pi} \int_0^{2\pi} \mathrm{d}\phi \int_0^{\pi} \mathrm{d}\theta \, \sin\theta \, \cos^2\frac{\theta}{2} = \frac{1}{2} . \tag{114}$$

习题4.3　Alice和Bob共享EPR态$|\phi^+\rangle = \frac{1}{\sqrt{2}}\big(|00\rangle + |11\rangle\big)$. 如果Alice测量$\sigma_x$, 她以相同的概率$p_+^{(\mathrm{A})} = p_-^{(\mathrm{A})} = \frac{1}{2}$得到输出$\pm 1$. Alice测量之后, Bob的量子比特的态为

$$|\psi_\pm\rangle_{\mathrm{B}} = \frac{1}{\sqrt{2}}\big(|0\rangle \pm |1\rangle\big) , \tag{115}$$

其中, $\pm$符号相应于Alice的测量结果± 1. 如果Bob沿u轴测量自旋, 这里u轴由球坐标θ和ϕ选出, 他得到$\sigma_u = +1$的概率为

$$\big|{}_u\langle +|\psi_\pm\rangle_{\mathrm{B}}\big|^2 = \frac{1}{2}\big[1 \pm \cos\phi \, \sin\theta\big] , \tag{116}$$

其中, $|+\rangle_u$是算子σ_u的相应于本征值$+1$的本征态. (σ_u和$|+\rangle_u$的明显表达式分别由方程(2.159)和(2.160)给出.) 通过变换$\phi \to \phi + \pi$和$\theta \to \pi - \theta$, 可以由$|+\rangle_u$得到σ_u的相应于本征值-1的本征态$|-\rangle_u$. 因此, Bob以如下概率得到$\sigma_u = -1$,

$$\big|{}_u\langle -|\psi_\pm\rangle_{\mathrm{B}}\big|^2 = \frac{1}{2}\big[1 \pm \cos(\phi+\pi) \, \sin(\pi-\theta)\big] = \frac{1}{2}\big[1 \mp \cos\phi \, \sin\theta\big] . \tag{117}$$

因为Bob以概率$\frac{1}{2}$得到态$|\psi_\pm\rangle_{\mathrm{B}}$, 所以他得到$\sigma_u = +1$的概率为

$$p_+^{(\mathrm{B})} = \frac{1}{2}\big|{}_u\langle +|\psi_+\rangle_{\mathrm{B}}\big|^2 + \frac{1}{2}\big|{}_u\langle +|\psi_-\rangle_{\mathrm{B}}\big|^2 = \frac{1}{2} , \tag{118a}$$

而得到$\sigma_u = -1$的概率为

$$p_-^{(\mathrm{B})} = \frac{1}{2}\big|{}_u\langle -|\psi_+\rangle_{\mathrm{B}}\big|^2 + \frac{1}{2}\big|{}_u\langle -|\psi_-\rangle_{\mathrm{B}}\big|^2 = \frac{1}{2} . \tag{118b}$$

如果Alice测量σ_z, 那么, Bob的量子比特的态以概率$\frac{1}{2}$坍缩为$|\phi_+\rangle_{\mathrm{B}} = |0\rangle$或者$|\phi_-\rangle_{\mathrm{B}} = |1\rangle$. 因为

$$\big|{}_u\langle +|\phi_+\rangle_{\mathrm{B}}\big|^2 = \cos^2\frac{\theta}{2} , \quad \big|{}_u\langle +|\phi_-\rangle_{\mathrm{B}}\big|^2 = \sin^2\frac{\theta}{2} ,$$

$$\big|{}_u\langle -|\phi_+\rangle_{\mathrm{B}}\big|^2 = \sin^2\frac{\theta}{2} , \quad \big|{}_u\langle -|\phi_-\rangle_{\mathrm{B}}\big|^2 = \cos^2\frac{\theta}{2} , \tag{119}$$

所以, 如果Bob沿u轴进行自旋测量, 得到结果为± 1的概率分别是

$$p_+^{(\mathrm{B})} = \frac{1}{2} , \quad p_-^{(\mathrm{B})} = \frac{1}{2} . \tag{120}$$

不足为奇的是, 这一结果不依赖于u轴的选取. 重要的是, 输出$p_+^{(B)}$和$p_-^{(B)}$的概率总是相等. 这意味着EPR现象不能被用于超光速通信. 不论Alice与Bob为他们的测量选取什么样的轴, Bob总是无规地得到$+1$或-1. 因此, 没有信息从Alice传到Bob.

习题4.4 由于Alice和Bob所共享的生钥来自同一个字母表, 我们只须考虑她们使用相同字母表的情况. 我们有如下四种情形:

情形	1	2	3	4
Alice数据比特	0	0	1	1
字母表	x	z	x	z
传送的量子比特	$\lvert+\rangle$	$\lvert 0\rangle$	$\lvert-\rangle$	$\lvert 1\rangle$

沿着球坐标θ与ϕ所指示的任意方向, Eve测量自旋极化σ_u (参见1.5节). 她按如下方法得到一个比特的信息: 如果她的测量结果是$\sigma_u=+1$, 她决定比特值为0; 如果结果是$\sigma_u=-1$, 比特值为1. 两种结果的概率分别为

$$p_0^{(i)}=\left|_u\langle+|\psi^{(i)}\rangle\right|^2, \quad p_1^{(i)}=\left|_u\langle-|\psi^{(i)}\rangle\right|^2, \tag{121}$$

其中, $\lvert+\rangle_u$和$\lvert-\rangle_u$分别是σ_u的相应于本征值$+1$和-1的本征矢(它们的明显表示式由方程(2.160)给出), 指标(i)标记4个可能被传输的量子比特中的一个, $\lvert\psi^{(1)}\rangle=\lvert+\rangle$, $\lvert\psi^{(2)}\rangle=\lvert 0\rangle$, $\lvert\psi^{(3)}\rangle=\lvert-\rangle$而$\lvert\psi^{(4)}\rangle=\lvert 1\rangle$. 我们有8种可能性($p_0^{(i)}$和$p_1^{(i)}$, 其中$i=1,\cdots,4$), 它们发生的概率为

$$p_0^{(1)}=\frac{1}{2}\left(1+\sin\theta\right)=p_1^{(3)}, \quad p_1^{(1)}=\frac{1}{2}\left(1-\sin\theta\right)=p_0^{(3)},$$
$$p_0^{(2)}=\cos^2\frac{\theta}{2}=p_1^{(4)}, \quad p_1^{(2)}=\sin^2\frac{\theta}{2}=p_0^{(4)}. \tag{122}$$

测量之后, Eve分别以概率$p_0^{(i)}$和$p_1^{(i)}$重新发送态$\lvert+\rangle_u$和$\lvert-\rangle_u$. 在Alice的原始基矢上, Bob测量该态(记住我们对构成生钥的比特感兴趣). 如果Alice发送了一个给定的态, 而Eve发了另外一个态, 相应地, Bob得到的态有16种可能性. 将所有的Bob所得到的比特与Alice的原始比特不同的情况相加起来, 可以得到误差率. 利用这一程序, 容易验证误差率为$\frac{1}{4}$.

习题4.5 如果要测量态$\lvert\psi_1\rangle$而不扰动它, 我们必须找到以$\lvert\psi_1\rangle$为本征态的厄米算子, 然后, 测量与该厄米算子相关联的可观测量. 因为我们想要知道Alice发送了什么态而不扰动该态, 我们要求$\lvert\psi_1\rangle$和$\lvert\psi_2\rangle$是同一个厄米算子的本征态, 但是相应于不同的本征值. 然而, 这些要求不可能都被满足, 因为我们已经假设$\lvert\psi_1\rangle$和$\lvert\psi_2\rangle$不相互正交. 因此, $\lvert\psi_1\rangle$和$\lvert\psi_2\rangle$不可能是同一个厄米算子的本征态, 而测量必然至少扰动两个态中的一个.

习题4.6 我们从初态$\lvert\psi\rangle\lvert 0\rangle\lvert 0\rangle$出发, 其中$\lvert\psi\rangle=\alpha\lvert 0\rangle+\beta\lvert 1\rangle$, 计算图4.8所代表的量子门. 我们明显地写出最初几步以及最后结果

$$\lvert\psi\rangle\lvert 0\rangle\lvert 0\rangle\to\lvert\psi\rangle\frac{1}{\sqrt{2}}\left(\lvert 0\rangle+\lvert 1\rangle\right)\lvert 0\rangle\to\frac{1}{\sqrt{2}}\left(\alpha\lvert 0\rangle+\beta\lvert 1\rangle\right)\left(\lvert 00\rangle+\lvert 11\rangle\right)$$
$$\to\frac{1}{\sqrt{2}}\left(\alpha\lvert 000\rangle+\alpha\lvert 011\rangle+\beta\lvert 110\rangle+\beta\lvert 101\rangle\right)$$
$$\to\cdots$$
$$\to\frac{1}{2}\left(\lvert 00\rangle+\lvert 01\rangle+\lvert 10\rangle+\lvert 11\rangle\right)\left(\alpha\lvert 0\rangle+\beta\lvert 1\rangle\right). \tag{123}$$

如果拥有的是终态(123), 也可以对前面两个量子比特实施两个Hadamard 门, 最后得到态$|0\rangle|0\rangle|\psi\rangle$. 除了量子比特态的顺序外, 该态与初态一致.

习题4.7 与前面的习题类似, 我们写出图4.9中线路图的最初几个量子门的作用, 以及最后结果

$$\frac{1}{\sqrt{2}}\left(\alpha|01\rangle + \beta|10\rangle\right)\left(|000\rangle + |111\rangle\right)$$

$$\rightarrow \frac{1}{2}\left(\alpha|00\rangle - \alpha|01\rangle + \beta|10\rangle + \beta|11\rangle\right)\left(|000\rangle + |111\rangle\right)$$

$$\rightarrow \frac{1}{2}\big(\alpha|00000\rangle + \alpha|00111\rangle - \alpha|01100\rangle - \alpha|01011\rangle$$
$$+ \beta|10000\rangle + \beta|10111\rangle + \beta|11100\rangle + \beta|11011\rangle\big)$$

$$\rightarrow \cdots$$

$$\rightarrow \frac{1}{2}|1\rangle\left(|00\rangle + |01\rangle + |10\rangle + |11\rangle\right)\left(\alpha|01\rangle + \beta|10\rangle\right). \tag{124}$$

主要参考文献

1   Abrams, D. S. and Lloyd, S. (1997), Simulation of many-body Fermi systems on a universal quantum computer. *Phys. Rev. Lett.* **79**, 2586.

2   Abrams, D. S. and Lloyd. S. (1999), Quantum algorithm providing exponential speed increase for finding eigenvalues and eigenvectors, *Phys. Rev. Lett.* **83**, 5162.

3   Aharonov, D. (2001), Lecture notes for quantum computing, available at `http://www.cs.huji.ac.il/~doria/`.

4   Agaian, S. S. and Klappenecker, A. (2002), Quantum computing and a unified approach to fast unitary transforms, quant-ph/0201120.

5   Alber, G., Beth, T., Horodecki, M., Horodecki, P., Horodecki, R., Rötteler, M., Wein-furter, H., Werner, R., and Zeilinger, A. (2001), Quantum information - An introduction to theoretical concepts and experiments, Springer-Verlag.

6   Alekseev, V. M. and Jacobson, M. V. (1981), Symbolic dynamics and hyperbolic dynamic systems, *Phys. Rep.* **75**, 287.

7   Aspect, A., Grangier, P., and Roger, G. (1981), Experimental tests of realistic local theories via Bell's theorem, *Phys. Rev. Lett.* **47**, 460.

8   Asplemeyer, M., Böhm, H. R., Gyatso, T., Jennewein, T., Kaltenbaek, R., Lindenthal, M., Molina-Terriza, G., Poppe, A., Resch, K., Taraba, M., Ursin, R., Walther, P., and Zeilinger, A. (2003), Long-distance free-space distribution of quantum entanglement, *Science* **301**, 621.

9   Balazs, N. L. and Voros, A. (1989), The quantized baker's transformation, *Ann. Phys.* (N.Y.) **190**, 1.

10 Barenco, A. 1995, A universal two-bit gate for quantum computation, *Proc. R. Soc. Lond.* A **449**, 679.

11 Barenco, A., Bennett, C. H., Cleve, R., DiVincenzo, D. P., Margolus, N., Shor, P., Sleator, T., Smolin, J. A., and Weinfurter, H. (1995), Elementary gates for quantum computation, *Phys. Rev. A* **52**, 3457.

12 Beauregard, S. (2003), Circuit for Shor's algorithm using 2n+3 qubits, *Quantum Computation and Information* **3**, 175.

13 Beckman, B., Chari A. N., Devabhaktuni, S., and Preskill, J. (1996), Efficient networks for quantum factoring, *Phys. Rev. A* **54**, 1034.

14 Bell, J. S. (1964), On the Einstein-Podolsky-Rosen paradox, *Physics* **1**, 195.

15 Benenti, G., Casati, G., Montangero, S., and Shepelyansky, D. L. (2001), Efficient quantum computing of complex dynamics, *Phys. Rev. Lett.* **87**, 227901.

16   Benenti, G., Casati, G., Montangero, S., and Shepelyansky, D. L. (2003), Dynamical localization simulated on a few-qubit quantum computer, *Phys. Rev. A* **67**, 052312.

17   Bennett, C. H. (1973), Logical reversibility of computation, *IBM J. Res. Dev.* **17**, 525.

18   Bennett, C. H. (1982), The thermodynamics of computation a review, *Int. J. Theor. Phys.* **21**, 905.

19   Bennett, C. H. and Brassard, G. (1984), Quantum cryptography: Public key distribution and coin tossing, in Proc. of IEEE Int. Conf. on Computers, Systems and Signal Processing, p. 175, IEEE, New York, 1984.

20   Bennett, C. H. (1987), Demons, engines and the second law, *Sci. Am.* **257:5**, 108, November 1987.

21   Bennett, C. H., Brassard, G., and Ekert, A. K. (1991), Quantum cryptography, *Sci. Am.*, **267:4**, 50, October 1992.

22   Bennett, C. H., Brassard, G., and Mermin, N. D. (1992), Quantum cryptography without Bell's theorem, *Phys. Rev. Lett.* **68**, 557.

23   Bennett, C. H. (1992), Quantum cryptography using any two nonorthogonal states, *Phys. Rev. Lett.* **68**, 3121.

24   Bennett, C. H. and Wiesner, S. J. (1992), Communication via one- and two-particle operators on Einstein-Podolsky-Rosen states, *Phys. Rev. Lett.* **69**, 2881.

25   Bennett, C. H., Brassard, G., Crépau, C., Jozsa, R., Peres, A., and Wootters, W. K. (1993), Teleporting an unknown quantum state via dual classical and Einstein-Podolsky-Rosen channels, *Phys. Rev. Lett.* **70**, 1895.

26   Bennett, C. H. and DiVincenzo, D. P. (2000), Quantum information and computation, *Nature* **404**, 247.

27   Bernstein, E. and Vazirani, U. (1997), Quantum complexity theory, *SIAM J. Comput.* **26**, 1411.

28   Biham, E., Brassard, G., Kenigsberg, D., and Mor, T. (2003), Quantum computing without entanglement, quant-ph/0306182.

29   Bohr, N. (1935), Can quantum-mechanical description of physical reality be considered complete?, *Phys. Rev.* **48**, 696.

30   Boschi, D., Branca, S., De Martini, F., Hardy, L., and Popescu, S. 1998, Experimental realization of teleporting an unknown pure quantum state via dual classical and Einstein-Podolsky Rosen channels, *Phys. Rev. Lett.* **80**, 1121.

31   Bouwmeester, D., Pan, J.-W., Mattle, K., Eibl, M., Weinfurter, H., and Zeilinger, A. (1997), Experimental quantum teleportation, *Nature* **390**, 575.

32   Bouwmeester, D., Ekert. A., and Zeilinger, A. (Eds.) (2000), The Physics of Quantum Information, *Springer*-Verlag.

33   Bowden, C. M., Chen, G., Diao, Z., and Klappenecker, A. (2000), The universality of the quantum Fourier transform in forming the basis of quantum computing algorithms, quant-ph/0007122.

34   Boyer, B., Brassard, G., Høyer, P., and Tapp, A. (1998), Tight bounds on quantum searching, *Fortschr. Phys.* **46**, 493.

35 Brassard, G., Braunstein, S. L., and Cleve, R. (1998), Teleportation as a quantum computation, *Physica D* **120**, 43.

36 Brassard, G., Høyer, P., Mosca, M., and Tapp, A. (2002), Quantum amplitude amplification and estimation, quant-ph/0005055, in Contemporary Mathematics **305**, AMS Special Session: Quantum Computation and Information, Lomonaco, S. J. and Brandt, H. E. (Eds.), American Mathematical Society, Providence, RI.

37 Briegel, H.-J., Dür, W., Cirac, J. I., and Zoller, P. 1998, Quantum repeaters: The role of imperfect local operations in quantum communication, *Phys. Rev. Lett.* **81**, 5932.

38 Brylinski, R. K. and Chen, G. (Eds.) (2002), Mathematics of quantum computation, Chapman & Hall/CRC.

39 Bruß, D., DiVincenzo, D. P., Ekert, A., Fuchs, C. A., Macchiavello, C., and Smolin, J. A. (1998), Optimal universal and state-dependent quantum cloning, *Phys. Rev. A* **57**, 2368.

40 Bruß, D. and Lütkenhaus, N. (2000), Quantum key distribution: from principles to practicalities, quant-ph/9901061, in *Appl. Algebra Eng. Commun. Comput. (AAECC)* **10**, 383.

41 Buttler, W. T., Hughes, R. J., Lamoreaux, S. K., Morgan, G. L., Nordholt, J. E., and Peterson, C. G. (2000), Daylight quantum key distribution over 1.6 km, *Phys. Rev. Lett.* **84**, 5652.

42 Bužek, V. and Hillery, M. (1996), Quantum copying: Beyond the no-cloning theorem, *Phys. Rev. A* **54**, 1844; Universal optimal cloning of qubits and quantum registers, quant-ph/9801009.

43 Cabello, A. (2000-2003), Bibliographic guide to the foundations of quantum mechanics and quantum information, quant-ph/0012089.

44 Casati, G. and Chirikov, B. V. (Eds.) (1995), Quantum chaos: between order and disorder, Cambridge University Press, Cambridge.

45 Chiorescu, I., Nakamura, Y., Harmans, C. J. P. M., and Mooij, J. E. (2003), Coherent quantum dynamics of a superconducting flux qubit, *Science* **299**, 1869.

46 Cirac, J. I. and Zoller, P. (1995), Quantum computations with cold trapped ions, *Phys. Rev. Lett.* **74**, 4091.

47 Cirac, J. I. and Zoller, P. (2001), A scalable quantum computer with ions in an array of microtraps, *Nature* **404**, 579.

48 Clauser, J. F., Horne, M. A., Shimony, A., and Holt, R. A., (1969), Proposed experiment to test local hidden-variable theories, *Phys. Rev. Lett.* **23**, 880.

49 Cleve, R., Ekert, A., Macchiavello, C., and Mosca, M. (1998), Quantum algorithms revisited, *Proc. R. Soc. Lond. A* **454**, 339.

50 Church, A. (1936), An unsolvable problem of elementary number theory, *Am. J. Math.* **58**, 345.

51 Cohen-Tannoudji, C., Diu, B., and Laloë, F. (1977), Quantum mechanics, vols. I and II, Hermann, Paris.

52 Coppersmith, D. (1994), An approximate Fourier transform useful in quantum factoring, IBM Research Report No. RC 19642, quant-ph/0201067.

53 Cormen, T. H., Leiserson, C. E., Rivest, R. L., and Stein, C. (2001), Introduction to algorithms, MIT Press, Cambridge, Massachusetts.

54 Dana, I., Murray, N. W., and Percival, I. C. (1989), Resonances and diffusion in periodic Hamiltonian maps, *Phys. Rev. Lett.* **62**, 233.

55 Deutsch, D. (1985), Quantum theory, the Church-Turing principle and the universal quantum computer, *Proc. R. Soc. Lond. A* **400**, 97.

56 Deutsch, D. (1989), Quantum computational networks, *Proc. R. Soc. Lond. A* **425**, 73.

57 Deutsch, D. and Jozsa, R. (1992), Rapid solution of problems by quantum computation, *Proc. R. Soc. Lond. A* **439**, 553.

58 Deutsch, D., Barenco, A., and Ekert, A. (1995), Universality in quantum computation, *Proc. R. Soc. Lond. A* **449**, 669.

59 Dieks, D. (1982), Communication by EPR devices, *Phys. Lett. A* **92**, 271.

60 Di Vincenzo, D. P. (1995), Two-bit gates are universal for quantum computation, *Phys. Rev. A* **51**, 1015.

61 DiVincenzo, D. P. (2000), The physical implementation of quantum computation, *Fortschr. Phys.* **48**, 771.

62 Draper, T. G. (2000), Addition on a quantum computer, quant-ph/0008033.

63 Einstein, A., Podolsky, B., and Rosen, N. (1935), Can quantum-mechanical description of physical reality be considered complete?, *Phys. Rev.* **47**, 777.

64 Ekert, A. K. (1991), Quantum cryptography based on Bell's theorem, *Phys. Rev. Lett.* **67**, 661.

65 Ekert, A. and Jozsa, R. (1996), Quantum computation and Shor's factoring algorithm, *Rev. Mod. Phys.* **68**, 733.

66 Ekert, A. and Jozsa, R. (1998), Quantum algorithms: Entanglement enhanced information processing, *Phil. Trans. R. Soc. Lond. A* **356**, 1769.

67 Ekert, A., Hayden, P.M., and Inamori, H. (2001), Basic concepts in quantum computation, quant-ph/0011013, in "Coherent atomic matter waves", Les Houches Summer Schools, Session LXXII, Kaiser, R., Westbrook, C., and David, F. (Eds.), Berlin Springer-Verlag.

68 Emerson, J., Weinstein, Y. S., Lloyd, S., and Cory, D. G. (2002), Fidelity decay as an efficient indicator of quantum chaos, *Phys. Rev. Lett.* **89**, 284102.

69 Emerson, J., Lloyd, S., Poulin, D., and Cory, D. G. (2003), Estimation of the local density of states on a quantum computer, quant-ph/0308164.

70 Feynman, R. P. (1982), Simulating Physics with Computers, *Int. J. Theor. Phys.* **21**, 467.

71 Feynman, R. P. (1996), Feynman lectures on computation, Hey, T. and Allen, R. W. (Eds.), Perseus Publishing.

72 Fijany, A. and Williams, C. P. (1998), Quantum wavelet transforms: fast algorithms and complete circuits, quant-ph/9809004, in Lecture Notes in Computer Science, No. 1509, p. 10, Springer-Verlag.

73 Ford, J. (1983), How random is a coin toss? *Phys. Today, p.* April 1983, p. 40

74 Fredkin, E. and Toffoli, T. (1982), Conservative logic, *Int. J. Theor. Phys.* **21**, 219.

75 Furusawa, A., Sørensen, J. L., Braunstein, S. L., Fuchs, C. A., Kimble, H. J., and Polzik, E. S. (1998), Unconditional quantum teleportation, *Science* **282**, 706.

76 Galindo, A. and Martin-Delgado, M. A. (2002), Information and computation: Classical and quantum aspects, *Rev. Mod. Phys.* **74**, 347.

77 Garey, M. R. and Johnson, D. S. (1979), Computers and intractability: A guide to the theory of NP-completeness, W. H. Freeman, New York.

78 Georgeot, B. and Shepelyansky, D. L. (2000), Quantum chaos border for quantum computing, *Phys. Rev. E* **62**, 3504; Emergence of quantum chaos in the quantum computer core and how to manage it, *Phys. Rev. E* **62**, 6366.

79 Georgeot, B. and Shepelyansky, D. L. (2001a), Exponential gain in quantum computing of quantum chaos and localization, *Phys. Rev. Lett.* **86**, 2890.

80 Georgeot, B. and Shepelyansky, D. L. (2001b), Stable quantum computation of unstable classical chaos, Phys. Rev. Lett. **85**, 5393; see also *Phys. Rev. Lett.* **88**, 219802 (2002).

81 Gisin, N. and Massar, S. (1997), Optimal quantum cloning machines, *Phys. Rev. Lett.* **79**, 2153.

82 Gisin, N., Ribordy, G., Tittel, W., and Zbinden, H. (2002), Quantum cryptography, *Rev. Mod. Phys.* **74**, 145.

83 Gorbachev, V. N. and Trubilko, A. I. (2000), Quantum teleportation of EPR pair by three-particle entanglement, *J. Exp. Theor. Phys.* **91**, 894.

84 Gossett, P. (1998), Quantum carry-save arithmetic, quant-ph/9808061.

85 Gottesman, D. and Chuang, I. L. (1999), Demonstrating the viability of universal quantum computation using teleportation and single-qubit operations, *Nature* **402**, 390.

86 Grassi, A. M. and Strini, G. (1999), Some extensions of the Deutsch problem, in Mysteries, puzzles, and paradoxes in quantum mechanics, Bonifacio, R. (Ed.), AIP Conf. Proc. 461, p. 291.

87 Grover, L. K. (1996), A fast quantum mechanical algorithm for database search, quant-ph/9605043, in Proc. of the 28th Annual ACM Symposium on the Theory of Computing, p. 212, ACM Press, New York.

88 Grover, L. K., (1997), Quantum Mechanics helps in searching for a needle in a haystack, *Phys. Rev. Lett.* **79**, 325.

89 Gruska, J. (1999), Quantum computing, McGraw Hill, London.

90 Gulde, S., Riebe, M., Lancaster, G. P. T., Becher, C., Eschner, J., Häffner, H., Schmidt-Kaler, F., Chuang, I. L., and Blatt, R. (2003), Implementation of the Deutsch-Jozsa algorithm on an ion-trap quantum computer, *Nature* **421**, 48.

91 Haake, F. (2000), Quantum signatures of chaos (2nd. Ed.), Springer–Verlag.

92 Hirvensalo, M. (2001), Quantum computing, Springer-Verlag.

93 Hughes, R. J. (1998), Cryptography, quantum computation and trapped ions, *Phil. Trans. R. Soc. Lond.* **A356**, 1853.

94 Jones, J. A., Mosca, M., and Hansen, R. H. (1998), Implementation of a quantum search algorithm on a quantum computer, *Nature* **393**, 344.

95 Jones, J. A. (2001), NMR quantum computation, quant-ph/0009002, *in Prog. NMR Spectr.* **38**, 325.

96 Jozsa, R. (1997), Quantum algorithms and the Fourier transform, quant-ph/9707033.

97 Jozsa, R. and Linden, N. (2002), On the role of entanglement in quantum computational speed-up, quant-ph/0201143.

98 Kane, B. (1998), A silicon-based nuclear spin quantum computer, *Nature* **393**, 133.

99 Kitaev, A. (1995), Quantum measurements and the Abelian stabilizer problem, quant-ph/9511026.

100 Klappenecker, A. and Rötteler, M. M. (2001), On the irresistible efficiency of signal processing methods in quantum computing, quant-ph/0111039.

101 Knill, E., Laflamme, R., and Milburn, G. J. (2001), A scheme for efficient quantum computation with linear optics, *Nature* **409**, 46.

102 Knuth, D. E. (1997-98), The art of computer programming, vol. I: Fundamental algorithms; vol. II: Seminumerical algorithms; vol. III: Sorting and searching, Addison-Wesley, Reading, Massachusetts.

103 Kurtsiefer, C., Zarda, P., Halder, M., Weinfurter, H., Gorman, P. M., Tapster, P. R., and Rarity, J. G. (2002), A step towards global key distribution, *Nature* **419**, 450.

104 Landauer, R. (1961), Irreversibility and heat generation in the computing process, *IBM J. Res. Dev.* **5**, 183.

105 Lang, S. (1996), Linear algebra, Springer-Verlag.

106 Lavor, C., Manssur, L. R. U., and Portugal, R., (2003), Shor's algorithm for factoring large integers, quant-ph/0303175.

107 Lee, J.-S., Chung, Y., Kim, J., and Lee, S. (1999), A practical method of constructing quantum combinatorial logic circuits, quant-ph/9911053.

108 Lloyd, S. (1995), Almost any quantum logic gate is universal, *Phys. Rev. Lett.* **75**, 346.

109 Lloyd, S. (1996), Universal quantum simulators, *Science* **273**, 1073.

110 Lo, H.-K., Popescu, S., and Spiller, T. (Eds.) (1998), Introduction to quantum computation and information, World Scientific, Singapore.

111 Lomonaco, S. J. (Ed.) (2000a), Quantum computation: A grand mathematical challenge for the twenty-first century and the millennium, American Mathematical Society Short Course, American Mathematical Society.

112 Lomonaco, S. J. (2000b), A lecture on Shor's quantum factoring algorithm, quant-ph/0010034.

113 Lomonaco, S., J. (2001), A talk on quantum cryptography, or how Alice outwits Eve, quant-ph/0102016.

114 Loss, D. and DiVincenzo, D. P. (1998), Quantum computation with quantum dots, *Phys. Rev. A* **57**, 120.

115 Mattle, K., Weinfurter, H., Kwiat, P. G., and Zeilinger, A. (1996), Dense coding in experimental quantum communication *Phys. Rev. Lett.* **76**, 4656.

116 Mermin, N. D. (2003), Lecture notes on quantum computation, available at `http://people.ccmr.cornell.edu/~mermin/qcomp/CS483.html`.

117 Mertens, S. (2000), cond-mat/0012185, in Computational complexity for physicists, *Computing in Science and Engineering* **4**, 31.

118 Merzbacher, E. (1997), Quantum mechanics, John Wiley & Sons, New York.

119 Miquel, C., Paz, J. P., and Perazzo, R. (1996), Factoring in a dissipative quantum computer, *Phys. Rev. A* **54**, 2605.

120 Miquil, C., Paz, J. P., Saraceno, M., Knill, E., Laflamme, R., and Negrevergne, C. (2002), Interpretation of tomography and spectroscopy as dual forms of quantum computation, *Nature* **418**, 59.

121 Miquel, C., Paz, J. P., and Saraceno, M. (2002), Quantum computers in phase space, *Phys. Rev. A* **65**, 062309.

122 Monroe, C., Meekhof, D. M., King. B. E., Itano, W. M., and Wineland, D. J. (1995), Demonstration of a fundamental quantum logic gate, *Phys. Rev. Lett.* **75**, 4714.

123 Nakamura, Y., Pashkin, Yu. A., and Tsai, J. S. (1999), Coherent control of macroscopic quantum states in a single-Cooper-pair box, *Nature* **398**, 786.

124 Nielsen, M. A., Knill, E., and Laflamme, R. (1998), Complete quantum teleportation using nuclear magnetic resonance, *Nature* **396**, 52.

125 Nielsen, M. A. and Chuang, I. L. (2000), Quantum computation and quantum information, Cambridge University Press, Cambridge.

126 Ortiz, G., Gubernatis, J. E., Knill, E., and Laflamme, R. (2001), Quantum algorithms for fermionic simulations *Phys. Rev. A* **64**, 022319; erratum *ibid.* **65**, 029902 (2002).

127 Palma, G. M., Suominen, K.-A., and Ekert, A. K. (1996), Quantum computers and dissipation, *Proc. R. Soc. Lond. A* **452**, 567.

128 Papadimitriou, C. H. (1994), Computational complexity, Addison-Wesley, Reading, Massachusetts.

129 Peres, A. (1993), Quantum theory: concepts and methods, Kluwer Academic, Dordrecht.

130 Pittenger, A. O. (2000), An introduction to quantum computing algorithms, Birkhäuser, Boston.

131 Preskill, J. (1998), Lecture notes on quantum information and computation, available at `http://theory.caltech.edu/people/preskill/`.

132 Raimond, J. M., Brune, M., and Haroche, S. (2001), Colloquium: Manipulating quantum entanglement with atoms and photons in a cavity, *Rev. Mod. Phys.* **73**, 565.

133 Reck, M., Zeilinger, A., Bernstein, H. J., and Bertani, P. (1994), Experimental realization of any discrete unitary operator, *Phys. Rev. Lett.* **73**, 58.

134 Sackett, C. A., Kielpinski, D., King, B. E., Langer, C., Meyer, V., Myatt, C. Y., Rowe, M., Turchette, Q. A., Itano, W. M., Wineland, D. J., and Monroe, C. (2000), Experimental entanglement of four particles, *Nature* **404**, 256.

135 Sakurai, J. J. (1994), Modern quantum mechanics (revised ed.), Addison-Wesley, Reading, Massachusetts.

136 Saraceno, M. (1990), Classical structures in the quantized Baker transformation, *Ann. Phys. (N.Y.)* **199**, 37.

137 Schack, R. (1998), Using a quantum computer to investigate quantum chaos. *Phys. Rev. A* **57**, 1634.

138 Schrödinger, E. (1952), Are there quantum jumps? Part II, *Brit. J. Phil. Sci.*, **3**, 233.

139 Shor, P. W. (1994), Algorithms for quantum computation: discrete logarithm and factoring, in Proc. of the 35th. Annual Symposium on the Foundations of Computer Science, Goldwasser, S. (Ed.), p. 124, IEEE Computer Society Press, Los Alamitos, CA.

140 Shor, P. W. (1997), Polynomial-time algorithms for prime factorization and discrete logarithms on a quantum computer, *SIAM J. Sci. Statist. Comput.* **26**, 1484.

141 Song, G. and Klappenecker, A. (2002), Optimal realizations of controlled unitary gates, quant-ph/0207157.

142 Sørensen, A. and Mølmer, K. (1999), Spin-spin interaction and spin squeezing in an optical lattice, *Phys. Rev. Lett.* **83**, 2274.

143 Steane, A. (1998), Quantum computing, *Rep. Prog. Phys.* **61**, 117.

144 Strini, G. (2002), Error sensitivity of a quantum simulator I: A first example, *Fortschr. Phys.* **50**, 171.

145 Tapster, P. R., Rarity, J. G., and Owens, P. C. M. (1994), Violation of Bell's inequality over 4 km of optical fiber, *Phys. Rev. Lett.* **73**, 1923.

146 Terhal, B. and DiVincenzo, D. P. (2000), Problem of equilibration and the computation of correlation functions on a quantum computer, *Phys. Rev. A* **61**, 022301.

147 Tittel, W., Brendel, J., Zbinden, H., and Gisin, N. (1998), Violation of Bell inequalities by photons more than 10 km apart, *Phys. Rev. Lett.* **81**, 3563.

148 Tucci, R. R. (1999), A rudimentary quantum compiler (2nd. Ed.), quant-ph/9902062.

149 Turing, A. (1936), On computable numbers, with an application to the Entscheidungsproblem, *Proc. Lond. Math. Soc. (2)* **42**, 230; correction ibid., **43**, 544 (1937).

150 Vandersypen, L. M. K., Steffen, M., Breyta, G., Yannoni, C. S., Sherwood, M. H., and Chuang, I. L. (2001), Experimental realization of Shor's quantum factoring algorithm using nuclear magnetic resonance, *Nature* **414**, 883.

151 Vazirani, U. (2002), Quantum computing, lecture notes available at `http://www.cs.berkeley.edu/~vazirani/`.

152 Vedral, V., Barenco, A., and Ekert, A. (1996), Quantum networks for elementary arithmetic operations, *Phys. Rev. A* **54**, 147.

153 Vion, D., Aassime, A., Cottet, A., Joyez, P., Pothier, H., Urbina, C., Esteve, D., and Devoret, M. H. (2002), Manipulating the quantum state of an electrical circuit, *Science,* **296**, 886.

154 Weihs, G., Jennewein, T., Simon, C., Weinfurter, H., and Zeilinger, A. (1998), Violation of Bell's inequality under strict Einstein locality conditions, *Phys. Rev. Lett.* **81**, 5039.

155 Weinstein, Y. S., Pravia, M. A., Fortunato, E. M., Lloyd, S., and Cory, D. G. (2001), Implementation of the quantum Fourier transform, *Phys. Rev. Lett.* **86**, 1889.

156 Weinstein, Y. S., Lloyd, S., Emerson, J., and Cory, D.G. (2002), Experimental implementation of the quantum baker's map, *Phys. Rev. Lett.* **89**, 157902.

157 Welsh, D. (1997), Codes and Cryptography, Oxford University Press.

158 Wiesner, S. (1996), Simulation of many-body quantum systems by a quantum computer, quant-ph/9603028.

159 Williams, C. P. and Clearwater, S. H. (1997), Explorations in quantum computing, Springer Telos.

160 Wootters, W. K. and Zurek, W. H. (1982), A single quantum cannot be cloned, *Nature* **299**, 802.

161 Yamamoto, T., Pashkin, Yu. A., Astafiev, O., Nakamura, Y., and Tsai, J. S., Demonstration of conditional gate operation using superconducting charge qubits, Nature **425**, 941.

162 Zalka, C. (1998), Efficient simulation of quantum systems by quantum computers, *Fortschr. Phys.* **46**, 877.

163 Zalka, C. (1999), Grover's quantum searching algorithm is optimal, *Phys. Rev. A* **60**, 2746.

164 Zurek, W. H. (1991), *Phys. Today,* October 1991, p. 36; see also quant-ph/0306072.

165 Zurek, W. H. (2003), Decoherence, einselection, and the quantum origins of the classical, *Rev. Mod. Phys.* **75**, 715.

索 引

《现代物理基础丛书·典藏版》书目